重庆市普通高等教育本科"十二五"规划教材
高等院校石油天然气类规划教材

石油工程 HSE 风险管理

（第二版）

主　编　李文华
副主编　徐春碧　刘菊梅

石油工业出版社

内 容 提 要

本书以石油工程风险控制为核心，从法律法规和安全生产形势引入，重视基本概念、基本原理、基本方法的阐述。在阐述HSE管理体系基础知识和事故预防与安全管理的基础上，按照风险识别、风险评价和风险控制逐步展开，最后以HSE文化建设收尾。为了增强读者的学习兴趣和加强针对性，每章都以案例引入，最后都附有思考题和参考文献，便于读者深入学习。

本书可作为高等院校石油工程及其相关专业的本科教材，也可作为石油企业有关人员的参考书。

图书在版编目(CIP)数据

石油工程HSE风险管理/李文华主编． —2版．
北京：石油工业出版社，2017.1
（重庆市普通高等教育本科"十二五"规划教材）
ISBN 978-7-5183-1769-1

Ⅰ. 石…
Ⅱ. 李…
Ⅲ. 石油工程-风险管理-高等学校-教材
Ⅳ. TE

中国版本图书馆CIP数据核字(2017)第010602号

出版发行：石油工业出版社
（北京市朝阳区安华里2区1号楼　100011）
网　　址：www.petropub.com
编辑部：(010)64523612　图书营销中心：(010)64523633
经　　销：全国新华书店
排　　版：北京密东文创科技有限公司
印　　刷：北京中石油彩色印刷有限责任公司

2017年1月第2版　2019年8月第9次印刷
787毫米×1092毫米　开本：1/16　印张：16.25
字数：420千字

定价：32.00元
（如出现印装质量问题，我社图书营销中心负责调换）
版权所有，翻印必究

第二版前言

进入21世纪以来，伴随着经济的发展、社会结构的巨变，我国安全生产形势及社会心态都出现了新特征，传统的安全生产管理模式面临重大挑战。从安全生产到安全发展，再到安全发展战略，安全在社会经济发展目标中的位置越来越高、分量越来越重。在社会心态方面，人们对生命、对安全的关注也空前提高，"绿色发展"作为"五大发展理念"之一，上升为国家战略。

石油天然气行业是一个高危行业，具有易燃易爆、高温高压、有毒有害、连续作业、点多线长等特点。油气勘探开发区域不断扩大，炼化装置、油气储运正在向大型化发展，油气销售站点大多设置在人口密集地区和交通要道，一旦发生事故，大都是灾难性的，直接危及社会稳定。

健康、安全与环境管理体系（Health, Safety and Environment Management System）简称为HSE管理体系，是国际上石油天然气工业通行的一种科学、系统的管理体系，体现当今石油天然气企业在大市场环境下的运作规范，是突出以人为本、预防为主、全员参与、持续改进先进理念的管理标准体系。因此，编写本教材，对石油工业未来工程师开展全面系统的健康、安全与环境管理的教育，是时代和社会发展的需要。

本书为"重庆市普通高等教育本科'十二五'规划教材"，是石油高校石油工程、海洋油气工程、油气储运工程等专业学生学习石油工程HSE风险管理知识的教材，同时，可作为企业从事油气开采和油气储运等安全管理人员的学习用书。

本书由重庆科技学院（李文华、龙政军、徐春碧、刘菊梅、王艳平、张海彦）、中国石油西南油气田公司（陈华勇、陈平、徐杨）、中海石油（中国）上海分公司（周长利）共同编写。全书共分十一章，具体分工如下：第一章由陈华勇编写，第二章由龙政军编写，第三章由李文华编写，第四章由刘菊梅、陈平、张海彦编写，第五章由李文华、王艳平、刘菊梅编写，第六章由龙政军、陈华勇、徐春碧、张海彦编写，第七章由陈华勇、徐杨编写，第八章由张海彦、陈平编写，第九章由周长利编写，第十章由徐春碧编写，第十一章由李文华、刘菊梅编写，最后由李文华、徐春碧、刘菊梅统稿。

在本书编写过程中，得到了重庆科技学院教务处和石油与天然气工程学院的大力支持，同时中国石油、中国石化、中国海油相关企业为本书编写提供了大量文献资料，在此表示感谢！

由于本书内容涉及的领域较宽，加之编者水平有限，错误和不妥之处在所难免，热忱欢迎广大师生和读者提出宝贵意见，以便再版时进一步完善。

编　者
2016年7月

第一版前言

党和政府高度重视安全生产工作,近年来采取了一系列强有力的措施,先后颁布实施了《中华人民共和国安全生产法》等一系列安全生产法律法规。2004年1月发布并实施的《国务院关于进一步加强安全生产工作的决定》,使安全生产工作逐步进入法制化和规范化轨道。

我国安全生产状况总体稳定,趋于好转,但形势依然严峻。每年发生各类生产安全事故约70万起,死亡近11万人。亿元GDP死亡率、百万吨煤死亡率、万车死亡率等安全指标均高于世界平均水平,有的指标甚至是发达国家的几倍、十几倍甚至几十倍。

国家安全生产监督管理总局制定的《安全生产"十一五"规划》指出:"安全生产事关国家和人民利益,是国民经济稳定运行的重要保障,是社会文明与进步的重要标志,是落实科学发展观的必然要求,是构建和谐社会的重要内容。"

石油天然气是国家重要的战略资源,石油天然气行业是资金密集、技术密集的高风险行业。加强对石油工程相关专业学生和工程从业人员的安全教育和培训,是实现石油人"奉献能源,创造和谐"美好前景的必然要求。

本书是石油行业本科规划教材,全书共十章,由李文华担任主编,龙政军、徐春碧担任副主编。参加编写的人员有:西南石油大学何沙(绪论、第十章),西安石油大学李琪(第一章),中国石油大学(华东)步玉环(第七章),重庆科技学院李文华(第二、四章),大庆石油学院范洪富(第六章),长江大学王长建(第五章第一、二节),重庆科技学院徐春碧(第五章第三节、第九章),重庆科技学院龙政军(第八章),重庆科技学院刘菊梅(第三章)。

由于编者水平所限,书中错误和遗漏在所难免,敬请读者批评指正。

编 者
2008年5月于重庆

目 录

第一章 绪论 ... 1
第一节 国内安全环保形势 ... 1
第二节 石油工程生产作业特点 ... 2
第三节 HSE法律法规体系简介 ... 4

第二章 HSE管理体系基础知识 ... 6
第一节 HSE管理体系概述 ... 7
第二节 HSE管理体系运行原理与特点 ... 10
第三节 HSE管理体系标准 ... 12
第四节 石油行业安全生产标准化规范 ... 18
思考题 ... 21
参考文献 ... 22

第三章 事故预防与安全管理基础 ... 23
第一节 事故致因理论 ... 24
第二节 事故预防原则与方法 ... 33
第三节 安全生产管理 ... 38
思考题 ... 44
参考文献 ... 44

第四章 石油工程HSE风险识别 ... 46
第一节 HSE风险识别概述 ... 46
第二节 HSE风险识别内容与方法 ... 53
第三节 石油工程作业共同HSE风险 ... 60
第四节 石油工程作业特殊HSE风险 ... 68
思考题 ... 73
参考文献 ... 73

第五章 石油工程HSE风险评价 ... 74
第一节 HSE风险评价概述 ... 74
第二节 常用HSE风险评价方法介绍 ... 80
第三节 石油工程HSE风险评价实例 ... 99
思考题 ... 110
参考文献 ... 111

第六章 石油工程HSE风险控制措施 ... 112
第一节 风险控制的原则与方法 ... 112
第二节 石油工程职业健康安全风险削减与控制 ... 122
第三节 石油工程环境风险削减与控制 ... 140

  第四节 石油工程作业许可管理 …………………………………… 144
  第五节 HSE 两书一表 …………………………………………… 147
  思考题 …………………………………………………………………… 149
  参考文献 ………………………………………………………………… 150

第七章 石油工程"三防"基础知识 …………………………………… 151
  第一节 防火防爆基础知识 ……………………………………… 152
  第二节 防中毒基础知识 ………………………………………… 162
  思考题 …………………………………………………………………… 170
  参考文献 ………………………………………………………………… 170

第八章 石油工程"三废"处理技术 …………………………………… 171
  第一节 废气处理 ………………………………………………… 172
  第二节 废水处理 ………………………………………………… 174
  第三节 固体废物处理 …………………………………………… 180
  思考题 …………………………………………………………………… 185
  参考文献 ………………………………………………………………… 186

第九章 海洋石油开发 HSE 风险管理 ……………………………………… 187
  第一节 概述 ……………………………………………………… 188
  第二节 海洋石油开发 HSE 风险识别 ………………………… 191
  第三节 海洋石油开发 HSE 风险控制 ………………………… 199
  思考题 …………………………………………………………………… 219
  参考文献 ………………………………………………………………… 219

第十章 应急管理与应急预案 ……………………………………………… 220
  第一节 应急管理 ………………………………………………… 221
  第二节 应急预案 ………………………………………………… 226
  思考题 …………………………………………………………………… 246
  参考文献 ………………………………………………………………… 246

第十一章 石油企业 HSE 文化 …………………………………………… 247
  第一节 石油企业 HSE 文化概述 …………………………………… 248
  第二节 HSE 理念介绍 ………………………………………………… 249
  第三节 石油企业 HSE 文化建设内容 …………………………… 252
  思考题 …………………………………………………………………… 254
  参考文献 ………………………………………………………………… 254

第一章 绪 论

第一节 国内安全环保形势

一、国内安全生产形势

图 1-1 为 1995—2014 年全国各类事故死亡人数的变化趋势,从一个侧面反映出 20 年来国家安全生产形势的变化。随着国家工业化进程向前推进,各类事故死亡人数从 1995 年的 10.3 万人/年逐年上升到 2002 年的 13.9 万人/年,处于事故的多发高发期。之后随着国家 2002 年 11 有 1 日《中华人民共和国安全生产法》的颁布实施,强化落实了企业安全生产主体责任、政府的监督管理责任及对违法涉事单位和人员的责任追究,企业安全生产工作得到加强,安全生产条件得到逐步改善,安全生产事故死亡人数开始逐年下降,安全生产形势趋于好转,各类重、特大事故发生起数下降,至 2014 年事故死亡人数为 6.8 万人/年。据统计,2013 年全国生产安全事故的总起数,从 2002 年的 80 万起下降到 30 万起,降幅为 51.1%;死亡人数由 2002 年的 13 万余人下降至 6.9 万人,降幅近 50%。2015 年全国事故总量保持继续下降态势,事故起数、死亡人数同比分别下降 7.9%、2.8%。2016 年 1—9 月,全国共发生生产安全事故 39852 起、死亡和下落不明 23650 人,按可比口径同比事故起数和死亡人数分别下降 6.9%和 3.5%。这些数据的变化表明,我国各类事故起数和死亡人数在逐年稳步下降,安全生产形势总体稳定。

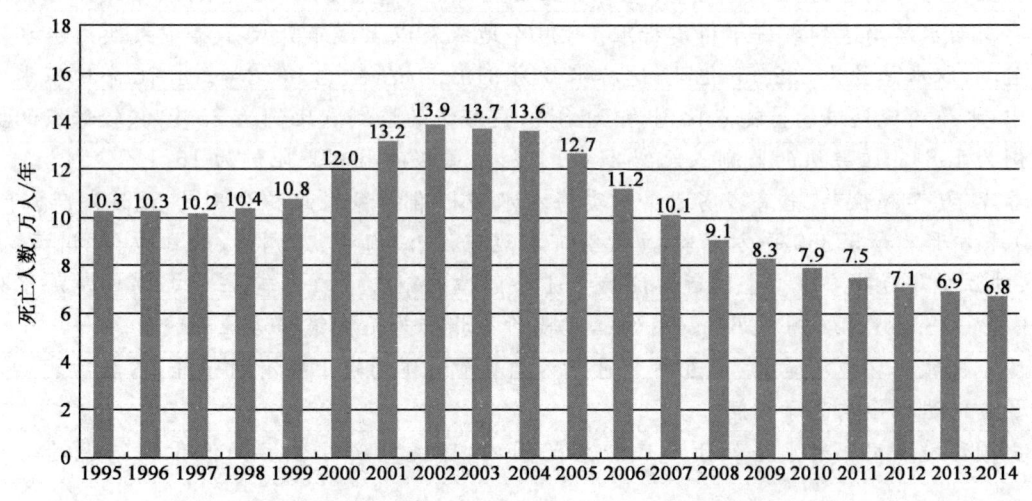

图 1-1 1995—2014 年全国各类事故死亡人数变化趋势

但如果用"亿元 GDP 死亡率"与发达国家相比,中国的生产安全水平仍有差距。所谓"亿元 GDP 死亡率",是指每产出 1 亿元 GDP 过程中,因安全事故导致死亡的人数。根据 2000 年数据,换算成人民币后,英国亿元 GDP 死亡率为 0.02,日本为 0.05,美国、澳大利亚、法国在

0.04~0.06之间。2013年中国的亿元GDP死亡率为0.124,尽管比10年前的0.855下降了85.5%,但仍是发达国家的2~6倍。由此可以看出,当前安全生产形势依然严峻,仍处在事故多发、易发时期,安全事故总量仍然较大,重、特大事故尚未得到有效遏制,安全生产基础仍然薄弱,安全发展任重道远。

二、国内职业健康管理形势

自《中华人民共和国职业病防治法》实施以来,特别是《国家职业病防治规划(2009—2015年)》(国办发〔2009〕43号)印发以来,各类企业和社会大众对职业病和职业危害的认识逐步深入,企业危害劳动者健康的违法行为有所减少,工作场所职业卫生条件得到改善,重大急性职业病危害事故明显减少。但职业病危害依然严重,全国每年新报告职业病病例近3万例,分布在煤炭、化工、有色金属、轻工等不同行业,涉及企业数量众多。

根据国家卫生计生委发布的《2014年全国职业病报告情况》,2014年共报告职业病29972例。从疾病种类看,主要集中在职业性尘肺病和职业化学性中毒,其中尘肺病报告病例数占2014年职业病报告总例数的89.66%;从行业分布看,煤炭开采和洗选业、有色金属矿采选业和开采辅助活动行业的职业病病例数较多,共占全国报告职业病例数的62.52%。

三、国内环境保护形势

2014年《中国环境状况公报》中,全国环境质量状况如下:

全国开展空气质量新标准监测的161个地级及以上城市中,有16个城市空气质量年均值达标,145个城市空气质量超标。全国有470个城市(区、县)开展了降水监测,酸雨城市比例为29.8%,酸雨频率平均为17.4%。

全国423条主要河流、62座重点湖泊(水库)的968个国控地表水监测断面(点位)开展了水质监测,Ⅰ、Ⅱ、Ⅲ、Ⅳ、Ⅴ、劣Ⅴ类水质断面分别占3.4%、30.4%、29.3%、20.9%、6.8%、9.2%,主要污染指标为化学需氧量、总磷和五日生化需氧量。南水北调东线、中线工程输水干线所有断面水质均达到或好于Ⅲ类标准。329个地级及以上城市开展了集中式饮用水水源地水质监测,取水总量为332.55亿吨,达标水量为319.89亿吨,占96.2%。4896个地下水监测点位中,水质为优良级的监测点比例为10.8%,良好级的监测点比例为25.9%,较好级的监测点比例为1.8%,较差级的监测点比例为45.4%,极差级的监测点比例为16.1%。

春季、夏季和秋季,全海域劣于第四类海水水质标准的海域面积分别为52280平方千米、41140平方千米和57360平方千米,主要分布在辽东湾、渤海湾、莱州湾、长江口、杭州湾、浙江沿岸、珠江口等近岸海域。全国近岸海域301个国控监测点中,一、二、三、四、劣四类海水分别占28.6%、38.2%、7.0%、7.6%、18.6%,主要污染指标为无机氮和活性磷酸盐。

城市区域声环境质量、城市道路交通声环境质量总体均较上年有所下降,各类功能区声环境质量昼间达标率均高于夜间。

全国环境电离辐射水平处于本底涨落范围内,环境电磁综合场强低于国家规定的相应限值。

从以上表述可以看出,我国的环境质量不容乐观,长期追求GDP增速的粗放式发展模式,导致了由空气、土壤、水等共同形成的对人体健康造成危害的立体污染,环境问题在个别地区已涉及民生问题、社会化问题和经济是否可持续发展问题。因此,迫切需要加大环境保护力度,努力改善环境质量,创造适宜人类生存的自然环境。

第二节　石油工程生产作业特点

石油工程生产作业涉及钻井、完井、试油、修井、采油（气）和站场集输、处理等环节。其生产作业主要存在以下特点。

一、生产介质的危害性

1. 易燃易爆

石油天然气本身属于易燃易爆物质，且在生产作业过程中使用的各种溶剂、催化剂、助剂等绝大多数属于易燃、易爆物质，它们大多以气体和液体形式存在，极易泄漏和挥发，存在引起火灾爆炸的风险。

2. 有毒有害、高腐蚀

石油天然气中除含有各种烃类物质外，还含有 H_2S、CO_2 等有毒有害物质，在油气钻井、开采、集输、处理等过程中还会使用各种危险化学品，这些除了对人体和环境构成威胁外，还会加速各种设备设施的腐蚀，影响设备设施的安全性能。

3. 高温、高压

部分石油天然气井在开采过程中最高关井压力可达几十兆帕，井口温度可达几十摄氏度，且集输、处理过程中也可能需要经过高温、高压的处理，对人体的职业健康和安全构成威胁。

二、作业的连续性和复杂性

1. 生产方式的连续性

石油工程生产作业中，钻井、采油（气）、集输、处理等环节大部分都是属于二十四小时连续作业的生产方式，而且作业周期长，最长可能达到几十年，这些对于人员、动力、设备设施等资源、能源的持续有效保证及受控管理都提出了很高的要求。

2. 施工工序的连续性

在石油天然气最终形成可销售、使用的产品前，要经过一系列的生产作业过程，各过程、各工序环环相扣，任何一个工序出现故障，都会影响产品的最终形成。

3. 工艺技术的复杂性

石油天然气是从几千米的地下开采出来，看不见，摸不着，尤其是钻井过程，是一项极其隐蔽的地下工程，在石油天然气的勘探开发过程中存在很多的不确定性，而且随着勘探开发的发展，地下资源越来越少，勘探深度越来越深，开采难度越来越大，对于石油工程生产作业的工艺技术要求越来越高，越来越复杂，生产作业中稍有不慎，就会引发生产安全事故事件。

三、多专业、多工种协同

石油工程生产作业的连续性与复杂性，也决定了其需要多专业、多工种的协同配合，多工序的环环相扣、紧密衔接。从地质到钻井、完井、试油，再到开发、集输、处理的过程中，涉及地质、工程、化学、净化、炼化、电气、机械、数字化、自动化等多个专业，以及电工、焊工、吊装司机、钳工、管工、钻井液工、井下作业工、采油(气)工、输(配)气工、管道保护工、净化工等多个工种，且有吊车司机、特种设备操作工、焊工及其他可能接触职业危害因素的特殊工种，存在职业危害。

四、立体交叉作业多

石油工程生产作业过程中，往往有某一项施工作业要涉及多个工序，且多个工序需要同时进行，存在交叉作业。如钻井中的设备搬迁、事故及复杂处理、起下钻具、下套管等环节中经常需要多人、多工种相互配合。立体交叉工作，如果指挥不好、衔接不当、防护不严，就有可能造成相互伤害。

五、风险作业的多样性、频繁性

石油工程生产作业过程中，由于涉及各种各样的设备设施，有电气设备，有机泵设备，有大型的特种作业车辆，有压力容器、压力管道、各式各样的阀门等等，加上很多设备体积大、重量大，而且生产介质又是易燃易爆物品，因此较大多数生产施工都属于危险性较高的风险作业，如高处作业、临时用电作业、吊装作业、管线与设备打开、动火作业、进入受限空间作业、动土作业等，此类高风险作业在石油工程生产作业过程中极为频繁的出现，各项生产作业都有可能会造成较大的生产安全事故，因此如何做好此类风险作业的防控工作是石油工程生产作业风险防控工作中的重中之重。

六、施工环境、气候的多样性

石油工程的生产作业环境主要由石油资源的储藏点决定，有在深山老林的，有在沙漠、戈壁滩的，有在平原、丘陵地带的，也有在深海中的，加上石油工程生产作业的连续性特点，一年365天，一天24小时，都有可能在作业，不管是刮风下雨、电闪雷鸣，还是烈日当空，不管是严寒，还是酷暑，只要有需要，石油工程生产作业都不能停止。面对环境、气候的多样性，对于如何做好石油工程生产作业现场健康安全环境管理工作也是一大挑战。

第三节　HSE法律法规体系简介

HSE法律法规体系主要由HSE法律、HSE行政法规、HSE部门规章、HSE地方性法规和规章、相关法律法规、HSE标准、国家签署的国际公约等构成。

一、宪法

《中华人民共和国宪法》是我国法律法规体系的根本大法，是HSE法律法规体系的最高层级。在宪法中，关于公民基本权利和义务的规定中，许多条文直接涉及安全生产和劳动保护问题。第四十二条规定：国家通过各种途径，创造劳动就业条件，加强劳动保护，改善劳动条件，并在发展生产的基础上，提高劳动报酬和福利待遇。这些规定，既是HSE法律法规制定的最高法律依据，又是HSE法律法规的表现形式。

二、HSE法律

HSE法律包括基础法、专门法律和相关法律。

1. HSE 基础法

HSE 基础法包括《中华人民共和国安全生产法》、《中华人民共和国职业病防治法》和《中华人民共和国环境保护法》，它们是 HSE 管理必须遵守的最基本的法律，是 HSE 法律体系的核心。

2. HSE 专门法律

HSE 专门法律包括《中华人民共和国矿山安全法》《中华人民共和国海上交通安全法》《中华人民共和国消防法》《中华人民共和国道路交通安全法》《中华人民共和国清洁生产促进法》等，是规范某一专业领域的 HSE 管理的法律。

3. HSE 相关法律

HSE 相关法律包括《中华人民共和国劳动法》《中华人民共和国工会法》《中华人民共和国矿产资源法》《中华人民共和国刑法》《中华人民共和国标准化法》《中华人民共和国行政复议法》等，是 HSE 监督管理执法工作有关法律。

三、HSE 法规

HSE 法规包括国家 HSE 行政法规、地方 HSE 行政法规和行业部门 HSE 规章。

1. 国家 HSE 行政法规

国家 HSE 行政法规是由国务院组织制定的有关各类条例、办法、规定、实施细则、决定等，如《国务院关于特大安全事故行政责任追究的规定》《危险化学品安全管理条例》等。

2. 地方 HSE 行政法规

地方 HSE 行政法规是由有立法权的地方权力机关——人民代表大会及其常务委员会和地方政府制定的 HSE 规范性文件，是由法律授权制定的，是对国家 HSE 法律法规的补充和完善。

3. 行业部门 HSE 规章

行业部门 HSE 规章是由国务院所属部委以及有关地方政府在法律规定范围内，依职权制定颁布的有关 HSE 的规范性文件，如《建设工程项目职业安全卫生监察规定》《特种设备质量监督与安全监察规定》等。

四、HSE 标准

HSE 标准是 HSE 法律法规体系中的一个重要组成部分，也是 HSE 管理的基础和监督执法工作的重要技术依据。

标准代号：GB——国家标准；SY——行业标准；AQ——安全标准；Q——企业标准。

五、国际劳动公约

我国政府已加入了多个国际劳动公约，根据我国法律规定，当我国 HSE 法律法规与国际公约存在差异时，应优先采用国家公约的规定（除保留条件的条款外），如《预防重大工业事故公约》(174 号公约)、《作业场所安全使用化学品公约》等。

第二章　HSE 管理体系基础知识

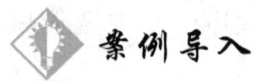

帕玻尔·阿尔法平台火灾爆炸事故

1988年7月6日,位于英国大陆架北海海域的帕玻尔·阿尔法(Piper Alpha)石油天然气平台(隶属荷兰皇家壳牌集团)发生严重的火灾爆炸事故,226人中167人死于这场灾难,平台也被彻底摧毁;这是世界海洋石油工业有史以来发生过的最悲惨的事故,如图2-1所示。

图 2-1　帕玻尔·阿尔法平台火灾爆炸事故现场

1. 事故发生经过

1988年7月6日,工作人员计划进行安全阀维护作业,拆除了凝析油注入泵(A泵),按检修计划应在下午下班前完成,并采取盲板隔离。但下班时检修工未将A泵检修好,于是填了一张维修单,注明"A泵未修好",送到平台经理办公室。因经理非常繁忙,维修工将维修单放在了办公桌上。此时,A泵仅检修了一部分,泄压管线上的安全阀已经撤掉,在安装安全阀的位置临时安装了一个盲板法兰,并且没有上紧。当日晚21时45分,另一台凝析油注入泵(B泵)跳闸。

为了不影响生产,平台经理召开会议,讨论决定启用A泵。由于经理没有见到那张注明"A泵未修好"的维修单,误认为A泵已修好。当A泵开启后,凝析油立刻从没有上紧的盲板法兰处泄漏出来,引起燃烧爆炸,当场有两名员工死亡,其余员工乱成一团,不知所措,纷纷向平台宿舍狂奔,等待直升机救援。

此时周围几个生产平台却仍然不停地向帕玻尔·阿尔法平台输送天然气凝析油,这样做无形中等于给帕玻尔·阿尔法平台源源不断地火上浇油，导致帕玻尔·阿尔法平台发生接连不断的爆炸。最终导致167人死亡，平台报废。

2. 事故原因分析

事故发生后，英国工业界和官方都被震惊了，英国能源大臣任命卡伦爵士（Lord Cullen）带队对这次事故进行公开调查。通过调查发现：

(1)工序程序混乱、交接班中交接不清，是导致启用没有检修好泵、油气泄漏产生火灾爆炸产生的直接原因。

(2)帕玻尔·阿尔法平台原来设计时仅生产石油，后来增加了分离和处理天然气的设施。在增加这些设施时，对平台做过风险评估报告中多处指出该平台风险很大而未进行整改。

(3)帕玻尔·阿尔法平台自身设有的自动灭火系统由于技术落后及为保证潜水员的安全，自动灭火系统将处于手动位置，以致平台发生火灾时不能自动灭火。

(4)权力过分集中，平台之间缺少联系，导致帕玻尔·阿尔法平台发生爆炸时，周围几个平台还未停止向帕玻尔·阿尔法平台输送天然气。

(5)缺少应急准备、响应和培训。

3. 事故的影响

由卡伦爵士率领的官方调查团对调查结果进行整理，提出了在英国大陆架海上石油开采改进安全状况的106条建议，于1990年11月向世界公开发表，这就是世界工业界著名的卡伦报告。卡伦报告不仅对管理体制的基本做法有了重新认识，促进了新的海上安全法规的制定，而且还启动了以目标管理为目的的法规研究。特别是卡伦爵士调查报告中提出的安全状况报告（Safety Case）、安全管理体系（SMS）、安全立法和强化执法等建议对现代安全管理产生了革命性的影响。该事故的发生也成为全世界石油行业建立和实施HSE管理体系的助推剂，对HSE管理体系的产生和发展起到了深远的作用和影响。

第一节　HSE管理体系概述

一、HSE管理体系的概念

管理体系，是企业组织制度和企业管理制度的总称，是用于制定方针和目标并实现这些目标的一组相互关联的要素。一个组织的管理体系可包括若干个不同的管理体系，如质量管理体系ISO 9000、环境管理体系ISO 14001、职业健康和安全管理体系OHSAS 18001等。实施体系化管理是遵循管理规律、实现现代企业科学规范管理的必然要求。

HSE管理体系是组织"总的管理体系的一部分，便于组织与其相关的健康、安全与环境风险管理。它包括为制定、实施、实现、评审和保持健康、安全与环境方针所需的组织结构、策划活动、职责、惯例、程序、过程和资源（SY/T 6276—2014《石油天然气工业 健康、安全与环境管理体系》）"。

HSE管理体系由许多要素构成，这些要素通过先进、科学的运行模式有机地融合在一起，相互关联、相互作用，形成一套结构化动态管理系统。从其功能上讲，它是一种事前进行风险分析，确定其自身活动可能发生的危害和后果，从而采取有效的防范手段和控制措施防止其发生，以便减少可能引起的人员伤害、财产损失和环境污染的有效管理模式。它突出强调了事前预防和持续改进，具有高度自我约束、自我完善、自我激励机制，因此是一种现代化的管理模式，是现代企业制度之一。

HSE 管理体系是将管理对象（健康、安全与环境）实行三位一体管理的体系。H（Health，健康）是指预防职业病和职业伤害，在工作活动和（或）工作相关状况不受到健康损害，防止人员因社会、心理、环境等引起疾病，在生理和心理上保持一种完好的状态。S（Safety，安全）是指在劳动生产过程中，努力改善劳动条件、消除一切不安全因素，使劳动生产在保证劳动者身体不受到伤害、企业财产不受损失、人民生命安全的前提下顺利进行，此外安全还涉及社会环境安全和安保。E（Environment，环境）是指与人类密切相关的、影响人类生活和生产活动的各种自然力量或作用的总和，它不仅包括各种自然因素的组合，还包括人类与自然因素间相互形成的生态关系的组合；在企业生产经营活动中，防止污染和损害环境，保护生态，防止自然环境灾害，创建良好人文、工作和社会环境。由于安全、环境与健康的管理在实际工作过程中有着密不可分的联系，因此把健康（Health）、安全（Safety）和环境（Environment）形成一个整体的管理体系，是现代石油企业管理的必然，也是石油行业里最早形成和推行的一种管理体系。在全世界石油行业领域推行和实施 HSE 管理体系，已成为当今石油业界及相关领域里的惯例。

二、HSE 管理体系的产生和发展过程

国外有些专家曾这样评述过安全工作的发展过程，即 20 世纪 60 年代以前主要是通过对装备的不断完善（利用自动化控制手段使工艺流程的保护性能得到完善等）来达到对人们保护的目的；70 年代以后，注重了对人的行为研究，注重考察人与环境的相互关系；80 年代之后，逐渐发展形成了一系列全面、系统、全新的管理模式。纵观 HSE 发展历程，大致可分为以下几个阶段。

1. HSE 管理体系的萌芽期

健康、安全与环境管理体系的形成和发展是石油勘探开发（E&P）多年管理工作经验积累的成果，它体现了完整的一体化管理思想。全球海上石油生产作业近二三十年的实践，大大推动了各石油公司加强安全管理。1984 年 1 月，壳牌公司在咨询当时世界上 HSE 管理技术和表现业绩都是最佳的 DuPont（杜邦）公司的基础上，首次在石油勘探开发领域提出了"强化安全管理"（Enhance Safety Management）的 11 条原则。1986 年，在强化安全管理的基础上，形成手册，以文件的形式确定下来，HSE 管理体系初现端倪。

2. HSE 管理体系的形成期

20 世纪 80 年代后期，国际上的几次重大事故以血的教训推动了 HSE 管理体系的不断深化和发展。如 1988 年英国北海油田的帕玻尔·阿尔法平台火灾爆炸事故以及 1989 年的 Exxon 公司 Valdez 油轮触礁溢油事件引起了国际工业界的普遍关注，大家都深深认识到，必须进一步采取更有效、更完善的管理措施，以避免重大事故的再次发生。正是由于这些事故的发生，导致英国政府当局对海上石油作业实行严格的管理，要求石油公司在从事风险较大的作业活动时必须预先进行安全分析评价，并向政府当局提交书面报告。

鉴于帕玻尔·阿尔法平台事故的惨痛教训，1990 年英国能源部要求石油作业公司依据安全评估建立安全管理体系和做安全状况报告的要求，壳牌公司则首先制定出了自己的安全管理体系（SMS），并在公司范围内实施海上作业安全状况报告程序。1991 年，壳牌公司委员会

颁布健康、安全与环境（HSE）方针指南；1992年，正式出版安全管理体系标准EP92－01100；由于健康、安全与环境危害的管理在原则和效果上彼此相似，在实际过程中三者又有不可分割的联系，因此很自然地把健康（H）、安全（S）与环境（E）作为一个整体来管理，1994年，正式颁布健康、安全与环境管理体系导则。

1991年，在荷兰海牙召开了第一届油气勘探、开发的健康、安全、环保国际会议，HSE这一概念逐步为大家所接受。此后，一些国际大石油公司相继开始建立了自己的HSE管理体系。

3. HSE管理体系的发展期

1994年油气开发的健康、安全、环保国际会议在印度尼西亚的雅加达召开，由于这次会议由SPE（石油工程师学会）发起，并得到IPICA（国际石油工业保护协会）和AAPG（美国石油地质工作者协会）的支持，影响面很大，全球各大石油公司和服务商都积极参与，因而促使HSE的活动在全球范围内迅速展开。

1994年7月，壳牌公司为勘探开发论坛制定了"开发和使用健康、安全与环境管理体系导则"。同年9月，壳牌公司HSE委员会制定并颁布了"健康、安全与环境管理体系"。石油天然气勘探开发健康、安全与环境研讨会的召开，促进了HSE管理标准化的进程，国际标准化组织（ISO）的TC 67分委会随之也在一些成员国的推动下，着手进行这项工作。1996年1月，ISO/TC 67的SC 6分委会起草了ISO/CD 14690《石油和天然气工业健康、安全与环境管理体系》（委员会草案标准），成为HSE管理体系在国际石油业普遍推行的里程碑，HSE管理体系在全球范围内进入了一个蓬勃发展时期。

伴随我国改革开放进程，国际石油企业实施先进的HSE管理对国内石油企业传统的管理方式、落后的思想观念产生了较大的影响和冲击，也使石油业界认识到，在国内外大市场的环境中适应HSE管理的要求，推行实施HSE管理体系是大势所趋。原中国石油天然气总公司组织人员将ISO/CD 14690《石油和天然气工业健康、安全与环境管理体系》（委员会草案标准）翻译同等转化成中华人民共和国石油天然气行业标准——SY/T 6276《石油和天然气工业 健康、安全与环境管理体系》，于1997年6月27日正式颁布，由此推进了我国石油行业从上游到下游企业推行实施HSE管理体系进程。经过20多年的发展，我国石油企业，特别是三大油公司在HSE管理方面取得了良好的业绩，走在了其他行业的前例。

三、HSE管理体系发展趋势

从当前石油行业HSE管理实践及发展状况来看，HSE管理体系有以下几方面的发展趋向：

（1）世界各国石油公司对HSE管理的重视程度普遍提高，HSE管理成为世界性的潮流与主题。建立和持续改进HSE管理体系已成为国际石油公司HSE管理的大趋势。

（2）随着全球一体化和石油经济的发展，HSE管理体系已在国际石油工业界得到广泛的实施，取得的成果和HSE业绩影响了其他行业，石油工业HSE管理通行的做法，助推其他相关行业或拟进入石油领域的企业建立和实施HSE体系管理。

（3）世界及各国的立法更加系统，标准更加严格，新的相关标准相继出台，标准体系不断完善，将相关管理体系标准如环境管理体系、职业健康安全管理体系标准等融入HSE管理体系，形成一体化的管理体系已成为普遍的做法。我国现行石油行业推行的安全生产标准化，就是与HSE管理体系高度融合的一体化管理体系。

（4）完善绩效测量和监测、HSE管理体系审核和管理评审三级监控机制，大力推行第三方或相对第三方的HSE监督，已逐渐形成保障HSE管理体系有效运行、持续改进HSE管理体系和提升HSE管理水平的重要体制。

（5）利用网络公开发布企业安全环保政策、HSE年度报告、向社会展示HSE管理业绩；通过开展安全环保经验分享、行为观察与沟通等活动，已经逐渐成为石油企业推进HSE文化建设的方式。

第二节 HSE管理体系运行原理与特点

一、HSE管理体系运行原理

管理是指管理者根据目标要求对职责范围内的事情进行的控制和处理，即管理者通过对管理对象的调查研究，形成决策和计划，确定要达到的目标，然后将可支配的资源（人力、物力、财力、设备、技术和时间等）以一定的方式组成一个有机的系统，对管理对象进行有效的控制。为了保证既定目标的实现，在控制过程中，还要经常注意内部和外部的信息传递、交换、反馈和控制及与外界环境的协调和相对平衡。通过这种控制，使控制对象按照人们所计划和决策的方向进行和发展并达到预定目标。

在企业管理中，必须把整个管理对象看成一个有机整体，建立起合理、科学和系统的管理体系，并有效地运行管理体系，才能使企业永远立于不败之地。在系统管理中，最早由休哈特（Walter A. Shewhart）于1930年构想提出PDCA循环，是管理学中的一个通用模型，后来被美国质量管理专家戴明（Edwards Deming）博士在1950年再度挖掘出来，并加以广泛宣传和运用于持续改善产品质量的过程中。由于戴明将PDCA循环应用于质量管理体系在全世界范围获得较大影响，因此人们又把PDCA循环称为戴明循环或戴明模式。实践证明，PDCA模式符合多系统、多层次、全面和全过程管理规律，是管理工作中应遵循的科学程序，也是能使任何一项活动有效进行的一种合乎逻辑的工作程序，既适用于各种管理体系的运行，也适用于其他管理活动。

PDCA四个英文字母及其在PDCA循环中所代表的一般意义如下：

P（Plan）——计划、策划，包括确定方针和目标，制定活动计划、方案。

D（Do）——执行、实施，指按照所制定的计划、方案去实施执行，实现既定的方针和目标。

C（Check）——检查，通过检查去找出执行计划中出的问题或出现的偏差。

A（Action）——行动、改进，英文"Action"原意为"行动"，其本意是对检查的结果进行总结、处理，对发现的问题或执行过程中出的偏差给予纠正、处理，对成功的经验加以肯定并予以推广，对失败的教训加以总结，以免问题重现，对暂时未解决的问题可放到下一个PDCA循环，体现持续改进的过程。

按照PDCA循环，不停顿地周而复始地运转如图2-2，使管理的思想方法和工作步骤更加条理化、系

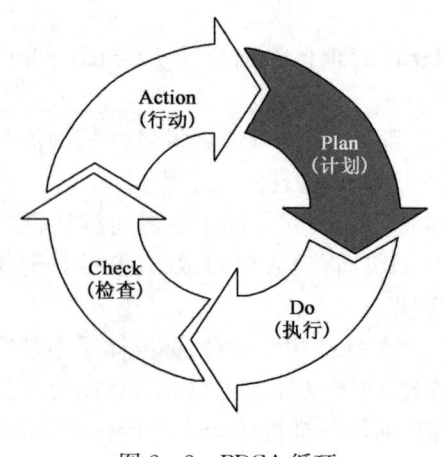

图2-2 PDCA循环

统化、规范化和科学化。它具有如下特点：

（1）大环套小环，小环保大环，推动大循环。PDCA 循环作为通用的管理模式，不仅适用于一个工程项目或一项施工作业活动，也适用于一个企业及企业内的部门、车间、班组以至个人各个层次。各级部门根据企业的方针目标，都按照各自的工作进程进行 PDCA 循环，层层循环，形成大环套小环，小环里面又套更小的环。大环是小环的母体和依据，小环是大环的分解和保证，运转的小环都围绕着企业的总目标朝着同一方向转动。同样道理，针对大型企业，从总公司到下属各分公司都按照 PDCA 循环链把企业上下各项工作有机地联系起来，彼此协同，互相促进。

（2）阶梯式上升。PDCA 循环都不是在原地周而复始运转，而是像爬楼梯一样阶梯式上升，一个循环运转结束，然后再制定下一个循环，再运转、再提高。每一循环都有新的目标和内容，不断前进，不断提高。

（3）持续改进。PDCA 循环不是在同一水平上循环，每循环一次，就解决一部分题目，取得一部分成果，工作就前进一步，水平就进步一步，PDCA 原理充分体现了持续改进的思想。

同样 HSE 管理体系所依据的该管理模式"策划—实施—检查—改进"四个阶段的循环组成：

P（策划）——建立所需的目标和过程，以实现企业的健康、安全与环境方针所期望的结果；

D（实施）——对过程予以实施；

C（检查）——根据承诺、方针、目标和指标，以及法律法规和其他要求，对过程进行监视和测量；

A（改进）——采取措施，以持续改进健康、安全与环境管理体系绩效。

图 2-3 体现了 PDCA 循环的上述特点。

HSE 管理体系是一个不断变化和发展的动态体系，其设计和建立也是一个不断发展和交互作用的过程。随着时间的推移，环境、条件及相关要求等各方面的变化，通过检查（监视和测量）、审核和管理评审等手段，针对体系运行中发现的问题及不足进行不断地改进，经过良性循环，形成持续改进机制，不断达到更佳的运行状态，提升企业的 HSE 绩效和管理水平。

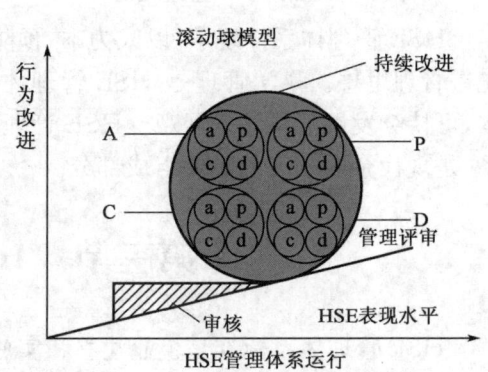

图 2-3　HSE 管理体系运行示意图

二、HSE 管理体系特点

HSE 管理体系的主要作用就是在全面管理 HSE 事项的基础上，确定 HSE 的关键活动及其风险和影响，加强有效控制，预防事故的发生，将风险降低到可接受的程度。HSE 管理体系的特点如下。

1. 突出现代企业管理的科学性和系统性

HSE 管理体系将各管理要素有机结合，形成系统的、程序化的管理体系，克服了经验型、粗放型管理弊端。管理方式由过去分散型的制度化管理到系统化的科学管理转变，并逐渐形成以 HSE 文化建设为主导的管理体系。

2. 注重系统管理与过程控制相结合

HSE 管理体系由很多要素构成,每一个要素对应于企业健康安全环保管理的一项或若干项活动,涉及或覆盖了企业内部所有相关生产经营业务和部门、岗位,按照统一的运行机理,各项活动互为联系、支持、约束,形成一个有机整体,避免了传统安全环保工作顾此失彼的被动局面。同时按照 PDCA(策划、实施、检查、改进)管理原理,对每一项活动或过程事先进行周密策划,做到对应流程清晰、目标明确、制度和资源到位,并对其运行过程实施监督检查和改进,保证每一项活动和过程始终处于受控状态。

3. 侧重风险防范与管控

HSE 管理体系突出强调了风险管理的核心作用,以风险管理为主线,通过事先进行深入、细致的风险识别、分析,采取针对性管理和技术措施,尽最大努力防范风险事故的发生。同时也强调了防范措施一旦失效事故状态下的应急处理,保障在突发情况下能够迅速、有序采取应对措施,防止事态扩大,将损失降低到最低程度。

4. 反映了 HSE 管理体系综合属性特点

HSE 管理体系的运行同时反映了"规范性、强制性、追溯性、自律性"特点,既通常所说的"写所做的、做所写的、记所做的和纠所错的"。表现在按法规、标准建立 HSE 体系文件、并按要求强制执行、同时留下记录、通过自我管理实现持续改进。此外,HSE 管理体系还体现了"通用性(国际规则,共同遵守的惯例)、系统性(全面、综合以及全过程管理)和广泛性(易于整合与吸收其他管理体系)"三大特征。

5. 体现先进的 HSE 管理思想

HSE 管理体系体现了"以人为本、预防为主、领导承诺、全员参与、风险管理、持续改进"的先进管理思想。科学管理是 HSE 管理体系的精髓,突出了现代社会人文精神,符合以人为本,可持续发展的科学发展观。HSE 管理体系是被国际石油界广泛认同和采用的一种管理体系,是现代企业制度的重要组成部分。

第三节 HSE 管理体系标准

HSE 管理体系标准是企业建立和实施 HSE 管理体系的依据和要求,是在企业现存的各种有效的健康、安全和环境管理组织结构、程序、过程和资源的基础上建立起来的,并按 HSE 管理体系标准的要求加以规范和补充。HSE 管理体系的建立应以 HSE 管理体系标准为框架,以满足 HSE 目标为要求,同时还要考虑其有效性和经济性,并结合本企业的具体情况和内外部条件,设计和建立具有本企业特点的 HSE 管理体系。

一、HSE 管理体系标准的发展过程

1987 年国际标准化组织(ISO)发布了第一个管理体系国际标准 ISO 9000 质量管理体系标准,此后管理体系标准层出不穷,至今相关国际组织、机构陆续发布了 ISO 14000 环境管理体系标准、OHSAS 18000 职业健康安全管理体系标准等。

1996 年 1 月国际标准化组织(ISO)/TC 67(石油天然气工业材料、设备和海上结构标准化的技术委员会)委员会的 SC6(原油的转运、责任、范围、检验和调解)分委员会发布了 ISO/

CD 14690《石油和天然气工业健康、安全与环境管理体系》标准草案。尽管这一标准未得到最终通过,但已成为国际石油公司共同遵循的原则,在相当长的一段时期内,国际上主要石油公司均依据该标准草案要求建立自己的 HSE 管理体系。

1997 年 6 月 27 日我国将 ISO/CD 14690 标准草案翻译同等转化成中华人民共和国石油天然气行业标准 SY/T 6276—1997《石油和天然气工业健康、安全与环境管理体系》正式颁布,开始全系统推行 HSE 管理体系。

随着相关的国际标准出台或改版,我国也升级换版了相关的国家标准《环境管理体系 要求及使用指南》(GB/T 24001—2004)、《职业健康安全管理体系 要求》(GB/T 28001—2011)。在此期间中国石油石化企业在原 SY/T 6276 标准的基础上融入相关管理体系标准,建立了自己企业的 HSE 管理体系标准。由于国际标准化组织不再出台 HSE 管理体系标准,为了适应国内和国际及全球经济一体化的进程需要,将相关标准进行整合,于 2011 年 1 月正式发布了新版 SY/T 6276—2010《石油天然气工业健康、安全与环境管理体系》标准,2014 年 10 月又对相关标准进行了进一步的整合修订,发布了最新版 SY/T 6276—2014《石油天然气工业 健康、安全与环境管理体系》标准,于 2015 年 3 月 1 日实施。

二、HSE 管理体系标准的框架结构与特点

HSE 管理体系标准,从形式上与通常的技术标准不同,它是文字条款即"要素"构成。要素是构成事物必不可少的因素,是组成系统的基本单元,是管理体系标准的具体要求。

HSE 管理体系标准(SY/T 6276—2014)的结构如图 2-4 所示,由 7 个一级要素和 27 个二级要素构成。

HSE 管理体系标准(SY/T 6276—2014)的结构特点如下:

(1)符合"戴明"模式运行原理,具有其他管理体系的特点,是一个持续循环和不断改进的结构,即"计划—实施—检查—改进",体系标准要素功能如图 2-5 所示。

(2)由若干"要素"组成,一级要素设置与相关的环境管理体系标准和职业健康安全管理体系标准相同。

(3)各"要素"不是孤立的,而是密切相关、相互作用。

(4)"要素"具有层次性,一级要素之间以及一级要素与二级要素之间体现了较紧密的逻辑关系,符合管理体系运行的规律。

三、HSE 管理体系标准的要素及要点

1. 领导和承诺

有感领导和可视的承诺是 HSE 管理体系有效实施的力量源泉。而最高管理者及其领导层正确、强有力地行使领导责任和权利是健康、安全与环境管理体系建立、运行、持续改进的最关键因素。

各级组织的高层管理者应对健康、安全与环境管理工作负责,在健康、安全与环境管理方面提出明确的承诺,并将其作为企业文化的一部分,这是建立和实施 HSE 管理体系的基础。高层管理者应对健康、安全与环境的责任和管理提供强有力的领导和明确的承诺,是实施 HSE 管理体系的前提,并保证将领导和承诺转化为必要的资源,以建立、运行、保持 HSE 管理体系和实现既定的方针和战略目标。只有做到领导重视、全员参与、体系管理、持续改进,把 HSE 管理体系作为组织管理的重要组成部分,才能保证 HSE 管理体系有效的顺利运行。

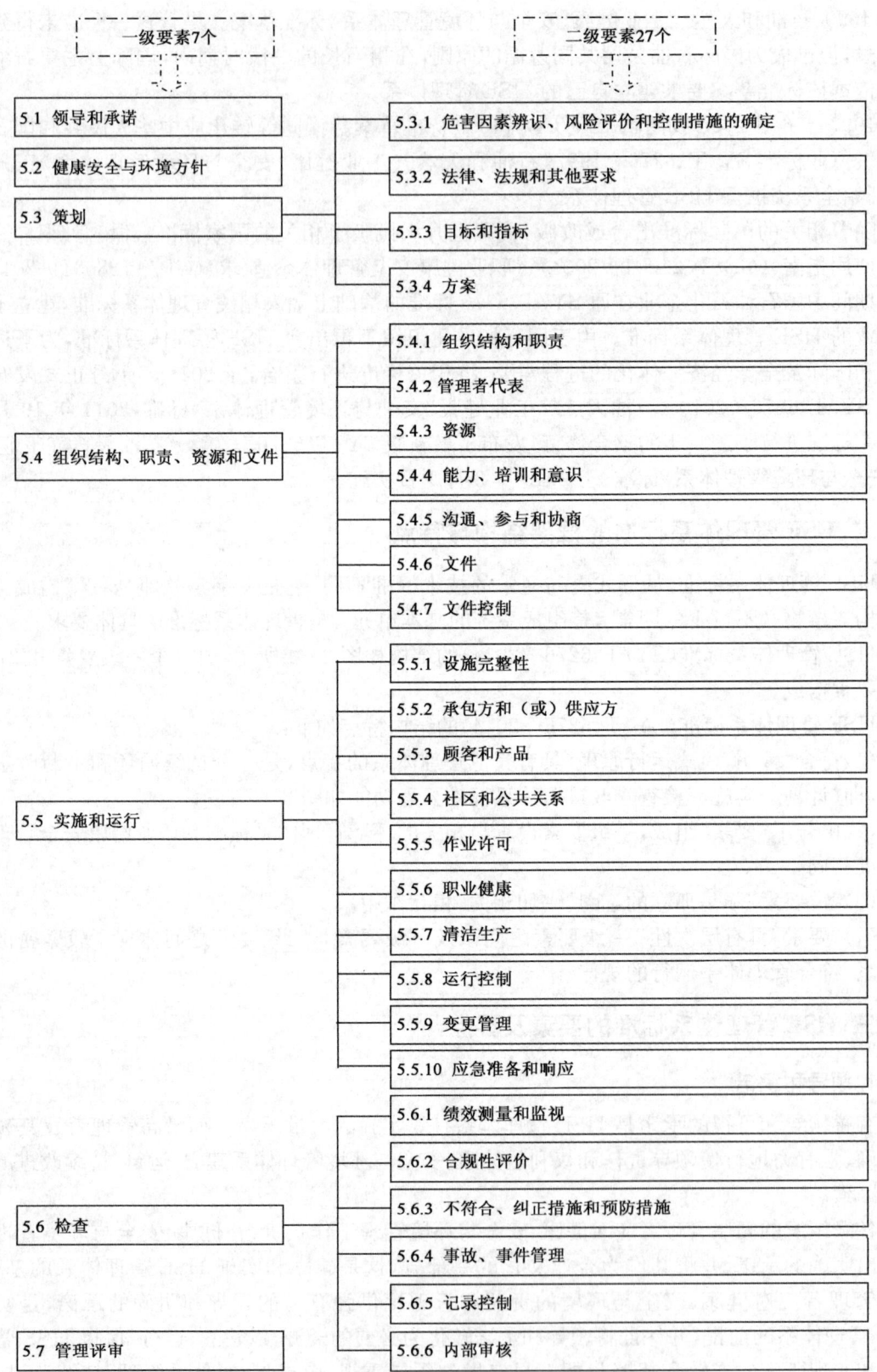

图 2-4 HSE 管理体系标准的结构

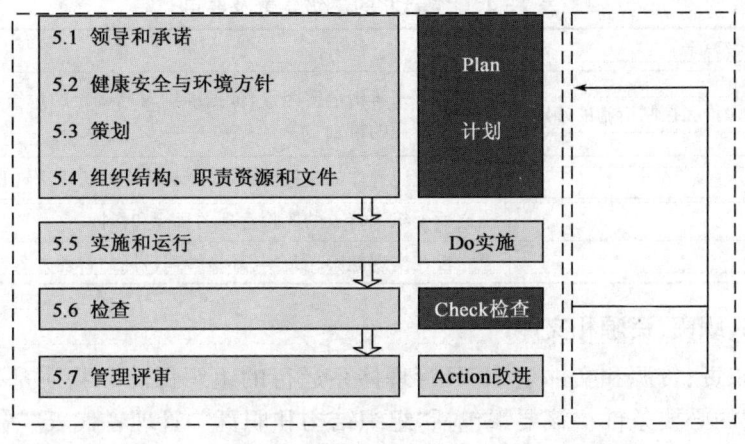

图 2-5 标准要素功能示意图

2. 健康、安全与环境方针

健康、安全与环境方针是 HSE 管理体系建立和实施的总体原则和方向,企业在建立 HSE 管理体系时,首要的就是要制定一个符合国家相关法律法规要求的企业的健康、安全与环境方针。该方针是组织一定时期内在健康、安全与环境方面所奉行的基本政策和行为准则,方针的作用在于统一思想和原则,同时能够为阶段性战略目标的制订提供依据,为企业 HSE 管理提供了明确努力的方向。

例:

中国石油天然气集团公司 HSE 方针:以人为本,预防为主,全员参与,持续改进。

中国石油化工集团公司 HSE 方针:生命至上,安全发展;预防为主,综合治理;领导承包,全员履责。

HSE 方针体现一个企业 HSE 管理实施的总要求,如中国石油 HSE 方针体现的政策要求内涵包括:遵守法律法规,关爱生命,保护环境,坚持安全发展、清洁发展,实现人与自然、企业与社会的和谐;继承和发扬优良传统,全员参与,综合治理,坚持注重实效,持续改进,不断提高 HSE 管理的水平和绩效。

3. 策划

HSE 管理体系的核心是风险管理,该要素包含"危害因素辨识、风险评价和风险控制措施的确定""法律、法规和其他要求""目标和指标"和"方案"4 个二级要素,是 HSE 管理体系的关键要素。

防止事故发生,将风险和影响降低到可接受程度是 HSE 管理体系运行的最直接目的,对 HSE 风险的识别、评价和控制措施的确定是风险管理三个关键环节。风险管理是一个不间断的过程,是所有 HSE 体系的基础,应定期检查危害因素的存在,并评估业务活动中的相关风险,对所有风险都将采取适当的措施进行管控,有效地防止潜在风险事故的发生。标准要素"策划"明确了对 HSE 风险管理过程的策划和识别适用的法律、法规和其他要求,建立风险控制目标与指标和管理方案,以实现对业务活动全过程的风险控制目标。HSE 风险识别、评价和控制技术方法将在本书第四、五和六章介绍,该要素包含的 4 个二级要素要点见表 2-1。

表 2-1 "策划"的二级要素及要点

二级要素	要点
危害因素辨识、风险评价和控制措施的确定	建立程序来辨识危害因素,依据准则对已确定的危害因素进行评价,并进行风险管理的策划
法律、法规和其他要求	获取组织应遵守的相关健康、安全与环境的法律法规和要求
目标和指标	确定适合组织特点的风险管理的目标和指标
方案	建立旨在实现健康、安全与环境管理目标的管理方案

4. 组织结构、职责、资源和文件

组织结构、职责、资源和文件是 HSE 管理体系运行的组织保障和物质基础,是保证健康、安全与环境绩效的必要条件。该要素包括"组织结构和职责""管理者代表""资源""能力、培训和意识""沟通、参与和协商"和"文件"与"文件控制"7 个二级要素。

为了有效地实施 HSE 管理体系,必须对组织有关部门与人员的作用、职责和权限加以界定,明确各自的 HSE 职责,形成文件并予以传达;设立一位"管理者代表"负责 HSE 事务;提供足够的人力、财力及物力等资源以确保 HSE 管理体系有效运行。HSE 管理体系标准要求:通过实现在人员组织、资源管理和文件管理方面的优化配置,实施 HSE 直线责任管理,以获得良好的健康、安全与环境绩效。

HSE 管理体系是文件化的管理体系,通常 HSE 管理体系文件包括三个层次的文件,即管理手册、程序文件和作业文件。管理手册为政策性文件,描述企业的健康、安全与环境管理的承诺、方针和目标,以及企业对健康、安全与环境管理的主要控制环节、控制程序;程序文件是企业内部管理的具体运作程序,规定企业内部对健康、安全与环境的具体管理程序和控制要求;作业文件是程序文件的补充和支持,是管理行为的指南,包括作业 HSE 指导书、计划书及应急预案等。

该要素的二级要素及要点见表 2-2。

表 2-2 "组织结构、职责、资源和文件"的二级要素及要点

二级要素	要点
组织结构和职责	组织体系及各层次人员的具体职责和权限
管理者代表	管理者代表的职责和权限
资源	提供必要的资源以完成 HSE 活动和任务
能力、培训和意识	从事 HSE 关键活动和任务的员工所必须具备的能力的考核及必要的培训
沟通、参与和协商	组织、承包商及合作者对 HSE 事务应持有的共同认识,信息交流
文件	以纸或电子等形式建立和保持 HSE 管理体系文件
文件控制	控制文件的内容及文件的管理

5. 实施和运行

实施和运行包括"设施完整性""承包方和(或)供应方""顾客和产品""社区和公共关系""作业许可""职业健康""清洁生产""运行控制""变更管理""应急准备和响应"10 个二级要素。

企业通过建立系统化的 HSE 管理体系,对运行过程中的活动和任务进行严格的健康、安全与环境管理,通过设定有特色的运行过程实现风险和影响的有效控制。在实际工作中应确定那些与已辨识的、需实施必要控制措施的风险相关的运行和活动任务,并且不同职能和层次

的管理者应当针对这些活动任务进行策划,确保其在相应程序和工作指南规定的条件下执行,形成强有力的运行控制机制。包括:确保"设施的完整性"即与健康、安全与环境有关的设施与主体设施的同时存在且运行状态良好;对"承包方和(或)供应方"进行管理;对高风险的作业实行"作业许可"控制;对各种变更强化"变更管理";建立有效的"应急准备和响应"系统;并有效地实行全面的、全过程的风险管控。为了保证各项HSE风险控制措施及方案的落实与实施,获得社区及相关方的支持,建立良好的公共关系也是十分重要的。

该要素的二级要素及要点见表2-3。

表2-3 "实施和运行"的二级要素及要点

二级要素	要 点
设施完整性	对与健康、安全与环境有关的设施的建造、采购、操作、维护和检查进行控制,达到设施完整性的要求
承包方和(或)供应方	对承包方和(或)供应方进行管理,以保证良好的健康、安全与环境绩效
顾客和产品	识别顾客需求,对产品及服务的健康、安全与环境的风险和影响进行评估和管理
社区和公共关系	通过积极的沟通及适当的规划和活动获取社区支持,建立良好的公共关系
作业许可	通过执行作业许可,能有效地控制关键活动和任务的风险和影响
职业健康	工作场所符合职业健康要求,防止职业危害事故发生
清洁生产	采用资源利用率高以及污染物产生量少的清洁生产技术、工艺和设备,有效控制环境污染及影响
运行控制	通过对活动和任务的有效控制,使风险和影响处于有效的受控状态
变更管理	对组织HSE管理体系范围内的各种变更,包括人员、设备、生产工艺、操作程序的变更进行健康、安全与环境管理
应急准备和响应	建立有效的应急准备和响应系统

6.检查

检查包括"绩效测量和监视""合规性评价""不符合、纠正与预防措施""事故、事件管理""记录控制""内部审核"6个二级要素。

检查是HSE管理体系运行中的一个重要环节,在HSE管理体系的运行控制过程中,需要对自身状况进行监控,包括采用检查、监督、测试、检测、监测及审核等方式和方法,以确定是否满足了法律、法规和其他应遵守的要求,评价目标和指标的实现情况,发现不符合并有效纠正,及时报告事故、事件并处理,并为体系的实施和改进提供依据。做好HSE管理体系运行中的各种记录,为HSE管理体系建立、实施、保持和改进提供证据,是体现HSE管理体系具有追溯性特点的重要方式。该要素包含的6个二级要素及要点见表2-4。

表2-4 "检查"的二级要素及要点

二级要素	要 点
绩效测量和监视	监测健康、安全与环境绩效,校准和维护所用到的监测设备,建立、保存相应记录
合规性评价	定期评价对现行适用法律法规和其他要求的遵守情况
不符合、纠正措施和预防措施	不符合情况的确定和不符合的纠正和预防措施
事故、事件管理	记录、报告已经影响或正在影响健康、安全与环境的事件、事故,并进行调查和处理
记录控制	记录管理系统
内部审核	组织自行发起的内部审核

7. 管理评审

组织的最高管理者应按规定的时间间隔对健康、安全与环境管理体系进行评审,以确保其持续性、适宜性、充分性和有效性。评审应包括评价改进的机会和对健康、安全与环境管理体系进行修改的需求。

管理评审是组织的最高管理者主持的对 HSE 管理体系的适用性及其执行情况进行的系统地、全面地评审,是 HSE 管理体系最高形式的改进机制。评审是 HSE 管理体系的 PDCA(策划、实施、检查、改进)循环的最后一个环节,是 HSE 管理体系实现持续改进的最重要保证。评审覆盖了组织的全部活动、产品和服务的各个方面,通过评审,可以了解 HSE 管理体系的整体运行情况及其不足之处,以便做出改进,使其 HSE 管理体系的运行跃上一个新的层次。

综上所述,HSE 管理体系建立与实施过程中,"领导和承诺"是前提条件,"健康、安全与环境方针"是总体原则,"策划"是输入,"组织结构、职责、资源和文件"是基础,"实施和运行"是关键,"检查"是保障,"管理评审"是动力。HSE 管理体系模式图参见图 2-6,标准要素具体要求内容,请参见《石油天然气工业 健康、安全与环境管理体系规范》(SY/T 6276—2014)。

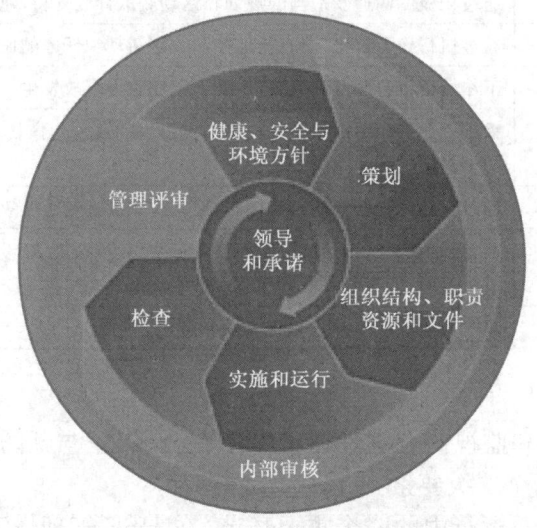

图 2-6 HSE 管理体系模式图

HSE 管理体系的建立、实施和维护是一项需要长期坚持的工作,所有人员应该充分认识到,HSE 管理体系的切入点是事故和事件资源,事故与事件是改进 HSE 管理工作的宝贵资源;HSE 管理体系在企业中的运行,其根本理念是以人为本,其核心是风险管理,运行重点在于日常管理,其实质则是职能分配的问题;HSE 管理体系具有长足的生命力,其有效运行的关键是持续改进,而要实现的长远目标则是帮助企业建立和培育良好的安全文化。

第四节 石油行业安全生产标准化规范

一、安全生产标准化概述

近年来,我国在各行业强力推行安全生产标准化,是根据我国有关法律法规的要求、企业生产工艺特点和中国人文社会特性,借鉴国外现代先进安全管理思想,强化风险管理,注重过程控制,做到持续改进,形成了一套系统的、规范的、科学的安全管理体系,是现代安全管理思想和科学方法的中国化,有利于形成和促进企业安全文化建设,促进安全管理水平的不断提升。

安全生产标准化是一个过程,包括管理标准化、现场标准化、操作标准化,通过建立安全生产责任制,制定安全管理制度和操作规程,排查治理隐患和监控重大危险源,建立预防机制,规范生产行为,使各生产环节符合有关安全生产法律法规和标准规范的要求,人、机、物、环处于良好的生产状态,并持续改进,不断加强企业安全生产规范化建设。通过安全生产标准化建设,实现岗位达标、专业达标和企业达标,各行业(领域)企业的安全生产水平明显提高,安全管理和事故防范能力明显增强。

国家安全生产监督管理总局在总结归纳了煤矿、危险化学品等行业已经颁布实施的安全生产标准化标准基础上,于2010年4月15日颁布了《企业安全生产标准化基本规范》(AQ/T 9006—2010)。该标准提出了安全生产管理的共性基本要求,普遍适用于各行业,是各行业安全生产标准化的"基本"标准,保证了各行业安全生产管理工作的一致性。该标准的出台有利于在各行业全面推行安全生产标准化。从安全生产标准化建设、实现的过程、原理和方式方法来说,本质上就是体系管理,符合体系管理的特征,主要的不同在于引入了第三方评审达标,在现阶段是十分必要的。

二、石油行业安全生产标准化规范简介

按照国务院的统一安排部署,包括石油等行业(领域)规模以上企业要在2013年底前实现安全生产标准化达标,国家安全生产监督管理总局于2012年12月10日同时颁布了《石油行业安全生产标准化 导则》(AQ 2037—2012)以及钻井、井下作业、采油和采气安全标准化实施规范(表2-5)。由《石油行业安全生产标准化 导则》和各专业实施规范及标准化达标评分办法构成了石油行业安全生产标准化系列标准体系。

表2-5 石油行业安全生产标准化规范

序号	标准号	名称
1	AQ 2037—2012	石油行业安全生产标准化 导则
2	AQ 2038—2012	石油行业安全生产标准化 地球物理勘探实施规范
3	AQ 2039—2012	石油行业安全生产标准化 钻井实施规范
4	AQ 2040—2012	石油行业安全生产标准化 测录井实施规范
5	AQ 2041—2012	石油行业安全生产标准化 井下作业实施规范
6	AQ 2042—2012	石油行业安全生产标准化 陆上采油实施规范
7	AQ 2043—2012	石油行业安全生产标准化 陆上采气实施规范
8	AQ 2044—2012	石油行业安全生产标准化 海上油气生产实施规范
9	AQ 2045—2012	石油行业安全生产标准化 管道储运实施规范
10	AQ 2046—2012	石油行业安全生产标准化 工程建设施工实施规范

《石油行业安全生产标准化 导则》是该标准体系的上位标准,规定了石油行业安全生产标准化建设的总体要求,适用于在中华人民共和国领域内从事石油天然气勘探、开发生产、储运等生产经营活动的单位。该标准简称《导则》,是以HSE管理体系标准整体结构和内容为主导,融入了《企业安全生产标准化基本规范》(AQ/T 9006—2010)的具体要求而形成的,体现

了以下特点：

（1）《导则》与现行的 HSE 管理体系标准的框架结构和一级要素完全相同，二级要素的设置基本相同，但要素的内涵、要求有所不同；此外，描述方式也有所差异，《导则》要素的阐述更具体、更通俗；两个标准的对比参见表 2-6。

（2）《导则》与《企业安全生产标准化基本规范》（AQ/T 9006—2010）要素设置有较大差异，但涵盖了《基本规范》要素的全部要求，且保留了沿用 HSE 体系的要素，如"领导和承诺、社区和公共关系、清洁生产"等要素，体现了 HSE 管理——安全生产标准化一体化体系的高度融合。

（3）《导则》来源于石油行业 HSE 管理体系标准，符合行业特点，也符合石油行业惯例，非常有利于石油企业安全标准化的推行。

石油行业各专业安全生产标准化实施规范是针对各专业的特点制定的，包括地球物理勘探、钻井、井下作业、测录井、采油和采气等 9 个专业，其中除有 3 个规范是明确了适用于陆上或海上作业（单位）公司外，其余规范两者都适用。

实施规范规定了各专业公司创建安全生产标准化的具体要求，也是实现安全生产标准化达标准的行动指南。实施规范体现了以下主要特点：

（1）各专业实施规范结构、要素设置、原则性要求完全相同，第 1、2、3 章为推荐性的要求，其余为强制性的要求；

（2）第 4 章"一般规定"要求完全相同；

（3）第 5 章"核心要求"要素设置完全相同，其中要素共性条款要求完全相同，如"领导和承诺""HSE 方针""组织结构、资源和文件""管理者代表""文件控制"等共性要素，各实施规范要求完全相同，而含有个性要素的条款，根据其专业的特点，环境不同、风险不同，引用标准、规范不同，如要素"危害因素辨识、风险评价和风险控制""资源""设施完整性"等具体要求有所不同。具体条款内容，请参见相关规范原文。

表 2-6 SY/T 6276—2014 与 AQ 2037—2012 对比

《石油和天然气工业健康、安全与环境管理体系》 （SY/T 6276—2014）	《石油行业安全生产标准化 导则》 （AQ 2037—2012）
1　范围	1　范围
2　规范性引用文件	2　规范性引用文件
3　术语和定义	3　术语和定义
4　总要求	4　一般规定
5　健康、安全与环境管理体系要求	5　核心要求
5.1　领导和承诺	5.1　领导和承诺 5.1.1　责任 5.1.2　承诺 5.1.3　安全文化建设
5.2　健康、安全与环境方针	5.2　HSE 方针
5.3　策划 5.3.1　危害因素辨识 风险评价和控制的策划 5.3.2　法律、法规和其他要求 5.3.3　目标和指标 5.3.4　方案	5.3　策划 5.3.1　危害因素辨识、风险评估和风险控制的策划 5.3.2　法律、法规和其他要求 5.3.3　目标和指标 5.3.4　计划与方案

《石油和天然气工业健康、安全与环境管理体系》(SY/T 6276—2014)	《石油行业安全生产标准化 导则》(AQ 2037—2012)
5.4 组织结构、职责、资源和文件 5.4.1 组织结构和职责 5.4.2 管理者代表 5.4.3 资源 5.4.4 能力、培训和意识 5.4.5 沟通、参与和协商 5.4.6 文件 5.4.7 文件控制	5.4 组织结构、资源和文件 5.4.1 组织结构和职责 5.4.2 管理者代表 5.4.3 资源 5.4.4 能力和培训 5.4.5 沟通、参与和协商 5.4.6 文件 5.4.7 文件控制
5.5 实施与运行 5.5.1 设施完整性 5.5.2 承包方和(或)供应方 5.5.3 顾客和产品 5.5.4 社区和公共关系 5.5.5 作业许可 5.5.6 职业健康 5.5.7 清洁生产 5.5.8 运行控制 5.5.9 变更管理 5.5.10 应急准备和响应	5.5 实施与运行 5.5.1 设施完整性 5.5.2 承包商和供应商管理 5.5.3 社区和公共关系 5.5.4 作业许可 5.5.5 运行控制 5.5.6 变更管理 5.5.7 应急准备和响应
5.6 检查 5.6.1 绩效测量和监视 5.6.2 合规性评价 5.6.3 不符合、纠正措施和预防措施 5.6.4 事故、事件管理 5.6.5 纪录控制 5.6.6 内部审核	5.6 检查 5.6.1 监督检查和业绩考核 5.6.2 不符合、纠正措施和预防措施 5.6.3 事故报告、调查和处理 5.6.4 纪录控制 5.6.5 内部审核
5.7 管理评审	5.7 管理评审

与安全标准化导则和实施规范配套的达标评分标准是按标准要素细则要求制定的量化评分标准,按照统一的评分标准和统一的方法对企业进行考评,以评分结果评定企业安全标准化达标及达标等级,得分≥90 为一级,≥75 为二级,≥60 为三级,≤60 为不达标。安全生产标准化等级有效期为 3 年。在有效期内发生人员死亡的生产安全事故或具有重大影响的事件,取消其安全标准化等级,经整改合格后,可重新进行评审。

思 考 题

1. 什么是管理体系？如何理解 HSE 管理体系的含义和特点？
2. PDCA 模式的内涵和特点是什么？
3. HSE 管理体系标准框架结构特点是什么？
4. HSE 管理体系标准要素与 PDCA 的关系是什么？如何理解 HSE 管理体系标准要素的内涵要点？
5. 什么是安全生产标准化？石油行业推行安全生产标准化与实施 HSE 管理体系有什么关系？

参 考 文 献

[1] SY/T 6276—2014 石油天然气工业 健康、安全与环境管理体系.
[2] 中国石油天然气集团公司安全环保与节能部. HSE管理体系基础知识. 北京:石油工业出版社,2012.
[3] 中国石油天然气集团公司安全环保部. Q/SY 1002.1—2007《健康、安全与环境管理体系 第1部分:规范》释义. 北京:石油工业出版社,2009.
[4] 《企业安全生产必读必做丛书》编委会. 企业安全生产标准化必读必做. 北京:中国劳动社会保障出版社,2013.
[5] AQ/T 9006—2010 企业安全生产标准化基本规范.
[6] AQ 2037—2012 石油行业安全生产标准化 导则.

第三章 事故预防与安全管理基础

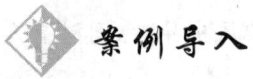

机械伤害事故

2010年7月16日下午15时30分,某甲醇厂进行更换循环水3号凉水塔轴流风机扇叶维修作业时,发生机械伤害事故,造成作业人员2人死亡,1人重伤经抢救无效死亡,1人轻伤。

1. 事故经过

2010年6月19日,甲醇厂工程车间在巡检过程中,发现循环水3号凉水塔轴流风机扇叶断裂,车间向厂调度室进行了汇报。6月21日甲醇厂生产会决定作为厂自控项目进行整改。损坏的轴流风机如图3-1所示。

7月13日,由维修车间技术干部陈某编制《更换3号凉水塔轴流风机扇叶施工方案》《更换3号凉水塔轴流风机扇叶动火应急预案》《更换3号凉水塔轴流风机扇叶动火方案》,并组织完成工作前安全分析,上述方案由维修车间主任段某审核,甲醇厂副厂长谭某批准。

同日,维修车间发出《2010年甲醇厂检修派工单》,安排钳工班组织人员进行循环水装置3号凉水塔轴流风机维修准备。

7月14日,办理了作业许可证和危险作业许可证后,钳工班进入现场,由工程车间操作工陈某签字确认后施工并实施现场监护。

图3-1 损坏的轴流风机

7月16日15:30由钳工班长陈某带领6人上凉水塔顶作业,其中5人(陈某、马某、陈某、刁某、高某)进入轴流风机风筒内作业,2人(胡某、唐某)在风筒外配合和监护。同时,属地单位工程车间派出循环水岗操作员刘某到现场监护。维修作业施工现场如图3-2所示。

图3-2 作业施工现场

16:00 维修车间主任段某到作业现场,组织风机扇叶安装作业。
16:50 进行开始遮雨罩安装工序。
16:50 属地监督刘某离开作业现场上厕所后回到操作值班室。
17:10 段某通知厂调度室彭某,要求安排做试运风机准备。
17:11 彭某电话通知工程车间操作班要求做好试车准备。操作工刘某接电话后向班长李某汇报调度室通知准备试启风机,随后,两人共同到配电室,班长李某合上3号轴流风机主空气开关QA。

李某与刘某出配电室准备上凉水塔顶准备试启风机时,听见凉水塔顶风机异响,同时有人惊呼,立即返回配电室,关闭3号轴流风机空气开关。

事故发生后,段某立即安排监护人员胡某、唐某跑下凉水塔报警,拨打120求救电话。17:16轴流风机停止转动后,段某立即组织人员进行施救。

2. 直接原因

经地方安全生产技术专家检测分析认为:现场合闸按键卡涩、粘连,未完全复位,处于导通状态。操作人员合上主控开关后,合闸回路接通,导致电动机误启动。

3. 管理原因

(1)没有严格实施作业许可管理规范。
①此次作业本来还涉及四项作业许可,但只办理了动火申请,未办理进入受限空间作业、高处作业和临时用电作业三项作业许可证;
②作业许可申请中对作业风险辨识不完全;
③没有执行"电工确认已断电"的程序以及进入受限空间应当进行能源隔离、上锁的要求;
④没有执行"受限空间中旋转部件应当固定"的规定;
⑤在没有执行"作业关闭"程序的情况下,提前进入试车准备。
(2)日常管理较薄弱。
①设备维护保养较差,现场控制箱锈蚀严重,隐患治理不及时;
②员工岗位职责不清,工程车间操作工接到做好试车准备后,在没有电工操作资质的情况下,与操作班长去配电室合闸;操作工存在窜岗行为;
③车间主任在未关闭作业的情况下,要求"做好试车准备",调度室在未核实确认"作业关闭"的情况下,下达"做好试车准备",且将电话打到了不正确的地方。

4. 教训与启示

(1)这是一起典型的责任事故,事故根源在于没有认真执行作业许可管理制度。
(2)作业许可是风险得到控制、安全措施得到落实的"确认书"。实施作业许可时,一个环节都不能省。

第一节　事故致因理论

事故是违背人的意志而发生的,可能给人类带来不幸后果的意外事件,而且事故具有明显的因果性和规律性。因而,要想找出事故的根本原因,进而预防和控制事故,就必须在千变万化、各种各样的事故中发现共性的东西,把其抽象出来,即把感性的认识与积累的经验升华到理论的水平,反过来指导实践,并在此基础上,制定出事故控制的最有效的方案。

事故致因理论是从大量典型事故的本质原因的分析中所提炼出的事故机理和事故模型。这些机理和模型反映了事故发生的规律性,能够为事故的定性定量分析、预测预防,为改进安全管理工作,从理论上提供科学的、完整的依据。

事故致因理论的发展始于近代资本主义工业化生产,到20世纪末,大致经历了3个大的阶段。

第一阶段,20世纪初,资本主义工业化大生产初具规模,大规模流水线生产方式广泛应用,事故致因理论初露端倪,主要表现为事故频发倾向论和后来修正的事故遭遇倾向论,两者都把事故原因归咎于人,认为事故的发生与从事工作的"人"密不可分。1936年,海因里希(H. W. Heinrich)提出事故因果连锁论,指出事故的发生与"人"的不安全行为和"物"的不安全状态有关,在事故过程中实施干预具有重要的作用,但事故因果连锁理论依然是从"人"的角度对事故成因进行分析的。

第二阶段,第二次世界大战时期,随着许多新式、复杂武器装备的使用,许多研究人员逐渐认识到生产条件和技术设备的潜在危险在事故中的作用,因而不再把事故简单地归因于作为操作者的"人"。用于解说事故的流行病学方法论和能量意外释放论等被广泛用来研究事故各因素间的关系特征,促进了事故因素的调查、研究,揭示了事故发生的物理本质。

第三阶段,20世纪60年代以后,科学技术迅猛发展,技术系统、生产设备、产品工艺越来越复杂,以往的理论很难再解释复杂系统的事故原因。于是,研究人员结合信息论、系统论、控制论提出了许多新的事故致因理论和模型。

一是系统理论。瑟利模型、Hale模型、WiggleSworth的"人失误一般模型"、Lawrence的"金矿山人失误模型"以及Anderson等对瑟利模型的修正等。

二是管理失误理论。博德事故因果连锁理论、亚当斯事故因果连锁理论、北川彻三事故因果连锁理论以及约翰逊提出的管理失误和危险树,把事故致因重点放在管理缺陷上,认为造成伤亡事故的本质原因是管理失误。这些理论把人、机、环境作为一个整体或系统看待,研究人、机、环境之间的相互作用并从中发现事故原因,揭示出事故预防的途径,故统称为系统理论。

三是起源致因理论。Benner的扰动起源论(又称P理论),Johnson的"变化—失误"模型,W. E. Talanch的"变化论"模型以及佐藤音信提出的"作用—变化与作用连锁"模型等,认为事故的发生不仅与行为者有关,而且与可能导致行为者失误的影响事件——起源事件有关。

四是轨迹交叉论。R. Skiba认为通过消除人的不安全行为或物的不安全状态或避免二者运动轨迹交叉均可避免事故的发生,为事故预防指明了方向,对于事故发生原因的调查是一种很好的工具。

五是复杂系统事故因果模型,由英国曼彻斯特大学心理学家Reason于1990年提出,通过模型模拟,进一步发展了事故致因理论。

进入21世纪,有学者提出了事故致因的综合原因理论,如图3-3所示。该理论认为:事故是社会因素、管理因素和生产中的危险因素被偶然事件触发造成的结果。偶然事件之所以触发,是由于事故直接原因的存在,直接原因又是由于管理责任等间接原因所导致,而形成间接原因的因素包括社会经济、文化、教育、社会历史、法律等基础原因,统称为社会因素。此理论为全面辨识各类危险源、通过多种手段和途径控制事故提供了思路,实用性强,得到了相关研究者的关注与完善。

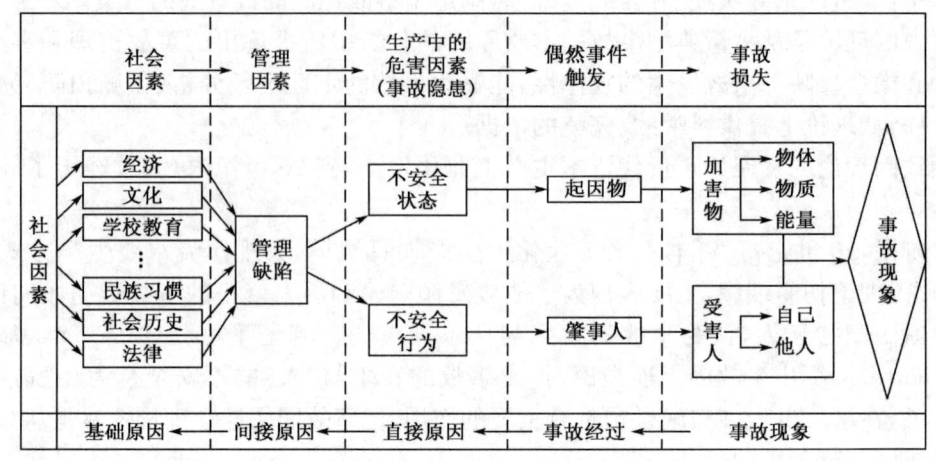

图 3-3 事故致因的综合原因模型

事实表明,生产事故既是偶然现象,也有必然的规律性,运用事故致因理论可以揭示导致生产事故发生的多种因素及相互间的联系和影响,透过现象看本质,从表面原因可以追踪到深层次的原因,直至本质原因。

下面重点介绍事故因果连锁理论等七种理论。

一、事故因果连锁论

1931 年海因里希首先提出了事故因果连锁论,用以阐明导致事故的各种原因之间及与事故之间的关系。该理论认为,事故的发生不是一个孤立的事件,尽管事故可能发生在某一瞬间,却是一系列互为因果的原因事件相继发生的结果。

在事故因果连锁论中,以事故为中心,事故的原因可概括为 3 个层次:直接原因、间接原因、基本原因。海因里希最初提出的事故因果连锁过程包括以下 5 个因素:遗传及社会环境、人的缺点、人的不安全行为或物的不安全状态、事故、伤害。

海因里希用多米诺骨牌来形象地描述这种事故因果连锁关系(图 3-4),在多米诺骨牌系列中,一颗骨牌被碰倒了,则将发生连锁反应,即其余的几颗骨牌相继被碰倒。如果移去连锁中的一颗骨牌,则连锁被破坏,事故过程被中止。海因里希认为,企业事故预防工作的中心就是防止人的不安全行为,消除机械的或物质的不安全状态,中断事故连锁的进程而避免事故的发生。

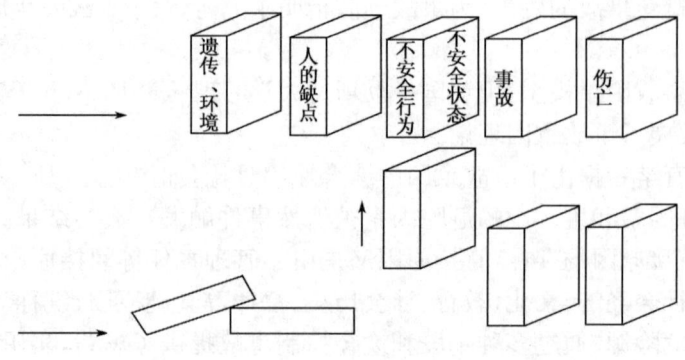

图 3-4 海因里希因果连锁论模型

海因里希的事故因果连锁论,提出了人的不安全行为和物的不安全状态是导致事故的直接原因这个工业安全中最重要、最基本的问题。但是,海因里希理论也和事故频发倾向理论一样,把大多数工业事故的责任都归因于人的缺点等,表现出时代的局限性。

二、博德的因果连锁理论

与早期的事故频发、海因里希因果连锁理论强调人的性格、遗传特征等不同。博德(Frank Bird)在海因里希事故因果连锁理论的基础上,提出了现代事故因果连锁理论,其事故连锁过程影响因素为:管理失误、个人因素及工作条件、不安全行为或不安全状态、事故、伤亡,如图3-5所示。

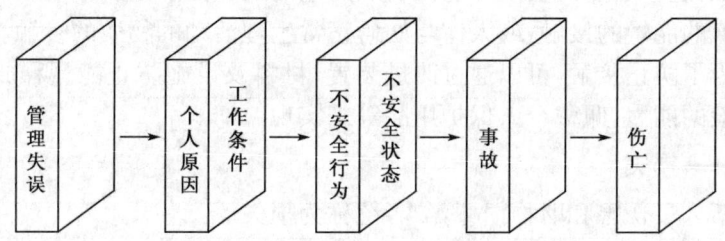

图3-5 博德因果连锁理论模型

1. 控制不足——管理

事故因果连锁中一个最重要的因素是安全管理。控制是管理机能(计划、组织、指导、协调及控制)中的一种机能。安全管理中的控制是指失误控制;包括对人的不安全行为、物的不安全状态的控制。它是安全管理工作的核心。

大多数正在生产的工业企业中,由于各种原因,完全依靠工程技术上的改进来预防事故既不经济也不现实。只能通过专门的安全管理工作,经过较长期的努力才能防止事故的发生。管理者必须认识到,只要生产没有实现高度安全化,就有发生事故及伤害的可能性,因而他们的安全活动中必须包含有针对事故连锁中所有要因的控制对策。

在安全管理中,企业领导者的安全方针、政策及决策占有十分重要的位置。它包括生产及安全的目标;信息的利用;责任及职权范围的划分;职工的选择、训练、安排、指导及监督;设备、器材及装置的设计、采购、维修及保养;正常及异常时的操作规程等。

管理系统随着生产的发展而不断变化、完善,十全十美的管理系统并不存在。由于管理上的缺欠,导致事故基本原因的出现。

2. 基本原因——起源论

为了从根本上预防事故,必须查明事故的基本原因,并针对查明的基本原因采取对策。

基本原因包括个人原因及与工作有关的原因。个人原因包括缺乏知识或技能,动机不正确,身体上或精神上的问题。工作方面的原因包括操作规程不合适,设备、材料不合格,通常的磨损及异常的使用方法,以及温度、压力、湿度、粉尘、有毒有害气体、蒸汽、通风、噪声、照明、周围的状况(容易滑倒的地面、障碍物、不可靠的支持物、有危险的物体)等环境因素。只有找出这些基本原因才能有效地控制事故的发生。

所谓起源论,是要找出问题的基本的、背后的原因,而不仅停留在表面的现象上。只有这样,才能实现有效的控制。

3. 直接原因——征兆

不安全行为或不安全状态是事故的直接原因,是一种表面的现象。但是,直接原因不过是深层原因的征兆。在实际工作中,如果只抓住了作为表面现象的直接原因而不追究其背后隐藏的深层原因,就永远不能从根本上杜绝事故的发生。另一方面,安全管理人员应该能够预测及发现这些作为管理缺陷的征兆的直接原因,采取恰当的改善措施;同时,为了在经济上可能及实际可行的情况下采取长期的控制对策,必须努力找出其基本原因。

4. 事故——接触

从实用的目的出发,往往把事故定义为最终导致人员肉体损伤、死亡,以及财物损失的不希望的事件。但是,越来越多的安全专业人员从能量的观点把事故看作是人的身体、构筑物或设备与超过其阈值的能量的接触,或人体与妨碍正常生理活动的物质的接触。于是,防止事故就是防止接触。为了防止接触,可以通过改进装置、材料及设施防止能量释放,以及通过训练提高工人识别危险的能力、佩戴个人保护用品等来实现。

5. 事故后果——损失

事故后果包括人员伤害和财物损坏,二者统称为损失。

在许多情况下,可以采取恰当的措施使事故造成的损失最大限度地减少。例如,对受伤人员的迅速抢救以减少伤亡;对设备进行抢修以减少损失,加强对人员的培训和应急训练以提高人员对事故和事件的应对能力等。

三、冰山理论

冰山理论是萨提亚家庭治疗中的重要理论,实际上是一个隐喻,它指一个人的"自我"就像一座冰山一样,我们能看到的只是表面很少的一部分——行为,而更大一部分的内在世界却藏在更深层次,不为人所见,恰如冰山。冰山理论包括行为、应对方式、感受、观点、期待、渴望、自我七个层次。

海因希里在研究安全健康环保中提出了冰山理论。他认为,安全事故的发生类似于海里飘浮的冰山,暴露的问题只是冰山一角。水面以下面看不到的还有许多许多的问题,如未暴露的问题、潜在的问题等,如图3-6所示。

图3-6 冰山理论模型

日常工作中人的不安全行为、物的不安全状态、不良环境以及管理缺陷就像冰山的水下部分,不容易被发现。它具有三层含义:一是人们往往只关注事故或事件的表面,未探究导致事故的根源。二是要从根源上解决问题,不要只关心事故本身,做一些表面工作。三是事故经济损失大部分是由人的不安全行为和物的不安全状态造成的难以确定的潜在损失,而不是某起事故本身造成的直接损失。

因此,不能只看到水面上的事故,还要看到水面以下的事件、隐患。要让冰山一角不露出水面,就要减少冰山底部的体积。事故发生不是偶然的,一起事故的背后,一定存在着事故隐患和不安全因素,要减少事故的发生,必须消减事故隐患和不安全因素的存量。

四、轨迹交叉理论

轨迹交叉理论是一种从事故的直接原因和间接原因出发研究事故致因的理论。基本逻辑是：伤害事故是许多相互关联的事件顺序发展的结果，这些事件可沿着人和物（包括环境）两个路径发展。当人的不安全行为和物的不安全状态在各自发展的路径上，在一定的时间和空间发生接触，导致能量与人体接触时，伤害事故就会发生，如图3-7所示。

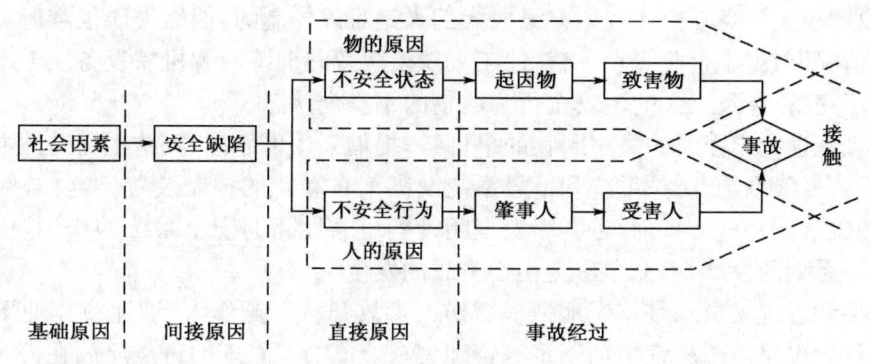

图3-7 轨迹交叉模型

轨迹交叉理论将事故的发生发展过程描述为：基本原因→间接原因→直接原因→事故→伤害。从事故发展运动的角度，这样的过程被形容为事故致因因素导致事故的运动轨迹，具体包括人的因素运动轨迹和物的因素运动轨迹。

1. 人的因素运动轨迹

人的不安全行为基于生理、心理、环境、行为等方面而产生：
(1) 生理、先天身心缺陷；
(2) 社会环境、企业管理上的缺陷；
(3) 后天的心理缺陷；
(4) 视、听、嗅、味、触等感官能量分配上的差异；
(5) 行为失误。

2. 物的因素运动轨迹

在物的因素运动轨迹中，在生产过程各阶段都可能产生不安全状态：
(1) 设计上的缺陷，如用材不当，强度计算错误、结构完整性差、采矿方法不适应矿床围岩性质等；
(2) 制造、工艺流程上的缺陷；
(3) 维修保养上的缺陷，降低了可靠性；
(4) 使用上的缺陷；
(5) 作业场所环境上的缺陷。

在生产过程中，人的因素运动轨迹按其(1)→(2)→(3)→(4)→(5)的方向顺序进行。物的因素运动轨迹按其(1)→(2)→(3)→(4)→(5)的方向进行。人与物的两条轨迹在同一时间与空间相交，就是发生伤亡事故的"时空"，也就导致了事故的发生。

值得注意的是，许多情况下人与物又互为因果。例如，有时物的不安全状态诱发了人的不安全行为,而人的不安全行为又促进了物的不安全状态的发展或导致新的不安全状态出现。因而,实际的事故并非简单地按照上述的人、物两条轨迹运行,而是呈现非常复杂的因果关系。

若设法排除物(机械设备)或处理危险物质过程中的隐患或者消除人为失误和不安全行为,使两事件链的连锁中断,则两系列运动轨迹就不能相交,危险就不会出现,就可避免事故发生。

就人的因素而言,强调工种考核,加强安全教育和技术培训,进行科学的安全管理,从生理、心理和操作管理上控制人的不安全行为的产生,就等于中断了事故产生的人的因素轨迹。但是,对自由度很大且身心性格气质差异较大的人是难以控制的,偶然失误很难避免。

在多数情况下,由于企业管理不善,使工人缺乏教育和训练或者机械设备缺乏维护检修以及安全装置不完备,导致了人的不安全行为或物的不安全状态。

轨迹交叉理论突出强调的是中断物的事件链,提倡采用可靠性高、结构完整性强的系统和设备,大力推广保险系统、防护系统和信号系统及高度自动化的控制装置。这样,即使人为失误,构成人的因素(1)→(5)系列,也会因安全闭锁等可靠性高的安全系统的作用,控制住物的因素(1)→(5)系列的发展,可完全避免伤亡事故的发生。

一些领导和管理人员总是错误地把一切伤亡事故归咎于操作人员"违章作业"。实际上,人的不安全行为也是由于教育培训不足等管理欠缺造成的。管理的重点应放在控制物的不安全状态上,即消除"起因物",当然就不会出现"施害物",中断物的因素运动轨迹,使人与物的轨迹不相交叉,事故即可避免。

实践证明,消除生产作业中物的不安全状态,可以大幅度地减少伤亡事故的发生。

五、能量意外释放理论

1961年吉布森(Gibson)提出,事故是一种不正常的或不希望的能量释放,意外释放的各种形式的能量是构成伤害的直接原因。因此,应该通过控制能量或控制能量载体(能量达及人体的媒介)来预防伤害事故。在吉布森的研究基础上,1966年美国运输部安全局局长哈登(Haddon)完善了能量意外释放理论,提出"人受伤害的原因只能是某种能量的转移",并提出了能量逆流于人体造成伤害的分类方法,将伤害分为两类:第一类伤害是由于施加了超过局部或全身性损伤阈值的能量引起的;第二类伤害是由于影响了局部或全身性能量交换引起的,主要指中毒窒息和冻伤。

能量在生产过程中是不可缺少的,人类利用能量做功以实现生产目的。人类为了利用能量做功,必须控制能量。在正常生产过程中,能量受到种种约束和限制,按照人们的意志流动、转换和做功。如果由于某种原因,能量失去了控制,超越了人们设置的约束或限制而意外地逸出或释放,必然造成事故。如果失去控制的、意外释放的能量达及人体,并且能量的作用超过了人们的承受能力,人体必将受到伤害。根据能量意外释放理论,伤害事故原因是:(1)接触了超过机体组织(或结构)抵抗力的某种形式的过量的能量。(2)有机体与周围环境的正常能量交换受到了干扰(如窒息、淹溺等)。因而,各种形式的能量是构成伤害的直接原因。同时,也常常通过控制能源,或控制达及人体媒介的能量载体来预防伤害事故,如图3-8所示。

机械能(动能和势能统称为机械能)、电能、热能、化学能、离解及非电离辐射、声能和生物能等形式的能量,都可能导致人员伤害,其中前四种形式的能量引起的伤害最为常见。意外释放的机械能是造成工业伤害事故的主要能量形式。处于高处的人员或物体具有较高的势能,当人员具有的势能意外释放时,发生坠落或跌落事故;当物体具有的势能意外释放时,将发生

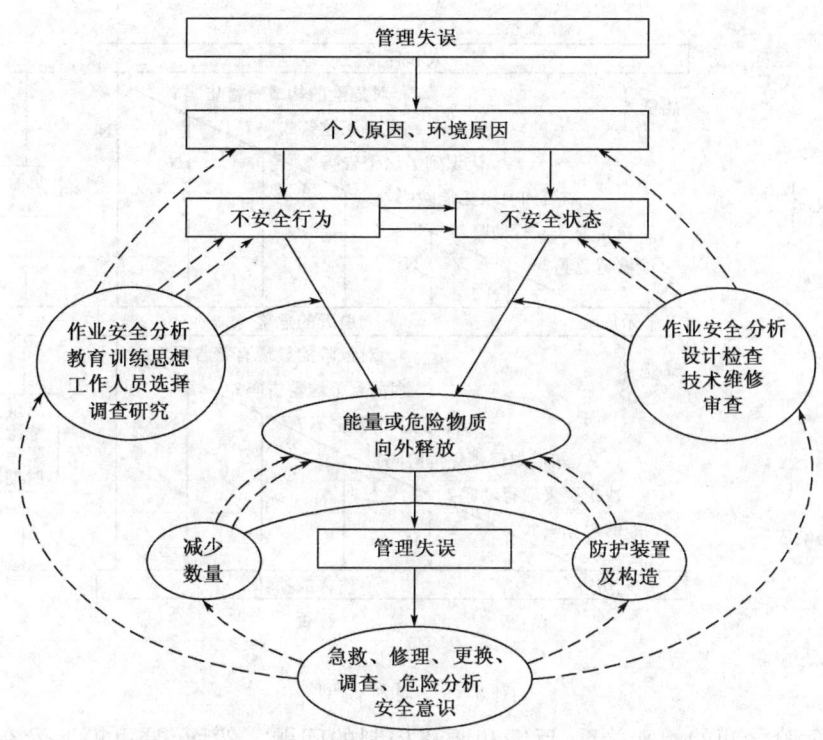

图 3-8 能量释放理论模型

物体打击等事故。除了势能外,动能是另一种形式的机械能,各种运输车辆和各种机械设备的运动部分都具有较大的动能,工作人员一旦与之接触,将发生车辆伤害或机械伤害事故。现代化工业生产中广泛利用电能,当人们意外地接近或接触带电体时,可能发生触电事故而受到伤害。工业生产中广泛利用热能,生产中利用的电能、机械能或化学能可以转变为热能,可燃物燃烧时释放出大量的热能,人体在热能的作用下,可能遭受烧灼或发生烫伤。有毒有害的化学物质使人员中毒,是化学能引起的典型伤害事故。

能量意外释放理论揭示了事故发生的物理本质,为人们设计及采取安全技术措施提供了理论依据。

六、瑟利模型

瑟利模型是在1969年由美国人瑟利(J. Surry)提出的,是一个典型的根据人的认知过程分析事故致因的理论。该模型把事故的发生过程分为危险出现和危险释放两个阶段,这两个阶段各自包括一组类似的人的信息处理过程,即感觉、认识和行为响应。瑟利模型不仅分析了危险出现、释放直至导致事故的原因,而且还为事故预防提供了一个良好的思路,如图3-10所示。

图中的6个问题中,前两个问题都是与人对信息的感觉有关的,第3~5个问题是与人的认识有关的,最后一个问题与人的行为响应有关。这6个问题涵盖了人的信息处理全过程,并且反映了在此过程中有很多发生失误进而导致事故的机会。

七、安德森模型

瑟利模型实际上研究的关系定在客观已经存在潜在危险(存在于机械的运动和环境中)的

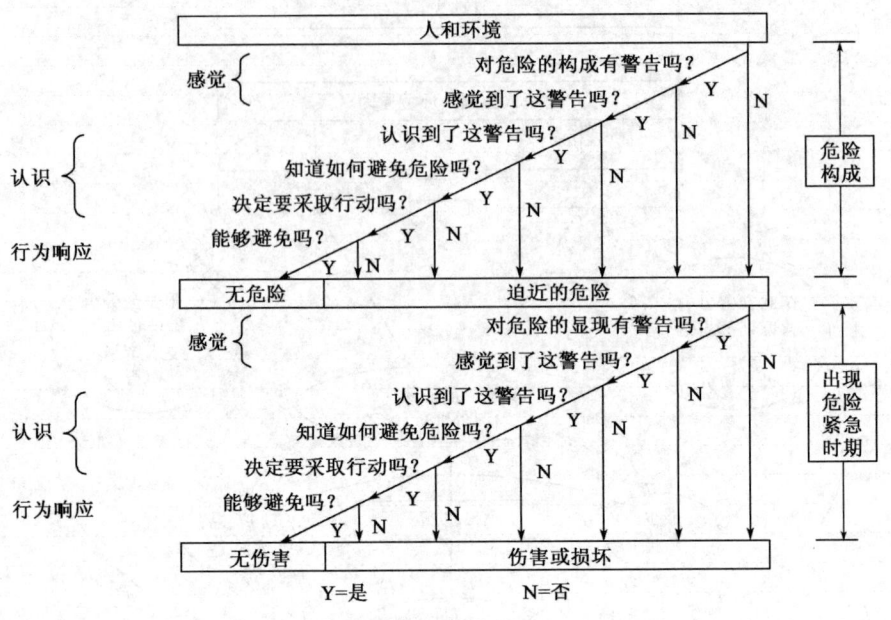

图 3-9 瑟利模型

情况下,人与危险之间的相互关系、反馈和调整控制的问题。然而,瑟里模型没有探究何以会产生潜在危险,没有涉及机械及周围环境的运行过程。安德森等人曾在分析60件工业事故中应用瑟利模型,发现上述问题,从而对它进行了扩展,形成了安德森模型。该模型是在瑟利模型之上增加了一组问题,所涉及的是,危险线索的来源及可察觉性,运行系统内的波动(机械运行过程及环境状况的不稳定性)以及控制或减少这些波动使之与人(操作者)的行为的波动相一致,如图 3-10 所示。

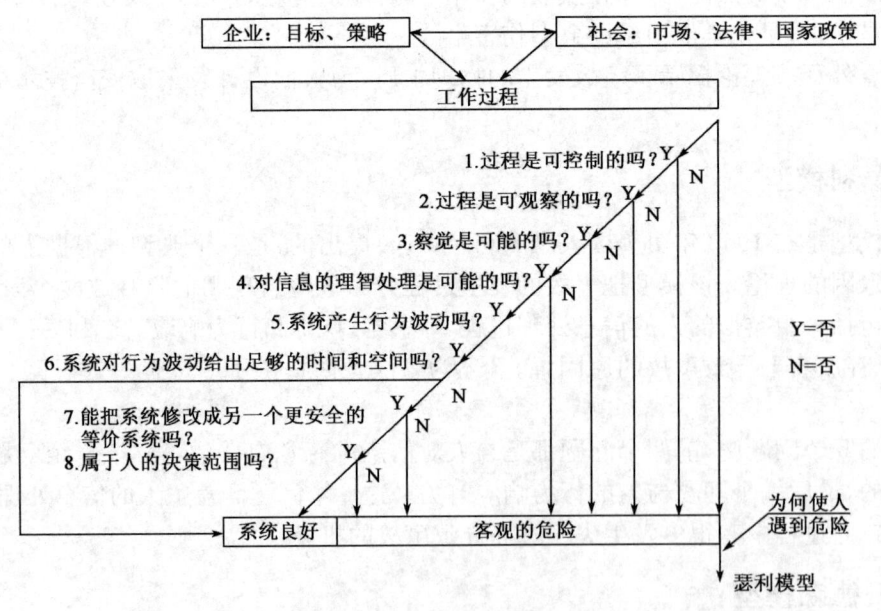

图 3-10 安德森模型

第二节　事故预防原则与方法

通过对事故致因理论发展脉络的梳理,存在如下规律:

一是事故是原因复杂的随机事件,但又有其必然的统计规律性,事故是众多相互关联事件相继发生的结果。

二是产生伤害事故的物质基础是能量或危险物质的失控和意外释放。

三是产生事故的原因是多层次的,必须从表面的直接原因追踪深层次的间接原因,直至根本原因。直接原因是人的不安全行为和物的不安全状态,当人的不安全行为的运动轨迹和物的不安全状态的运动轨迹交叉时,事故就会发生。

四是人与物的运动都是在环境(自然环境与社会环境)中运行的,环境因素的扰动往往是事故的诱因。

五是人、机(物)、环境都受管理因素支配,管理失误是产生事故的根本原因。就本质而言,事故致因理论的演进依赖于不同时代的生产力发展水平。随着人类进入信息社会,事故致因理论的研究在系统论、控制论和信息论影响下,以超前、主动为特征,已成为指导企业开展事故预防管理的主导理论。

一、海因里希的事故法则

美国安全工程师海因里希曾统计了55万件机械事故,其中死亡、重伤事故1666件,轻伤48334件,其余则为无伤害事故。从而得出一个重要结论,即在机械事故中,死亡、重伤、轻伤和无伤害事故的比例为1:29:300,国际上把这一法则称为事故法则。这个法则说明,在机械生产过程中,每发生330起意外事件,有300件未产生人员伤害事件,29件造成人员轻伤事件,1件导致重伤或死亡事件。对于不同的生产过程、不同类型的事故,上述比例关系不一定完全相同,但这个统计规律说明了在进行同一项活动中,无数次意外事件,必然导致重大伤亡事故的发生。

而要防止重大事故的发生必须减少和消除无伤害事故,要重视事故的苗子和未遂事件,否则终会酿成大祸。例如,某机械师企图用手把皮带挂到正在旋的皮带轮上,因未使用拨皮带的杆,且站在摇晃的梯板上,又穿了一件宽大长袖的工作服,结果被皮带轮绞入碾死。事故调查结果表明,他这种上皮带的方法使用已有数年之久。查阅四年病志(急救上药记录),发现他有33次手臂擦伤后治疗处理记录,他手下工人均佩服他手段高明,结果还是导致死亡。这一事例说明,重伤和死亡事故虽有偶然性,但是不安全因素或动作在事故发生之前已暴露过许多次,如果在事故发生之前,抓住时机,及时消除不安全因素,许多重大伤亡事故是完全可以避免的。

海因里希的工业安全理论是这一时期的代表性理论。海因里希认为,人的不安全行为、物的不安全状态是事故的直接原因,企业事故预防工作的中心就是消除人的不安全行为和物的不安全状态。海因里希的研究说明大多数的工业伤害事故都是由于工人的不安全行为引起的。即使一些工业伤害事故是由于物的不安全状态引起的,则物的不安全状态的产生也是由于工人的缺点、错误造成的。因而,海因里希理论也和事故频发倾向论一样,把工业事故的责任归因于工人。从这种认识出发,海因里希进一步追究事故发生的根本原因,认为人的缺点来源于遗传因素和人员成长的社会环境。

二、海因里希安全公理

海因里希提出了工业事故预防的十项原则,称为海因里希工业安全公理。具体内容如下:

(1)在工业生产过程中,人员伤亡的发生,往往是处于一系列因果连锁末端的事故的结果;而事故常常起因于人的不安全行为或(和)机械、物质(统称为物)的不安全状态。

(2)人的不安全行为是大多数工业事故的原因。

(3)由于不安全行为而受到了伤害的人,他已经重复了几乎300次以上的这种不安全的行为,只是没有造成伤害。换言之,人员在受到伤害之前,已经数百次面临危险。

(4)在工业事故中,人员受到伤害的严重程度具有随机性。大多数情况下,人员在事故发生时可以免遭伤害。

(5)人员产生不安全行为的主要原因有:
①不正确的态度或行为习惯;
②缺乏知识或操作不熟练;
③身体状况不佳;
④物的不安全状态及不良的物理环境。
这些原因是预防不安全行为(状态)产生的依据。

(6)防止工业事故的四种有效的方法是:
①工程技术方面的改进;
②对人员进行说服、教育;
③人员调整;
④惩戒。

(7)防止事故的方法与企业生产管理、成本管理及质量管理的方法类似。

(8)企业领导者有进行事故预防工作的能力,并且能把握进行事故预防工作的时机,因而应该承担预防事故工作的责任。

(9)专业安全人员及车间干部、班组长是预防事故的关键,他们工作的好坏对能否做好事故预防工作有很大影响。

(10)除了人道主义动机之外,下面两种强有力的经济因素也是促进企业事故预防工作的动力:
①安全的企业,其生产效率也高;不安全的企业,其生产效率也低。
②事故后用于赔偿及医疗费用的直接经济损失,只不过占事故总经济损失的五分之一。

三、事故预防基本原则

尽管事故的发生具有一定有偶然性,但也有其可认识的必然规律,因此,事故在一定程度上是可以预防的。预防事故基本原则如下:

1. 可能预防原则

要想防止事故发生,应立足于防患于未然。原则上讲事故都是能够预防的。因而,对事故不能只考虑发生后的对策,必须进一步考虑发生之前的对策。安全学原理中把预防灾害于未然作为重点,正是基于灾害是可能预防的这一基点上。但是,实际上要预防全部事故是很困难的,不仅必须对物的方面的原因,而且还必须对人的方面的原因进行探讨。归根结底,必须坚持事故可能预防的原则,必须把防患于未然作为安全管理工作的目标。

过去的事故对策中多倾向于采取事后对策。例如针对火灾、爆炸的对策有：建筑物的防火结构，限制危险物储存数量、安全距离、防爆墙、防液堤等，以便减少事故发生时的损害；设置火灾报警器、灭火器、灭火设备等以便早期发现、扑灭火灾；设立避难设施、急救设施等以便在灾害已经扩大之后做紧急处置。即使这些事后对策完全实施，也不一定能够使火灾和爆炸防患于未然。为了防止火灾和爆炸，必须妥善管理发生源和危险物质，而且通过这些管理方式是可能预防火灾、爆炸的发生的。当然为防备万一，采取充分的事后对策也是必要的。

总之，作为防范生产安全事故的对策应该是防患于未然比事后对策更为重要。安全管理的重点应放在事故前的工作上，这也体现了"安全第一、预防为主、综合治理"的国家安全生产方针。

2. 偶然损失的原则

事故发生的后果（人员伤亡、健康损害、物质损失等），以及后果的大小如何，都是随机的，是难以预测的。反复发生的同类事故，并不一定产生相同的后果，这就是事故损失的偶然性。

对于人身伤害事故，海因里希根据调查统计结果，得出了重伤（包括死亡）、轻伤和无伤害事件发生的概率之比为 1:29:300，称为海因里希法则。也有的事故发生没有造成任何损失，这种事故被称为险肇事件。但若再次发生完全类似的事故，会造成多大的损失，只能由偶然性决定而无法预测。

根据事故损失的偶然性，可得到安全管理上的偶然损失原则：无论事故是否造成损失，为了防止事故损失的发生，唯一的办法是防止事故再次发生。这个原则强调，在安全管理实践中，一定要重视各类事件，包括险肇事件，只有连险肇事故都控制住，才能真正防止事故损失的发生。

3. 继发原因的原则

如上所述，防止灾害的重点是必须防止发生事故。事故之所以发生，是有它的必然原因的。也就是说，事故的发生与其原因有着必然的因果关系。事故与原因是必然的关系，事故与损失是偶然的关系。一般地说，事故原因可分为直接原因和间接原因两种。

（1）直接原因，又称为一次原因，是在时间上最接近事故发生的原因，通常又可进一步分为两类：物的原因和人的原因。物的原因是指由于设备设施的不安全状态、不良环境所引起；人的原因是指由人的不安全行为引起的。

（2）间接原因，是使直接原因得以产生和存在的原因，有以下七类：

①技术和设计上有缺陷——工业构件、建筑物、机械设备、仪器仪表、工艺过程、操作方法、维修检验等的设计、施工和材料使用存在问题；

②员工教育培训不够、未经培训、缺乏或不懂安全操作技术知识（员工素质问题）；

③劳动组织不合理；

④对现场工作缺乏检查或指导错误；

⑤没有安全操作规程或不健全；

⑥没有或不认真实施事故防范措施，对事故隐患整改不力；

⑦其他。

如果引发事故的原因没有从根本上消除，那么，类似的事故就会重复、多次发生。

4. 选择对策的原则

技术对策、教育对策和管理对策被公认为是防止事故的三根支柱。通过运用这三根支柱，能够取得防止事故的效果。如果仅片面强调其中任何一根支柱，例如强调法规，是不能得到满意的效果的。它一定要伴随技术和教育的进步才能发挥作用,而且改进顺序应该是技术、教育、法规。只有在安全与预防事故的技术措施充实之后,才能提高安全教育效果;而安全技术与安全教育充实后,才能实行合理的法律、法规。否则,任何安全法规只能停留在纸上。

安全技术、安全教育、安全管理三个方面措施中,安全技术措施是提高工艺过程、机械设备的本质安全性,即当人出现操作失误,其本身的安全防护系统能自动调节和处理,以保护设备和人身的安全,所以它是预防事故最根本的措施。安全管理是保证人们按照一定的方式从事工作,并为采取安全技术措施提供依据和方案,同时还要对安全防护设施加强维护保养,保证性能正常,否则,再先进的安全技术措施也不能发挥有效作用。安全教育是提高人们安全素质,掌握安全技术知识、操作技能和安全管理方法的手段。没有安全教育就谈不上采取安全技术措施和安全管理措施。所以说,技术、教育、管理三个方面措施是相辅相成的。必须同时进行,缺一不可。技术(Engineering)、教育(Education)、管理措施(Enforcement),又称为"三E"措施,是防止事故的三根支柱。

四、事故预防五阶段模型

海因里希定义事故预防是为了控制人的不安全行为、物的不安全状态而开展以某些知识、态度和能力为基础的综合性工作,一系列相互协调的活动。事故预防工作分为以下五个阶段(图3-11):

(1)建立健全事故预防工作组织,形成由企业领导牵头的包括安全管理人员和安全技术人员在内的事故预防工作体系,并切实发挥其效能。

(2)通过实地调查、检查、观察及对有关人员的询问,加以认真的判断、研究,以及对事故原始记录的反复研究,收集第一手资料,找出事故预防工作中存在的问题。

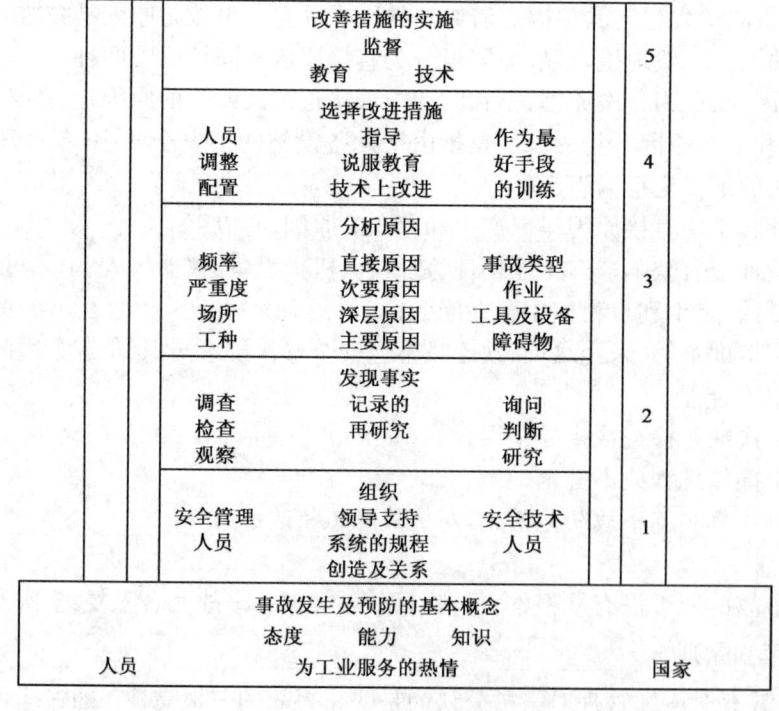

图3-11 事故预防五阶段模型

(3)分析事故及不安全问题产生的原因。它包括弄清伤亡事故发生的频率、严重程度、场所、工种、生产工序、有关的工具、设备及事故类型等,找出其直接原因和间接原因,主要原因和次要原因。

(4)针对分析事故和不安全问题得到的原因,选择恰当的改进措施。改进措施包括工程技术方面的改进、对人员说服教育、人员调整、制定及执行规章制度等。

(5)实施改进措施。通过工程技术措施实现机械设备、生产作业条件的安全,消除物的不安全状态;通过人员调整、教育、训练,消除人的不安全行为。在实施改进措施过程中要进行监督。

五、后退五步法

"后退五步法"是英国与荷兰共同控股的壳牌公司倡导的安全生产工作方法,是一个程序,它鼓励员工在开始工作之前识别所有与工作任务有关系的危害因素。

(1)原则:"动手之前先动脑"。

(2)理念:1分钟的安全比60分钟的恢复要好。

(3)步骤:第一步,环视四周;第二步,观察思考;第三步,寻找危险;第四步,思考风险;第五步,实施控制。其内涵是:引导、鼓励员工在工作开始之前以观察、思考的方式,识别工作场所与工作任务有关的危险因素,并对其实施控制和管理,养成"动手之前先动脑,操作之前先思考"的习惯,使员工在工作中正确实施安全操作规则并落实安全预防措施。

(4)具体要求:从工作中后退五步,在开始工作前花费5分钟时间用自己的头脑辨识危害因素,并提出相应的控制措施。后退五步法是一个不拘形式的个人行为过程,是在申请一项工作之前的精神状态。这个过程鼓励和其他人一起分享信息和经验。

(5)做好后退五步法的方法。

①工作前:

——停下来,想一想;

——观察工作区域的周围环境;

——想一想工作程序;

——思考在工作区域内或周围会发生什么;

——确定哪里会出问题;

——直到自己对危害控制措施满意后再开始工作。

②在工作期间:

——当进行日常工作时,可能会陷入习惯思维模式;

——假如开展一项非常长的日常工作,工作中间要有暂停时间,以便对工作环境和有关危害因素重新观察;

——当工作告一段落或者正常中断(例如:午饭),应重新思考完成工作所需要注意的安全问题。

③工作以后:

——观察工作环境;

——对工作中所产生的危害因素进行控制;

——反思工作中的得失,检验头脑中工作计划的正确性;

——工作中你感到安全吗?

——其他人感觉工作安全吗?

——能否对工作进行改进？
④工作回顾：
——昨天是否每个人工作都是安全的？
——如果是，那么是如何保证安全的？
——如果不是，是什么导致了不安全？
——如何能够进一步提高安全性？
——所以，让我们拥有安全的一天吧！
⑤保持这个传统的活力。
——班前会：提醒工作时可能出现的危害因素；要多花点时间把工作在头脑中过一遍；认真辨识危害因素，并花费时间控制它；与同伴分享信息。
——收工会：分享工作中遇到的危害因素或其他问题；讨论工作中发现的意外事件；讨论遇到问题的解决方法；讨论未完成的工作，以便告知下一班人员。

第三节　安全生产管理

一、安全生产管理的概念

1. 安全

安全是指生产系统中人员免遭不可承受危险的伤害。安全条件是指在生产过程中，不发生人员伤亡、职业病或设备、设施损害或环境危害的条件。安全状况是指不因人、机、环境的相互作用而导致系统失效、人员伤害或其他损失。

2. 安全生产

安全生产是指使生产过程在符合物质条件和工作秩序下进行的，防止发生人身伤亡和财产损失等生产事故，消除或控制危险、有害因素，保障人身安全与健康、设备和设施免受损坏、环境免遭破坏的总称。

3. 安全生产管理

安全生产管理是指针对生产过程中的安全问题，运用有效的资源，进行有关决策、计划、组织和控制活动，实现生产过程中人与机器设备、物料、环境的和谐，达到安全生产的目标。

(1) 安全生产管理的目标：减少和控制危害，减少和控制事故。尽量避免生产过程中由于事故所造成的人身伤害、财产损失、环境污染以及其他损失。

(2) 安全生产管理的范围：安全生产法制管理、行政管理、监督管理、工艺技术管理、设备设施管理、作业环境和条件管理等。

(3) 安全生产管理的基本对象：企业员工。

(4) 安全生产管理的内容：安全生产管理机构、安全生产管理人员、安全生产管理规章制度（责任制）、安全培训教育、安全生产档案等。

4. 事故

《现代汉语词典》将"事故"解释为：多指生产、工作上发生的意外损失或灾祸。在事故的种种定义中，伯克霍夫（Berckhoff）的定义较著名。

伯克霍夫认为,事故是人(个人或集体)在为实现某种意图而进行的活动过程中,突然发生的、违反人的意志的、迫使活动暂时或永久停止、或者迫使之前存续的状态发生暂时或永久性改变的事件。事故的含义包括:

(1)事故是一种发生在人类生产、生活活动中的特殊事件,人类的任何生产、生活活动过程中都可能发生事故。

(2)事故是一种突然发生的、出乎人们意料的意外事件。由于导致事故发生的原因非常复杂,往往包括许多偶然因素,因而事故的发生具有随机性质。在一起事故发生之前,人们无法准确地预测什么时候、什么地方、发生什么样的事故。

(3)事故是一种迫使进行着的生产、生活活动暂时或永久停止的事件。事故中断、终止人们正常活动的进行,必然给人们的生产、生活带来某种形式的影响。因此,事故是一种违背人们意志的事件,是人们不希望发生的事件。

事故是一种动态事件,它开始于危险的激化,并以一系列原因事件按一定的逻辑顺序流经系统而造成的损失,即事故是指造成人员伤害、死亡、职业病或设备设施等财产损失和其他损失的意外事件。

《职业健康安全管理体系 要求》(GB/T 28001—2011)中将事件定义为:发生或可能发生与工作相关的健康损害或人身伤害(无论严重程度),或者死亡的情况。事故是一种发生人身伤害、健康损害或死亡的事件。

《石油和天然气工业 健康、安全与环境管理体系》(SY/T 6276—2014)将事故定义为造成死亡、人身伤害、健康损害、损坏或其他损失的意外情况。事件是导致或者可能导致事故的情况。其结果未产生人身伤害、健康损害、损坏或其他损失的事件称为未遂事件,英文称为"near-miss"或"near-hit"。

事故与事件虽有区别,但彼此有着深刻的联系。其区别在于事故与事件带来的结果不同,其联系在于事故与事件有着相同的致因因素。

二、安全生产管理的原理与原则

安全生产管理原理是从生产管理的共性出发,对生产管理中安全工作的实质内容进行科学分析、综合、抽象与概括所得出的安全生产管理规律。

安全生产原则是指在安全生产管理原理的基础上,指导安全生产活动的通用规则。

原理与原则本质与内涵是一致的。原理更基本,更具普遍意义;原则更具体,对行为更有指导性。安全生产管理遵循系统原理、人本原理、预防原理、强制原理、弹性原理和效益原理等。

1. 系统原理及其相关原则

1)系统原理

系统原理是现代管理学的一个最基本原理。它是指人们在从事管理工作时,运用系统理论、观点和方法,对管理活动进行充分的系统分析,以达到管理的优化目标,即用系统论的观点、理论和方法来认识和处理管理中出现的问题。

系统原理也是安全管理的基本原理。在企业安全生产管理中实行的目标管理、安全健康管理体系、应急救援体系等措施,均是系统原理的具体应用。安全生产管理系统是生产管理的一个子系统,包括各级安全管理人员、安全防护设备与设施、安全管理规章制度、安全生产操作规范和规程以及安全生产管理信息等。安全贯穿于生产活动的方方面面,安全生产管理是全方位、全天候且涉及全体人员的管理。

2)落实系统原理应遵循的原则

(1)动态相关性原则:是指系统中各组成要素(人员、设备、工艺、环境、信息等)之间的相互关系和动态联系。对安全管理来说,动态相关性原则的应用可以从两个方面考虑:一方面,系统要素的动态相关性是事故发生的根本原因;另一方面,为搞好安全管理,必须掌握与安全有关的所有对象要素之间的动态相关特征,充分利用相关因素的作用。

(2)整分合原则:是指现代高效率的管理必须在整体规划下明确分工,在分工基础上进行有效的综合。运用该原则,要求企业领导在制定整体目标和进行宏观决策时,必须把安全纳入整体规划中加以考虑,安全管理必须做到明确分工、建立健全安全组织体系和安全生产责任制度,要强化安全管理部门的职能,树立其权威,以保证强有力的协调控制,实现有效综合。

(3)反馈原则:是指成功的高效的管理,离不开灵敏、准确、迅速的反馈。管理系统要实现目标,必须根据反馈及时了解这些变化,从而调整系统的状态,保证目标的实现。有效的安全管理,应该及时捕捉、反馈各种安全信息,及时采取行动,消除或控制不安全因素,使系统保持安全状态,达到安全生产的目标。

(4)封闭原则:是指在任何一个管理系统内部,管理手段、管理过程等必须构成一个连续封闭的回路,才能形成有效的管理活动。在应用封闭原则时,需做好三点:

①建立健全各种机构并使之各司其职,相互制约;

②完善企业各项管理制度;

③把握封闭的相对性。

2. 人本原理及其相关原则

1)人本原理

在管理中必须把人的因素放在首位,体现以人为本的指导思想,这就是人本原理。以人为本有两层含义:一是一切管理活动都是以人为本展开的,人既是管理的主体,又是管理的客体,每个人都处在一定的管理层面上,离开人就无所谓管理;二是管理活动中,作为管理对象的要素和管理系统各环节,都是需要人掌管、运作、推动和实施。

贯彻人本原理的措施有:(1)重视企业思想教育工作;(2)强化民主管理;(3)激励职工行为;(4)改善领导行为。

2)落实人本原理应遵循的原则

(1)动力原则:推动管理活动的基本力量是人,管理必须有能够激发人的工作能力的动力,这就是动力原则。动力的产生可以来自于物质、精神和信息,相应就有三类基本动力:物质动力、精神动力和信息动力。

(2)能级原则:现代管理认为,单位和个人都具有一定的能量,并且可以按照能量的大小顺序排列,形成管理的能级,就像原子中电子的能级一样。在管理系统中,建立一套合理能级,根据单位和个人能量的大小安排其工作,发挥不同能级的能量,保证结构的稳常性和管理的有效性,这就是能级原则。

管理能级不是人为的假设,而是客观的存在。在运用能级原则时应该做到三点:一是能级的确定必须保证管理系统具有稳定性;二是人才的配备使用必须与能级对应;三是对不同的能级授予不同的权力和责任,给予不同的激励,使其责、权、利与能级相符。

(3)激励原则:就是利用某种外部诱因的刺激调动人的积极性和创造性。以科学的手段,激发人的内在潜力,使其充分发挥出积极性、主动性和创造性,这就是激励原则。人的工作动力主要来自于内在动力、外在压力和吸引力。

3.预防原理及其相关原则

1)预防原理

安全生产管理工作应该做到预防为主,通过有效的管理和技术手段,减少和防止人的不安全行为和物的不安全状态,这就是预防原理。在可能发生人身伤害、设备或设施损坏和环境破坏的场合,事先采取措施,防止事故发生。

2)落实预防原理应遵循的原则

(1)偶然损失原则:事故所产生的后果是随机的,反复发生同类事故,不一定产生相同的后果,这是事故损失的偶然性。偶然损失原则是指不管事故是否造成了损失,为了防止事故损失的发生,唯一的办法是防止事故再次发生。这个原则强调一定要重视各类事故,尤其是险肇事件,只有将险肇事件都控制住,才能真正防止事故损失的发生。

(2)因果关系原则:事故是许多因素互为因果连续发生的最终结果。事故的因果关系决定了事故发生的必然性。从事故的因果关系中认识事故的必然性,发现事故发生的规律性,变不安全条件为安全条件,把事故消灭在早期起因阶段,这就是因果关系原则。

(3)本质安全化原则:来源于本质安全化理论,是指从一开始和从本质上实现了安全化,就从根本上消除事故发生的可能性,从而达到预防事故发生的目的。本质安全化原则不仅可以应用于设备、设施,还可以应用于人员、管理、建设项目。本质安全是指设备、设施或技术工艺含有内在的能够从根本上防止发生事故的功能。具体包括两方面的内容:一是失误—安全功能,指操作者即使操作失误,也不会发生事故或伤害,或者说设备、设施和技术工艺本身具有自动防止人的不安全行为的功能。二是故障—安全功能,指设备、设施或技术工艺发生故障或损坏时,还能暂时维持正常工作或自动转变为安全状态。两种安全功能应该是设备、设施和技术工艺本身固有的,即在规划设计阶段就被纳入其中,而不是事后补偿的。

4.强制原理及其相关原则

1)强制原理

采取强制管理的手段控制人的意愿和行为,使个人的活动、行为等受到安全生产管理要求的约束,从而实现有效的安全生产管理,这就是强制原理。所谓强制,就是绝对服从,不必经被管理者同意便可采取控制行动。

2)落实强制原理应遵循的原则

(1)安全第一原则:我国安全生产工作方针是"安全第一、预防为主、综合治理"。安全第一就是要求在进行生产和其他工作时把安全工作放在一切工作的首要位置。当生产和其他工作与安全发生矛盾时,当效益与安全发生矛盾时,都要以安全为主,生产和其他工作要服从于安全,这就是安全第一原则。

(2)监督原则:是指在安全工作中,为了使安全生产法律法规得到落实,必须设立安全生产监督管理部门,对企业生产中的守法和执法情况进行监督。

5.弹性原理及其相关原则

1)弹性原理

弹性原理,即管理必须保持充分的伸缩性和调适性,以便敏捷有效地适应管理过程中可能出现的各种变化,实行动态管理。

弹性原理对于现代管理有着十分重要的作用。现代管理是多种因素交织在一起的复杂管理。变化因素多、涉及面广,是现代管理的两个重要特征。由于存在着上述特点,现代管理必须注意贯彻弹性原理,运用弹性管理方法来提高管理的效能。

2) 落实弹性原理应遵循的原则

(1) 局部弹性原则:是指在管理活动过程中的每一个环节上均应保持可以调节的弹性,尤其在关键环节上要保持足够的余地。

(2) 整体弹性原则:是指整个管理系统的可塑性、伸缩性和调适性。这种整体弹性,是在管理的局部弹性综合的基础上形成的,它具有局部弹性所没有和新的适应能力。

(3) 积极弹性原则:是指根据管理的需要,保持适当的可调节性。因此,在管理中要"多一手",多一个保险措施,有备无患,以防不测。

6. 效益原理及其相关原则

1) 效益原理

效益原理是指组织的各项管理活动都要以实现有效性、追求高效益作为目标的一项管理原理。它表明现代社会中任何一种有目的的活动,都存在着效益问题,是组织活动的一个综合体现。影响企业效益的因素是多方面的,如科学技术水平、管理水平、资源消耗和占用的合理性等。从管理的这一具体因素来看,管理的目标就是追求高效益。有效地发挥管理功能,能够使企业的资源得到充分地利用,为企业带来高效益。反之,落后的管理就会造成资源的损失和浪费,降低企业活动的效率,影响企业的效益。向管理要效益,管理出效率,已成为人们的共识。

2) 落实效益原理应遵循的原则

(1) 价值原则:即效益的核心是价值,必须通过科学而有效的管理,对人、对组织、对社会有价值的追求,实现经济效益和社会效益的最大化。

(2) 投入产出原则:即效益是一个对比概念,通过以尽可能小的投入来取得尽可能大的产出的途径来实现效益的最大化。

(3) 边际分析原则:即在许多情况下,通过对投入产出微小增量的比较分析来考察实际效益的大小,以做出科学决策。

三、安全生产管理的基本方法

1. 安全目标管理

安全目标管理是目标管理在安全管理方面的应用,它是指企业内部各个部门以至每个职工,从上到下围绕企业安全生产的总目标,层层展开各自的目标,确定行动方针,安排安全工作进度,制定实施有效组织措施,并对安全成果严格考核的一种管理制度。安全目标管理是参与管理的一种形式,是根据企业安全工作目标来控制企业安全生产的一种民主的科学有效的管理方法,是我国企业实行安全管理的一项重要内容。

2. 安全检查

安全检查是企业贯彻落实安全生产工作方针的重要手段,同时也是发现安全隐患,堵塞安全漏洞,强化安全管理,搞好安全生产的重要措施之一。检查内容包括:查思想认识;

查规章制度；查管理落实；查事故隐患；普查及专查相结合。检查方式包括：自查、互查、抽查相结合。

3. 全面安全管理

企业安全管理实行全面安全管理，原则是：纵向到底，横向到边。
安全责任制的原则是：安全生产，人人有责。

4. 11440 管理法

1——行政一把手负责制。
1——安全第一为核心的安全管理体系。
4——党政工团四线管理机制。
4——班组基础管理标准化、现场管理标准化、岗位操作标准化、岗位纪律标准化。
0——死亡、职业病和重大事故为零。

5. 四全安全管理

全员——从厂长到每个职工都要管安全。
全面——从生产、经营、基建、科研、后勤等各部门各单位都抓安全。
全过程——每项工作的自始至终贯穿安全。
全天候——一年 365 天，每天 24 小时抓安全。
总之，人人、处处、事事、时时都要把安全放在首位。

6. 无隐患管理法

无隐患管理法的立论依据是事故金字塔模型和冰山理论，即任何事故都是在隐患基础上发展起来的，要控制和消除事故，必须从隐患入手。推行无隐患管理方法，要解决隐患辨识、隐患分类、隐患分级、隐患检验与检测、隐患档案与报表、隐患统计分析、隐患控制等技术问题。

7. 安全目视化管理

1) 安全目视化管理的定义

安全目视化管理是指通过安全色、标签、标牌等方式，明确人员的资质和身份、工具和设备设施的使用状态，以及生产作业区域的危险状态的一种现场安全管理方法。目的是提示危险和方便现场管理。

目视化管理是利用形象直观而又色彩适宜的各种视觉感知信息来组织现场生产活动，达到提高劳动生产率的一种管理手段，也是一种利用视觉来进行管理的科学方法。目视化管理是一种以公开化和视觉显示为特征的管理方式，综合运用管理学、生理学、心理学、社会学等多学科的研究成果。目视化管理的目的是以视觉信号为基本手段，以公开化为基本原则，尽可能地将管理者的要求和意图让大家都看得见，借以推动看得见的管理、自主管理、自我控制。

2) 目视化管理的具体方法

目视化管理，即无论谁见到管理的对象，都能立刻对其正常、异常状态做出正确的判断，并且明白了异常处置方法的管理。目视化管理从人员管理、设备管理、场地管理三个方面入手，深化安全生产。

(1)人员目视化管理。

①着装目视化。为了让人从着装和胸卡就能一目了然地清楚该员工的岗位和所应履行的职责及应急措施。

从员工的衣着、佩戴开始,全面实施目视化管理,即员工的安全帽实施统一的色彩分配,员工的工作服实施以符合HSE体系管理的统一荧光带式工作服。

员工所佩戴胸卡实施统一的具有员工姓名、工种、血型、应急电话、持有的特殊作用证类别、安全岗位职责的卡片。

②培训目视化。以广播、台历、问答手册、提示帖子为形式,提示员工安全知识,培养员工安全技能。

③安全文化目视化。目视化管理的做法还有许多,像灯箱文化、精细巡检、亲情版、家人安全嘱托录像、网络空中课堂等,这些做法都是有形有色、能充分展示安全文化,提高安全意识的有效方法,能够很好地让员工在上班途中、在操作中、在巡检中、在处理隐患中,时刻提醒自己要注意安全、保证安全,培养我要安全的意识。

安全文化目视化管理典型做法有:工业雕塑、安全文化墙等。

(2)设备目视化管理。

设备目视化管理,即为所有设备制作相应的包括设备名称、编号、运行责任人等相关信息的主卡,同时还为设备制作备用、待修、在修、停用等状态的副卡。同样,生产车间使用的气瓶、配电箱、工具箱也应用同样的目视化管理方法,使生产工人对身边的机械设备设施可视、可感、可解,洞悉设备设施状态,并在寻找工具时,能在所有工具箱前通过目视第一时间准确地拿到工具,从而避免了寻找环节,提高了工作效率。

设备目视化管理的典型做法有:信号灯或者异常信号灯、操作流程图、反面教材、提醒板等。

(3)场地目视化管理。

场地区域应使用红、黄指示线划分固定生产作业区域的不同危险状况。红色指示线警示有危险,未经许可禁止进入;黄色指示线提示有危险,进入时应注意。按国家和行业标准的有关要求,对生产作业区域内的消防通道、逃生通道、紧急集合点设置明确的指示标识。还应根据施工作业现场的危险状况进行安全隔离。隔离分为警告性隔离和保护性隔离。

思 考 题

1. 各种事故致因理论有哪些联系、区别、局限性?
2. 事故预防的技术原则中,其顺序反映出了什么样的事故预防思想?
3. 海因里希的十大安全公理揭示了什么样的安全管理理念?
4. 安全生产管理的原理和原则对事故预防管理有什么实际意义?

参 考 文 献

[1] 王凯全,邵辉.事故理论与分析技术.北京:化学工业出版社,2004.
[2] 叶龙,李淼.安全行为学.北京:北京交通大学出版社,2005.
[3] 陈宝智.安全原理.北京:冶金工业出版社,2002.
[4] 曹小林.HSE管理体系标准理解与实务.北京:石油工业出版社,2009.

［5］ 中国安全生产协会注册安全工程师委员会,中国安全生产科学研究所.安全生产管理知识(2011版).北京:中国大百科全书出版社,2011.

［6］ 伍颖,等.事故归因理论探讨.安全与环境工程,2007(1).

［7］ 牛聚粉.事故致因理论综述.工业安全与环保,2012(9).

［8］ 钟茂华,等.事故致因理论综述.火灾科学,1999(3).

［9］ 中国石油天然气公司安全环保部.HSE风险管理理论与实践.北京:石油工业出版社,2009.

［10］ 田水承.从三类危险源理论看煤矿事故的频发.中国安全科学学报,2007(1).

［11］ 陈阵,等."后退五步法"的应用.油气田地面工程,2013(10).

第四章 石油工程 HSE 风险识别

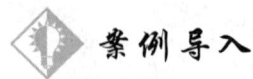案例导入

意外的坠落

2013年2月2日,某井场进行钻井作业。在接单根时,停泵立管压力未下降,经检查发现连接振动筛的管线被堵,决定采用绞车将管线一端吊起固定住,进而拆开管线清理。完成准备后,一员工跨坐在振动筛与栏杆之间的管线上,面对接头双手伸过栏杆将管线卸松。

当管线被完全卸松时,由于管线另一端吊索具向上拉力,管线振动筛端被瞬间抬起,导致该员工被顺势弹起。该员工试图抱住管线,但未成功,最后坠落到地上,造成其背部多处骨折。

图 4-1 事故现场位置图

原因分析:

(1)工作位置和姿态不正确:该员工在拆卸管线的作业过程中错误的跨坐在管线上进行工作;

(2)现场人员监督不够,当事人跨坐在管线上进行作业时,没有其他人员进行阻拦和制止;

(3)作业前未进行充分的危害识别,未意识到管线接头松开时可能产生的风险。

第一节 HSE 风险识别概述

识别 HSE 风险,具体讲就是找出系统中存在的健康、安全与环境风险,也就是采用科学的技术手段和方法,系统地找出油气生产作业中显在或潜在的健康、安全与环境危害因素,对其可能产生的风险进行分析,并整理形成危害辨识清单。识别风险、认识风险的目的在于有针对性地制定防范风险的对策措施,从而控制、削减作业风险。在进行风险识别过程中,应特别

注意潜在风险的识别,它往往成为事故隐患,其危害性更大,也是风险识别的重点。在实际生产过程中,通过组织有关人员进行作业或项目风险调查,在生产工艺、设备设施、物质材料、人员、管理及作业环境等方面确定危险源,并对可能产生的 HSE 风险进行排查,尽可能找出生产作业中与健康、安全与环境有关的危险因素,分析其特性,在此基础上,进行风险评价,确定风险等级,作为对风险进行控制与管理的依据。特别需要指出的是,风险识别不是单打独斗的个人行为,是团队的智慧结晶。

健康、安全与环境危害因素中,健康方面的危害因素即关注工作中事故与事件的影响因素,包括职业病、职业伤害及社会、心理、环境引起的健康问题;安全方面的危害因素即关注工作内外的事故与事件管理;而环境方面的危害因素则不仅要关注自然环境,而且还要关注工作环境、人文环境及社会环境,既要考虑环境对生产作业安全的影响,又要识别作业活动对环境带来的影响。环境对生产作业安全的影响一般纳入到 HSE 危害因素中综合分析,而作业活动对环境带来的影响则往往需要进行专门的环境影响因素识别与分析,具体内容及方法见本章第三节。

一、与风险识别相关的基本概念

1. 危险与风险

危险(dangerous 或 danger)是指可能导致事故的状态(GJB 900—1990《系统安全性通用大纲》),或可能导致意外事故的现有或潜在的状况(美国军用标准 MIL-STD-882A《系统安全规划要求》)。危险是可能发生事故的征兆,可以看作是某一系统、产品、或设备或操作的内部和外部的一种潜在的状态,其发生可能造成人员伤害、职业病、财产损失、作业环境破坏的状态,也可以认为是材料、物品、系统、工艺过程、设施或场所对人发生的不期望后果的可能性超过了人们的心理承受能力。

危险的特征在于其危险可能性的大小与安全条件和概率有关。危险概率是指危险发生(转变)事故的可能性,即发生频率或单位时间危险发生的次数。危险的严重度是指每次危险发生导致的伤害程度或损失大小。

风险(risk)是指某一特定危害事件发生的可能性,与随之引发的人身伤害或健康损害、损坏或其他损失的严重性的组合(SY/T 6276—2014《石油天然气工业 健康、安全与环境管理体系》)。

在通常情况下,风险与危险是有联系的,这也导致部分现场作业人员将两者等同。系统安全管理理论认为,风险应包括两个方面,即危险发生的可能性以及潜在后果的严重性。危险和风险是两个既相互区别又密不可分的两个概念,以人作为承受体为例,危险所表达的是某事物对人们构成的不良影响或后果等的可能性,它强调的是客体,是客观存在的、无法改变的、随机的危害现象,是风险的前提;而风险表达的则是人们采取了某种行动或措施后所可能面临的有害后果,在很大程度上随着人们的意志而改变,它强调的是主体,是危险的后果。如人类使用核能,核能的辐射危险是客观存在的,但人类却可以通过采取各种防护措施减少甚至消除遭受辐射的风险。无论在人们生活还是工业生产中,重点关注的应该是直接与人发生联系的风险,而不能只片面关注作为事物客观属性的危险,因此安全生产的目标并不是为了降低作业危险性,而是降低作业人员实际承受的风险。

2. 危害因素与事故隐患

危害因素(hazard)全称危险和有害因素,危险因素是指能对人造成伤亡或对物造成突发性损害的因素;有害因素是指能影响人的身体健康、导致疾病或对物造成慢性损害的因素。通常情况下,二者并不加以区分而统称为危险、有害因素。危害因素也指可对人造成伤亡、影响人的身体健康甚至导致疾病的因素(GB/T 13861—2009《生产过程危险有害因素分类与代码》)。

在石油天然气工业中,危害因素则是指可能导致人身伤害和(或)健康损害、财产损失、工作环境破坏、有害的环境影响的根源、状态或行为,或其组合(SY/T 6276—2014《石油天然气工业 健康、安全与环境管理体系》)。

事故隐患(hidden danger)是现场安全管理工作中常用的一个术语,是指任何能直接或间接导致伤害或疾病、财产损失、工作场所环境破坏或其组合的对工作标准、实务、程序、法规、管理体系绩效等的偏离,也泛指违反安全生产法律、法规、规章、标准、规程和安全生产管理制度的规定,或者因其他因素在生产经营活动中存在可能导致事故发生的物的危险状态、人的不安全行为和管理上的缺陷[《安全生产事故隐患排查治理暂行规定》(安监总局第16号令)]。

我国针对事故隐患实施分级管理,隐患的分级是以隐患的整改、治理和排除的难度及其影响范围为标准的,可以分为一般事故隐患和重大事故隐患。重大事故隐患是指可能导致重大人身伤亡或者重大经济损失的事故隐患,加强对重大事故隐患的控制管理,对于预防特大安全事故有重要的意义。根据《国务院安委会办公室关于印发工贸行业企业安全生产标准化建设和安全生产事故隐患排查治理体系建设实施指南的通知》(安委办〔2012〕28号)的要求,安全生产事故隐患划分为基础管理和现场管理两个大类,分类具体情况见表4-1。

表4-1 隐患排查主要内容划分表

隐患大类	隐患中类
基础管理	资质证照
	安全生产管理机构及人员
	安全生产责任制
	安全生产管理制度
	安全操作规程
	教育培训
	安全生产管理档案
	安全生产投入
	应急管理
	特种设备基础管理
	职业卫生基础管理
	相关方基础管理
	其他基础管理
现场管理	特种设备现场管理
	生产设备设施及工艺
	场所环境
	从业人员操作行为
	消防安全
	用电安全

续表

隐患大类	隐患中类
现场管理	职业卫生现场安全
	有限空间现场安全
	辅助动力系统
	相关方现场管理
	其他现场管理

事故隐患是危害因素的一部分,是导致能量或危险物质意外释放的触发条件,即第二类危险源。隐患的存在决定了系统的危险性。事实上,作业现场开展的危害辨识,重点就是找到并分析事故隐患,风险控制的内容更多的也是采取相应措施消除事故隐患。

3. 危险源与重大危险源

危险源(hazard)是指可能导致人员伤害或疾病、物质财产损失、工作环境破坏或这些情况组合的根源或状态因素。在《职业健康安全管理体系 要求》(GB/T 28001—2011)中将危险源定义为可能导致人身伤害和(或)健康损害的根源、状态或行为,或其组合。在 HSE 风险识别中,危险源泛指可能导致人身伤害和(或)健康损害、财产损失、工作环境破坏或其组合的根源、状态或行为,或其组合。危险源可以是存在危险的一件设备、一处设施或一个系统,也可能是一项操作、一个行为、一处环境、一项管理等。

根据危险源在事故发生、发展中的作用和能量意外释放理论,危险源可分为第一类危险源和第二类危险源。系统中存在的、可能发生意外释放和转移的能量或危险物质及其载体被称为第一类危险源,即"根源",其危险性是固有的;而导致能量或危险物质的约束、限制措施破坏或失效的各种不安全因素则被称为第二类危险源,即"状态或行为",通常包括物的故障、人失误、管理缺陷和作业环境不良,其危险性会随着技术水平、管理水平及人员素质的不同而不同,是可变的。两类危险源在事故的发生、发展过程中相互依存、相辅相成、共同作用,两者关系见表 4-2。

表 4-2 两类危险源之间的关系

依据	第一类危险源	第二类危险源
危险源定义	存在的根源	存在的状态或行为
特性	固有的特性	可变的条件
能量转移理论	能量或危险物质及其载体	约束条件失控
风险的定义	后果的严重性	发生的可能性
重大危险源	危险物质的数量等于或超过临界量的单元	包括各类隐患
事故发生	前提条件	必要条件,即事故发生的原因

根据《石油天然气工业 健康、安全与环境管理体系》(SY/T 6276—2014)对危害因素的定义,不难理解危险源就是危害因素。而在作业现场管理中,往往将危险源理解为是指一个系统中具有潜在能量和物质释放危险的、可造成人员伤害、在一定的触发因素作用下可转化为事故的部位、区域、场所、空间、岗位、设备及其位置,即第一类危险源,而危害因素则是危险源表现的一种状态或行为(即第二类危险源或事故隐患)。

基于这样的认识,危险源由三个要素构成:潜在危险性、存在条件和触发因素。存在条件包括物质储存条件(如堆放方式、其他物品情况、通风等),物理状态参数(如温度、压力等),设备状况(如设备完好程度、设备缺陷、维修保养情况等)、防护条件(如防护措施、故障处理措施、安全标志等)、操作条件(如操作技术水平、操作失误率等)、管理条件等;触发因素是指个人因素(如操作失误、不正确操作、粗心大意、漫不经心、心理因素等)、管理因素(如不正确管理、不正确的训练、指挥失误、判断决策失误、设计差错、错误安排等)和引起危险源转化的各种自然条件及其变化的自然因素,如气候条件参数(气温、气压、湿度、大气风速)变化,雷电,雨雪,振动,地震等;而潜在危险性一般用能量的强度和危险物质的量来衡量。

20世纪70年代以来,预防重大工业事故引起国际社会的广泛重视。随之产生了"重大危害"、"重大危害设施(国内通常称为重大危险源)"等概念。1993年6月第80届国际劳工大会通过的《预防重大工业事故公约》将"重大事故"定义为:在重大危害设施内的一项活动过程中出现意外的突发性的事故,如严重泄漏、火灾或爆炸,其中涉及一种或多种危险物质,并导致对工人、公众或环境造成即刻的或延期的严重危险。对"重大危害设施"定义为:不论长期地或临时地加工、生产、处理、搬运、使用或储存数量超过临界量的一种或多种危险物质,或多类危险物质的设施(不包括核设施、军事设施以及设施现场之外的非管道的运输)。《中华人民共和国安全生产法》(主席令〔2014〕第13号)将重大危险源定义为长期地或者临时地生产、搬运、使用或者储存危险物品,且危险物品的数量等于或者超过临界量的单元(包括场所和设施)。

重大危险源与危险源虽然叫法相似,但有本质区别。危险源的英文术语为hazard,通常也将其翻译成危害,而重大危险源的英文术语为major hazard installations,可直译成主要危害装置。从本质上讲,重大危险源是超过法规标准规定量的第一类危险源。

4. 危害因素辨识与风险识别

广义的风险识别(risk identification)是指在风险事故发生之前,人们运用各种方法系统的、连续的认识所面临的各种风险以及分析风险事故发生的潜在原因。风险识别在整个风险管理的过程中占有举足轻重的地位,是风险管理中最重要也是最困难的部分,某一种风险,尤其是重大风险,没有被识别出来将会导致灭顶之灾。

风险识别过程包含感知风险和分析风险两个环节。感知风险是通过调查和了解,识别风险的存在;分析风险则是通过归类分析,掌握风险产生的原因和条件,以及风险所具有的性质。两者相辅相成,互相联系,前者是基础,后者是关键。

危害因素辨识(hazard identification)是运用系统分析的方法,发现并识别生产工艺、设备设施以及作业环境中存在的各类危害因素,采用系统工程的原理对危害因素进行控制和治理,并持续提升控制手段的方法和过程。危害因素辨识是分辨、识别、分析系统中存在的危险,预测安全状态和事故发生途径的一种手段。

在HSE管理体系中,风险控制是主线,而基础是危害因素辨识和风险评价,危害因素辨识是指识别健康、安全与环境危害因素的存在并确定其特性的过程(SY/T 6276—2014《石油天然气工业 健康、安全与环境管理体系》)。鉴于前述危险源与危害因素的关系,危害因素辨识实质上就是危险源辨识。危害辨识应具有预防性(主动的)、前瞻性,而不是反应性(被动的)。

危害因素辨识属于风险识别的一部分内容,它着重于辨识生产系统、作业场所中可能导致人员伤亡、财产损失、环境破坏或其组合的危害因素,而风险识别则偏重于企业生产运行和作业过程中的可能导致事故或损失的风险,可能是环境风险、技术风险、市场风险、生产风险、财务风险、人事风险等。本书中介绍的HSE风险识别即危害因素辨识。

二、HSE 危险有害因素分类

为了便于进行危害辨识与风险分析,能够对危害因素及其带来的后果进行有效的统计分析,不仅要对 HSE 危害因素进行分类,还应对 HSE 危害因素可能导致的后果影响进行分类,以确定危害因素特性。

1. 生产过程危害因素分类

根据 GB/T 13861—2009《生产过程危险和有害因素分类与代码》的规定,按照可能导致生产过程中危险和有害因素的性质将其分为四大类,分别是人的因素、物的因素、环境因素和管理因素,见表 4-3。此种分类方法所列危险、危害因素具体、详细、科学合理,适用于各行业在规划、设计和组织生产时,对危险、危害因素的预测和预防、伤亡事故统计分析和应用计算机管理、职业安全卫生信息的处理和交换,也可用于职业安全卫生工作中的危险、危害因素的分析。

表 4-3 危险有害因素分类表

代码	危险和有害因素	代码	危险和有害因素
1	人的因素	2111	低温物质
11	心理、生理性危险和有害因素	2112	信号缺陷
1101	负荷超限	2113	标志缺陷
1102	健康状况异常	2114	有害光照
1103	从事禁忌作业	2199	其他物理性危险和有害因素
1104	心理异常	22	化学性危险和有害因素
1105	辨识功能缺陷	2201	爆炸品
1199	其他心理、生理性危险和有害因素	2202	压缩气体和液化气体
12	行为性危险和有害因素	2203	易燃液体
1201	指挥错误	2204	易燃固体、自燃物品和遇湿易燃物品
1202	操作错误	2205	氧化剂和有机过氧化物
1203	监护失误	2206	有毒品
1299	其他行为性危险和有害因素	2207	腐蚀品
2	物的因素	2208	粉尘与气溶胶
21	物理性危险和有害因素	2299	其他化学性危险和有害因素
2101	设备、设施、工具、附件缺陷	23	生物性危险和有害因素
2102	防护缺陷	2301	致病微生物
2103	电伤害	2302	传染病媒介物
2104	噪声	2303	致害动物
2105	振动危害	2304	致害植物
2106	电离辐射	2399	其他生物性危险和有害因素
2107	非电离辐射	3	环境因素
2108	运动物伤害	31	室内作业场所环境不良
2109	明火	3101	室内地面滑
2110	高温物质	3102	室内作业场所狭窄

续表

代码	危险和有害因素	代码	危险和有害因素
3103	室内作业场所杂乱	3216	作业场地温度、湿度、气压不适
3104	室内地面不平	3217	作业场地涌水
3105	室内梯架缺陷	3299	其他室外作业场地环境不良
3106	地面、墙和天花板上的开口缺陷	33	地下(含水下)作业环境不良
3107	房屋基础下沉	3301	隧道/矿井顶面缺陷
3108	室内安全通道缺陷	3302	隧道/矿井正面或侧壁缺陷
3109	房屋安全出口缺陷	3303	隧道/矿井地面缺陷
3110	采光照明不良	3304	地下作业面空气不良
3111	作业场所空气不良	3305	地下火
3112	室内温度、湿度、气压不适	3306	冲击地压
3113	室内给、排水不良	3307	地下水
3114	室内涌水	3308	水下作业供氧不当
3199	其他室内作业场所环境不良	3399	其他地下作业环境不良
32	室外作业场地环境不良	39	其他作业环境不良
3201	恶劣气候与环境	3901	强迫体位
3202	作业场地和交通设施湿滑	3902	综合性作业环境不良
3203	作业场地狭窄	3999	以上未包括的其他作业环境不良
3204	作业场地杂乱	4	管理因素
3205	作业场地不平	41	职业安全卫生组织机构不健全
3206	航道狭窄、有暗礁或险滩	42	职业安全卫生责任制未落实
3207	脚手架、阶梯和活动梯架缺陷	43	职业安全卫生管理规章制度不完善
3208	地面开口缺陷	4301	建设项目"三同时"制度未落实
3209	建筑物和其他结构缺陷	4302	操作规程不规范
3210	门和围栏缺陷	4303	事故应急预案及响应缺陷
3211	作业场地基础下沉	4304	培训制度不完善
3212	作业场地安全通道缺陷	4399	其他职业安全卫生管理规章制度不健全
3213	作业场地安全出口缺陷	44	职业安全卫生投入不足
3214	作业场地光照不良	45	职业健康管理不完善
3215	作业场地空气不良	49	其他管理因素缺陷

2. 职业病危害因素分类

根据国家卫生计生委与国家安全监管总局、人力资源社会保障部和全国总工会修订的《职业病危害因素分类目录》(国卫疾控发〔2015〕92号),将职业病危害因素分为6大类,即粉尘、化学因素、物理因素、放射性因素、生物因素和其他因素,并细化为459种,其中粉尘类52种、化学因素类375种,物理因素类15种,放射性因素类8种,生物因素6种,其他因素类3种。

3. 事故分类

根据《企业职工伤亡事故分类》(GB 6441—1986),综合考虑起因物、引起事故的诱导性原因、致害物、伤害方式等,将事故分为20类,包括物体打击、车辆伤害、机械伤害、起重伤害、触电、淹溺、灼烫、火灾、高处坠落、坍塌、冒顶片帮、透水、放炮、火药爆炸、瓦斯爆炸、锅炉爆炸、容器爆炸、其他爆炸、中毒和窒息和其他伤害。

4. 职业病分类

参照国家卫生计生委、人力资源社会保障部、国家安全监管总局 全国总工会下发的《职业病分类和目录》(国卫疾控发〔2013〕48号),将职业病分为十大类,分别是职业性尘肺病及其他呼吸系统疾病、职业性皮肤病、职业性眼病、职业性耳鼻喉口腔疾病、职业性化学中毒、物理因素所致职业病、职业性放射性疾病、职业性传染病、职业性肿瘤和其他职业病,共计132个小类。

第二节　HSE风险识别内容与方法

HSE风险识别应遵循科学性、系统性、全面性和预测性的原则。

科学性——危害因素辨识是分辨、识别、分析确定系统内在的危险,而并非研究防止事故发生或控制事故发生的实际措施,它是预测安全状态和事故发生途径的一种手段,这就要求进行危害因素辨识必须要有科学的安全理论做指导,使之能真正地揭示系统安全状态、危害因素存在的部位、存在的方式、事故发生的途径及其变化规律,并予以准确描述,以定性定量的概念清楚的显示出来,用严密的、合乎逻辑的理论予以解释。

系统性——危害因素存在于生产活动的各个方面,因此要对系统进行全面的、详细的剖析,研究系统和系统及子系统之间的相关和约束关系,分清主要危害因素及其相关的危害性。

全面性——辨识危害因素不要发生遗漏,以免留下隐患,厂址、自然条件、储运条件、厂区平面布局、建(构)筑物生产工艺过程、生产设备装置、特种设备、公用工程、安全设施、安全管理体系和制度等方面进行分析辨识,还要分析辨识开/停车、检修、装置受到破坏及操作失误情况下的危害因素。

预测性——对于危害因素,还要分析其触发事故,即危害因素出现的条件或设想的事故模式。

HSE风险识别是要将系统中可能存在的职业健康、安全生产、环境三方面的危害因素尽可能全面地查找并分析。

一、HSE风险识别范围与内容

1. HSE风险识别范围

鉴于HSE风险识别的系统性和全面性,其辨识范围应充分考虑如下方面:

(1)常规和非常规活动:常规活动即正常的生产作业,而非常规活动包括检维修作业、承包商作业、紧急情况处置等作业活动。

(2)所有进入工作场所的人员:包括岗位作业人员、检查人员、承包方人员和访问者等。

(3)人的行为、能力和其他人为因素:如作业人员能力是否与岗位匹配,作业人员的精神状态、操作规范性等。

(4)已识别的源于工作场所外,能够对工作场所内组织控制下的人员的产生不利影响的危害因素:如工作场所外社会治安较差,可能会导致工作人员心生担忧或恐惧,影响正常的操作。

(5)在工作场所附近,由组织控制下的相关活动所产生的危害因素,如交叉作业。

(6)由本组织或外界所提供的工作场所的基础设施、设备和材料:包括设备设施的完整性、使用状况、维护保养情况等。

(7)组织及其活动、材料的变更,或计划的变更,如工作方案临时变动。

(8)健康、安全与环境管理体系的变更包括临时性变更等,及其对运行、过程和活动的影响。

(9)任何与风险评价和实施必要控制措施相关的适用法律义务,包括国家、行业法律法规、标准等相关要求。

(10)对工作区域、过程、装置、机器和(或)设备、操作程序和工作组织的设计,包括其对人的能力的适应性。

(11)资产并购与剥离。

(12)事故及潜在的危害和影响。

(13)以往活动的遗留问题。

2. HSE 风险识别内容

HSE 风险识别关注生产系统或作业过程中可能导致人员健康受损、财产损失、环境破坏的风险。开展 HSE 风险识别,就是查找危险源或危害因素,并分析其触发条件和后果影响,其目的是为了控制作业风险,避免或减少事故发生,降低事故损失。从本质上讲,危险源之所以可能造成严重后果,是因为存在能量或危险物质,以及能量或危险物质失去控制综合作用,并导致能量意外释放或危险物质泄漏的结果。

1)危险源的描述

对危险源或危害因素的描述,是危害辨识清单中最重要、最基础的内容。准确而恰当的危险源描述,有利于作业人员更好地分析和把控危害因素带来的风险,实现有效的控制。

(1)第一类危险源——能量、危险物质及其载体。

能量、危险物质是危害产生的根源。只要生产活动进行,必然需要相应的能量和危险物质,如机械能、电能,以及易燃易爆或有毒性的原料、中间产品或成品等。一般来说,系统存在的能量越大,危险物质的数量越多、有毒有害特性越大,系统的潜在危险性就越大。在实际工作中,往往把产生或传输能量的载体、危险物质、产生或储存危险物质的设备、容器或场所作为第一类危险源。第一类危险源是客观存在的,是不可能完全被消除的。

按照人们对危险源和事故的习惯性认识,在 HSE 管理体系中,对第一类危险源往往采取如下描述:

①能量载体+能量释放转化方式或造成的后果,如高处坠落,高处是产生重力势能的能量源,而坠落则是重力势能转化的方式或造成的结果;再如高温烫伤,高温是热能的存在形式,烫伤是高温造成的后果。

②能量载体+能量释放或转换方式受阻的后果,如锅炉超压、设备过热等。

③危险物质+造成的后果,如天然气爆炸、硫化氢中毒等。

④职业危害因素,如噪声、中暑、辐射等。

能量或危险物质以及其转换或释放方式是多种多样的,第一类危险源的描述往往比较复杂,而且往往一个危险源释放的结果可能会成为另一个危险源产生的原因,由能量和危险物质的进一步转化很有可能带来事故的不断升级。

(2)第二类危险源——失控。

生产系统中存在第一类危险源,并不一定会发生事故,因为生产的需要第一类危险源必然存在,而人们往往通过工艺、设备、操作、管理等方面的控制让能量和危险物质按照人们的意图进行转换,即在能量、危险物质和人群之间设置屏障,当未设立屏障或屏障失效,事故就会发生,并造成人员伤害和财产损失。屏障失效的方式往往表现为物的故障、人的失误、管理缺陷和作业环境不良,这四个方面的表现被称为第二类危险源。第二类危险源大部分是随机出现的现象或状态,很难预测它们在何时、何地、以何种方式出现,是决定事故发生的条件和可能性的主要因素,控制第二类危险源也是预防事故最重要的途径。

由于第二类危险源的表现形式更为多样化和随机性,在 HSE 管理体系中,对第二类危险源的描述要求简明、具体、准确、清晰,尽量具体到每一项危险电源,尽量避免描述笼统,把同类危险源一并描述,见表4-4。但应指出的是,为了便于对危险源的控制和安全投入,应该将细致化的第二类危险源描述进行分类,具体可以参照 GB/T 13861—2009《生产过程危险和有害因素分类与代码》的规定执行。

表4-4 第二类危险源描述方法

原则	结合具体现场的情况进行描述,危害因素表述清晰,逻辑关系清楚
人的失误描述	应明确不安全行为是什么,细化到具体的操作动作,导致什么伤害后果
物的故障描述	应明确什么设备的哪个部位存在缺陷,导致什么伤害后果
环境不良描述	应明确具体是什么样的不良环境,导致什么伤害后果
管理缺陷描述	应明确是哪项管理制度、管理方法和管理措施存在问题,造成什么后果

2)危害辨识的思路

从安全生产的角度来看,进行危害辨识大体上从五个方面的思路开展:

(1)从危害的机理上来辨识危害。

各种形式的能量失控,都是导致危害的根源,其他生物、化学、物理、地质、自然作用导致的不利变化也是从机理识别危害的途径。

①物理危害:包括电、温度、噪声、振动、辐射、压力等;

②化学危害:有毒物质(包括气体、固体、液体及其他等)、腐蚀性物质、燃烧、爆炸危害(包括粉尘爆炸);

③粉尘危害;

④生物危害;

⑤生理危害:包括高强度体力劳动、非自然姿态工作、视听力损失等;

⑥自然因素危害:如地震、气象、地质等;

⑦机械危害;

⑧结构安全危害;

⑨交通危害。

(2)从工作的岗位及环境上来辨识危害。

识别工作岗位及环境中是否有存在危害机理辨识中的危害因素及其控制是否合理;岗位操作时,人与人、人与机的界面划分的合理性;岗位操作的程序合理性及执行情况;事故应急措施等。

(3)从作业的性质来辨识危害。

①特种作业:登高、起重、电工、电焊、压力容器,运输等需要资质及作业批准过程程序的作业;

②与特殊工艺流程相关的作业:如在高风险生产过程的相关的作业,高风险工艺装置的操作,如爆破、采掘等;

③特殊作业;

④非常规的具有危险的作业:如大型设备的安装,以及高风险装置的试运行、检修等。

(4)从设备设施及工艺流程上来辨识危害。主要生产设备大体上都与结构、运动、压力、原料、电气、控制、机械和其他物理,如光、辐射、化学过程相关,因此分析这些设备、设施本身以及对周边环境乃至其他设备、设施的安全影响,是危害识别的一项主要内容。

(5)从布局、环境、结构上辨识危害。包括气象、地质等自然因素,如水、动力、交通等条件,还有设施、区域之间的相互影响以及内部交通的问题,以及应急方案的需求等。

3)危害辨识的内容

在进行危害辨识时,要全面、有序地进行,防止出现漏项,宜从地理位置、平面布局、基础设施、物料性质、生产工艺、设备设施、作业环境、人员活动和管理制度九个方面着手。危害辨识的过程实际上也是系统安全分析的过程。

(1)地理位置。

从活动场所所在的地理环境、社会环境、自然灾害、交通运输条件、抢险救灾支持条件、与周边工程的相互影响等方面分析。地理环境包括当地的地质特征、地形地貌;社会环境包括周围居民社区分布、社会治安、风俗人情、地方病、传染病等情况;自然灾害包括当地气象条件、地质灾害等;抢险救灾支持条件包括当地可依靠的消防、医疗机构等分布情况。

(2)平面布局。

从总图布置和场内道路及运输两个方面辨识。总图布置要分析功能分区、风向、危险品设施布置、有害作业部位布置、工艺流程布置、建(构)筑物布置、安全距离、卫生防护距离等;场内道路及运输分析场内道路、场内铁路、危险品装卸区、场内码头、安全通道及安全出口设置等情况。

(3)基础设施。

从建(构)筑物的结构、层数、占地面积、防火防爆、朝向、采光、安全疏散,安全防护、消防、应急等设施,生活服务配套设施情况等方面进行分析识别。

(4)物料性质。

了解生产或使用的物料性质(毒性、腐蚀性、燃爆性、化学活性等)是危害辨识的基础,可借助 MSDS(化学品安全说明书)或 SDS(安全技术/数据说明书)搞清楚各种物料(包括原材料、中间产品、成品、废弃物等)的物理化学性质、安全使用措施及相应的急救防护措施、废弃要求等。

(5)生产工艺。

①对新建、改建、扩建项目设计阶段危险、有害因素的识别:

a. 对设计阶段是否通过合理的设计进行考查,尽可能从根本上消除危险、有害因素。

b. 当消除危险、有害因素有困难时,对是否采取了预防性技术措施进行考查。

c. 在无法消除危险或危险难以预防的情况下,对是否采取了减少危险、危害的措施进行考查。

d. 在无法消除、预防、减弱危险、有害因素的情况下,对是否将人员与危险、有害因素隔离等进行考查。

e. 当操作者失误或设备运行一旦达到危险状态时,对是否能通过联锁装置来终止危险、危害的发生进行考查。

f. 在易发生故障和危险性较大的地方,对是否设置了醒目的安全色、安全标志和声光警示装置等进行考查。

②针对石油行业和专业的特点,可利用石油行业和专业现有的安全标准、规程,从温度、压力、流速、作业及控制条件、事故及失控状态等方面对可能存在的危险、有害因素进行分析和识别。

③根据典型的单元过程(单元操作)进行危险、有害因素的识别。典型的单元过程是各行业中具有典型特点的基本过程或基本单元。这些单元过程的危险、有害因素已经归纳总结在许多手册、规范、规程和规定中,通过查阅均能得到。这类方法可以使危险、有害因素的识别比较系统,避免遗漏。

(6)设备设施。

对于工艺设备可从高温、低温、高压、腐蚀、振动、关键部位的备用设备、控制、操作、检修和故障、失误时的紧急异常情况等方面进行识别。

对机械设备可从运动零部件和工件、操作条件、检修作业、误运转和误操作等方面进行识别。

对电气设备可从触电、断电、火灾、爆炸、误运转和误操作、静电、雷电等方面进行识别。

另外,还应注意识别高处作业设备、特殊单体设备(如钻井队的发电机、修井队的修井机)等可能产生的危险、有害因素。

(7)作业环境。

注意识别存在毒物、噪声、振动、高温、低温、辐射、生产性粉尘、采光照明不良及其他有害因素的作业部位。

(8)人员活动。

了解分析现场各项有计划的或日常性的工作,以及可能开展的临时作业,识别每个作业活动过程中存在和可能存在的危害。

(9)管理制度或措施。

识别评价各项管理制度或措施的适应性、合理性与有效性,并识别管理过程可能存在的缺陷。可以从安全生产管理组织机构设置运行、安全生产管理制度制定与执行情况、应急预案编制修订及演习情况、安全投入情况、特种作业人员执证与培训、日常安全管理等方面进行识别。

二、HSE 风险识别的方法

危害辨识的方法很多,每一种方法在危害分析过程中都有其各自特点和应用范围,选用哪种辨识方法要根据分析对象的性质、特点、寿命的不同阶段和分析人员的知识、经验和习惯来确定,在实际的危害辨识工作中往往选择几种方法结合起来使用,以尽可能全面识别现场可能存在的危害因素。总体而言,危害辨识方法可以分为直观经验分析方法和系统安全分析方法两大类,直观经验分析方法是运用系统安全分析方法的基础。

1.直观经验分析方法

直观经验分析方法适用于有可供参考先例、有以往经验可以借鉴的系统,不能应用在没有可供参考先例的新开发系统。

（1）对照、经验法：是对照有关标准、法规、检查表或依靠分析人员的观察分析能力，借助于经验和判断能力对评价对象的危险、有害因素进行分析的方法。

（2）类比方法：是利用相同或相似工程系统或作业条件的经验和劳动安全卫生的统计资料来类推、分析评价对象的危险、有害因素。

直观经验分析法可借助询问交谈、现场观察、查阅有关记录和获取外部文献资料、专家意见等方式完成危害辨识过程。

2. 系统安全分析方法

系统安全分析方法是应用系统安全工程评价方法中的某些方法进行危险、有害因素的辨识。系统安全分析方法常用于复杂、没有事故经验的新开发系统。系统安全分析方法往往也是风险评价方法或风险控制工具，常用的系统安全分析方法有安全检查表(SCL)、工作前安全分析(JSA)、工艺危害分析(PHA)、启动前安全检查(PSSR)、预先危险性分析(PHA)、事件树分析(ETA)、事故树分析(FTA)、原因一后果分析(CCA)、关联图分析(BTA)、故障假设分析(WI)、故障假设/检查表分析(WI/SC)、故障模型及影响分析(FMEA)、危险与可操作分析(HAZOP)、人员可靠性分析(HRA)、后果分析(CA)、统计图表分析等。因方法众多，受篇幅限制，本书不能一一介绍，部分分析方法将在下一章节介绍。

三、危险化学品重大危险源辨识

危险源是事故发生的前提，是事故发生过程中能量与物质释放的主体。事实表明，造成重大工业事故的可能性和严重程度既与危险物质的固有性质有关，又与设施中实际存在的危险物质数量有关。防止重大工业事故发生的第一步是辨识或确认高危险的工业设施（重大危险源）。

自2002年我国第一部《安全生产法》颁布以来，一般来说，重大危险源分为危险化学品和危险场所设施两大类，危险化学品主要参照《危险化学品重大危险源辨识》(GB 18218—2009)进行辨识，危险场所和设施主要参照《关于开展重大危险源监督管理工作的指导意见》（安监管协调字〔2004〕56号)文件规定进行辨识。2016年2月4日，国家安监总局发布了《国家安全监管总局关于宣布失效一批安全生产文件的通知》（安监总办〔2016〕13号），包括《关于开展重大危险源监督管理工作的指导意见》在内的159件安全生产文件即日宣布失效。因此，根据我国现行的法规标准，重大危险源的辨识仅针对危险化学品重大危险源。

《危险化学品重大危险源辨识》(GB 18218—2009)中将危险化学品重大危险源定义为长期地或临时地生产、加工、使用或储存危险化学品，且危险化学品的数量等于或超过临界量的单元。危险化学品重大危险源的辨识依据是物质的危险特性及其数量。单元内存在危险物质的数量等于或超过GB 18218规定的临界量，即被定为重大危险源，若某种危险化学品具有多种危险性，按其中最低的临界量确定。单元内存在危险物质的数量根据处理物质种类的多少区分为以下两种情况：

（1）单元内存在的危险物质为单一品种，则该物质的数量即为单元内危险物质的总量，若等于或超过相应的临界量，则定为重大危险源。

（2）单元内存在的危险物质为多品种时，则按下式计算，若满足下面公式，则定为重大危险源：

$$\sum_{i=1}^{n} \frac{q_i}{Q_i} \geqslant 1 \tag{4-1}$$

式中 q_i——每种危险化学品的实际存在量,t;

Q_i——与各危险化学品对应的临界量,t。

根据我国的相关法规标准规定,石油企业中包括油气站场、储运、化工等生产场所及装置往往可能成为重大危险源。

四、评价单元的划分

1. 评价单元的定义

评价单元就是在危险、有害因素分析的基础上,根据评价目标和评价方法的需要,将系统分成的有限、确定范围进行评价的单元。

一个作为评价对象的建设项目、装置(系统),一般是由相对独立、相互联系的若干部分(子系统、单元)组成,各部分的功能、含有的物质、存在的危险因素和有害因素、危险性和危害性以及安全指标均不尽相同。以整个系统作为评价对象实施评价时,一般按一定原则将评价对象分成若干有限、确定范围的单元分别进行评价,再综合为整个系统的评价。将系统划分为不同类型的评价单元进行评价,不仅可以简化评价工作、减少评价工作量、避免遗漏,而且由于能够得出各评价单元危险性(危害性)的比较概念,避免了以最危险单元的危险性(危害性)来表征整个系统的危险性(危害性)、夸大整个系统的危险性(危害性)的可能性,从而提高了评价的准确性,降低了采取对策措施的安全投资费用。

美国道化学公司在火灾爆炸指数法评价中称:"多数工厂是由多个单元组成,在计算该类工厂的火灾爆炸指数时,只选择那些对工艺有影响的单元进行评价,这些单元可称为评价单元";其评价单元定义与我们的定义实质上是一致的。

2. 评价单元划分的原则和方法

划分评价单元是为评价目标和评价方法服务的,因此划分时要便于评价工作的进行,有利于提高评价工作的准确性;评价单元一般以生产工艺、工艺装置、物料的特点和特征与危险、有害因素的类别、分布有机结合进行划分,还可以按评价的需要将一个评价单元再划分为若干子评价单元或更细致的单元。由于至今尚无一个明确通用的"规则"来规范单元的划分方法,因此会出现不同的评价人员对同一个评价对象划分出不同的评价单元的现象。由于评价目标不同及各评价方法均有自身特点,只要达到评价的目的,评价单元划分并不要求绝对一致。

1) 以危险、有害因素的类别为主划分评价单元

(1) 对工艺方案、总体布置及自然条件、社会环境对系统影响等综合方面危险、有害因素的分析和评价,宜将整个系统作为一个评价单元。

(2) 将具有共性危险因素、有害因素的场所和装置划为一个单元。

① 按危险因素类别各划规一个单元,再按工艺、物料、作业特点(即其潜在危险因素不同)划分成子单元分别评价。例如,炼油厂可将火灾爆炸作为一个评价单元,按馏分、催化重整、催化裂化、加氢裂化等工艺装置和储罐区划分成子评价单元,再按工艺条件、物料的种类(性质)和数量更细分为若干评价单元;

将存在起重伤害、车辆伤害、高处坠落等危险因素的各码头装卸作业区作为一个评价单元;有毒品、散粮、矿砂等装卸作业区的毒物、粉尘危害部分则列入毒物、粉尘有害作业评价单

元;燃油装卸作业区作为一个火灾爆炸评价单元,其车辆伤害部分则在通用码头装卸作业区评价单元中评价。

②进行安全评价时,宜按有害因素(有害作业)的类别划分评价单元。例如,将噪声、辐射、粉尘、毒物、高温、低温、体力劳动强度危害的场所各划规一个评价单元。

2)以装置和物质特征划分评价单元

下列评价单元划分原则并不是孤立的,是有内在联系的,划分评价单元时应综合考虑各方面因素进行划分。

应用火灾爆炸指数法、单元危险性快速排序法等评价方法进行火灾爆炸危险性评价时,除按下列原则外还应依据评价方法的有关具体规定划分评价单元。

(1)按装置工艺功能划分。

①原料储存区域;②反应区域;③产品蒸馏区域;④吸收或洗涤区域;⑤中间产品储存区域;⑥产品储存区域;⑦运输装卸区域;⑧催化剂处理区域;⑨副产品处理区域;⑩废液处理区域;⑪通入装置区的主要配管桥区;⑫其他(过滤、干燥、固体处理、气体压缩等)区域。

(2)按布置的相对独立性划分。

①以安全距离、防火墙、防火堤、隔离带等与(其他)装置隔开的区域或装置部分可作为一个单元;

②储存区域内通常以一个或共同防火堤(防火墙、防火建筑物)内的储罐、储存空间作为一个单元。

(3)按工艺条件划分。

按操作温度、压力范围不同,划分为不同的单元;按开车、加料、卸料、正常运转、添加触剂、检修等不同作业条件划分单元。

(4)按储存、处理危险物品的潜在化学能、毒性和危险物品的数量划分。

①一个储存区域内(如危险品库)储存不同危险物品,为了能够正确识别其相对危险性,可作不同单元处理;

②为避免夸大评价单元的危险性,评价单元的可燃、易燃、易爆等危险物品最低限量为2270kg(5000lb)或 $2.73m^3$(600gal),小规模实验工厂上述物质的最低限量为454kg(1000lb)或 $0.545m^3$(120gal)(该限制为道化学公司火灾、爆炸危险指数评价法第七版的要求,其他评价方法如 ICI 蒙德火灾、爆炸危险指数计算法,没有此限制)。

(5)根据以往事故资料,将发生事故能导致停产、波及范围大、造成巨大损失和伤害的关键设备作为一个单元;将危险性大且资金密度大的区域作为一个单元;将危险性特别大的区域、装置作为一个单元;将具有类似危险性潜能的单元合并为一个大单元。

第三节 石油工程作业共同 HSE 风险

石油工程主要涉及石油天然气的钻探、开发及储运等方面的工程活动。由于石油工程各环节针对共同的生产介质——原油或天然气,使得在作业过程中存在共同的 HSE 风险。

一、石油工程作业共同的一般 HSE 风险

来自地层的原油、天然气及伴生的杂质气体或液体,以及在各生产环节使用的各类化学助

剂,大多具有易燃易爆、有毒有害的特性,导致在生产过程中可能发生火灾、爆炸、中毒等事故;而生产过程中使用的设备、设施等带来的机械能、电能等能量的意外释放,又可能给作业人员带来机械伤害、触电、物体打击等事故。

职业健康风险如机械设备因设计、安装或使用维护可能带来的噪声;接触各类有毒的化学药品可能带来的人员急、慢性中毒;野外作业因饮用水源水质不合格、有害的动植物等带来的生物危害;作业岗位设置违反安全人机工程学设计带来的身体伤害等。

自然灾害如地震、泥石流、暴风雨雪天气可能会严重影响钻探、油气开采及管道的生产运行,甚至导致管道破裂、油气泄漏、火灾爆炸等生产安全事故;作业过程中由于采光照明、场地狭窄、地面湿滑等不良的作业环境,也可能直接影响到人员的正常操作,诱发生产安全事故。

生产活动中 HSE 风险往往共同存在,相伴相随。如井筒一旦失控,大量的油气喷出地面,带来的风险不仅仅是火灾、爆炸,还有在井控过程中带来的噪声、有毒物等方面对健康影响。

二、石油工程常见高危作业

石油工程各环节的作业均是高风险,尤其是在非常规作业活动中,往往包含焊接、切割、登高、使用电动工具、挖掘施工、起吊重物等作业,具有更高的作业风险。经过多年 HSE 管理体系运行和现场管理经验,三大石油公司将诸如动火作业、管线打开作业、高处作业、进入受限空间作业等界定为高危作业。虽然三大石油公司对高危作业的界定有所区别,管理规定也稍有不同,但从本质上来讲大致相同,按照国家、行业和企业的相关规定,高危作业必须采取作业许可管理。

1. 石油工程常见的高危作业

1)动火作业

动火作业是指能直接或间接产生明火的临时作业,如焊接、气割、研磨、钻孔、使用非防爆电气设备等作业。动火作业可能带来的风险主要包括火灾与爆炸、灼伤或烫伤、机械伤害、中毒或窒息(包括介质、焊接烟气)、紫外线及红外线辐射、触电、噪声等。

2)高处作业

高处作业是指在坠落高度基准面 2m 以上(含 2m)位置进行的作业。高处作业时如果没有适当的防护措施和设备,容易发生高空坠落,造成人员伤亡。在高处作业中危险隐患主要有以下三个方面特点:

(1)发生地点上主要是临边地带、作业平台、高空吊篮、脚手架和梯子。

(2)人的不安全行为主要表现为高处作业人员未佩戴(或不规范佩戴)安全带,使用不规范的操作平台,使用不可靠立足点,冒险或认识不到危险的存在,或是身体或心理状况不健康。

(3)管理存在的缺陷主要表现在未及时为作业人员提供合格的个人防护用品,监督管理不到位或对危险源视而不见,教育培训(包括安全交底)未落实、不深入或教育效果不佳;,未明示现场危险等。

3)移动式起重机吊装作业

移动式起重机即自行式起重机,包括履带起重机、轮胎起重机,不包括桥式起重机、龙门式起重机、固定式桅杆起重机、悬挂式伸臂起重机以及额定起重量不超过 1t 的起重机。作业过程是指安全检查、维护和吊装作业活动。吊装作业可能带来的风险主要包括人员砸伤、设备损坏、物资损坏、现场设施损坏等。

4) 临时用电作业

非标准配置的临时用电线路是除按标准成套配置的,有插头、连线、插座的专用接线排和接线盘以外的,所有其他用于临时性用电的电气线路,包括电缆、电线、电气开关、设备等(简称临时用电线路)。超过6个月的用电,不能视为临时用电,必须按照相关工程设计规范配置线路。临时用电作业是指在施工、生产、检维修等作业过程中,临时性使用380V或380V以下的低压电力系统的作业。临时用电作业时,如果没有有效的个人防护装备和防护措施、设备,容易发生触电、电弧烧伤等,造成人员伤亡,同时还有可能造成火灾爆炸。

5) 进入受限空间作业

受限空间是指符合以下所有物理条件外,还至少存在以下危险特征之一的空间。

(1) 物理条件。

①有足够的空间,让员工可以进入并进行指定的工作;

②进入和撤离受到限制,不能自如进出;

③并非设计用来给员工长时间在内工作的空间。

(2) 危险特征。

①存在或可能产生有毒有害气体或机械、电气等危害;

②存在或可能产生掩埋作业人员的物料;

③内部结构可能将作业人员困在其中(如内有固定设备或四壁向内倾斜收拢)。

如果以上条件都不存在,还应考虑是否"特殊情况",如符合标准要求的围堤、动土或开渠、惰性气体吹扫空间等。一般而言,受限空间可为生产区域内的炉、塔、釜、罐、仓、槽车、管道、烟道、隧道、下水道、沟、坑、井、池、涵洞等封闭或半封闭的空间或场所。

进入受限空间作业可能存在的风险,包括但不限于以下方面:缺氧(空气中的含氧量<19.5%),易燃易爆气体(沼气、氢气、乙炔气或汽油挥发物等),有毒气体或蒸气(一氧化碳、硫化氢、焊接烟气等),物理危害(极端的温度、噪声、湿滑的作业面、坠落、尖锐锋利的物体),吞没危险,腐蚀性化学品,带电,未知的其他危险。

6) 管线与设备打开作业

管线与设备打开是指采取下列方式(包括但不限于)改变封闭管线或设备及其附件的完整性:

(1) 解开法兰;

(2) 从法兰上去掉一个或多个螺栓;

(3) 打开阀盖或拆除阀门;

(4) 调换8字盲板;

(5) 打开管线连接件;

(6) 去掉盲板、盲法兰、堵头和管帽;

(7) 断开仪表、润滑、控制系统管线,如引压管、润滑油管等;

(8) 断开加料和卸料临时管线(包括任何连接方式的软管);

(9) 用机械方法或其他方法穿透管线;

(10) 开启检查孔;

(11) 微小调整(如更换阀门填料);

(12)其他。

所有的管线打开都被视为具有潜在的液体、固体或气体等危险物料意外释放的可能,可能产生易燃易爆气体泄漏带来的火灾爆炸和中毒,使用拆装工具带来的机械伤害和物体打击,使用手持电动工具带来的触电等风险。

7)挖掘作业

挖掘作业是指在生产、作业区域使用人工或推土机、挖掘机等施工机械,通过移除泥土形成沟、槽、坑或凹地的挖土、打桩、地锚入土作业;或建筑物拆除以及在墙壁开槽打眼,并因此造成某些部分失去支撑的作业。挖掘作业可能带来的风险包括土壤不稳定垮塌,地下公用设施被挖断,高架公用设施、通道、临近结构破坏,附近区域的作业受干扰,挖掘机故障,挖掘人员失误操作,人员擅自进入,以及掘出材料带来的环境污染等。

2. 常见高危作业风险识别

常见高危作业风险的识别见表 4-5。

表 4-5 常见高危作业风险识别

作业类型	常见作业危害	可能导致的危害后果	主要的作业场所/位置
高处作业	①作业人员不熟悉作业环境或不具备相关安全技能;②作业人员未佩戴防坠落防滑用品或使用方法不当或用品不符合相应安全标准;③未派监护人或未能履行监护职责,监督管理不到位或对危险源视而不见;④作业平台、脚手架、梯子、防护围栏等不符合相关安全要求;⑤登石棉瓦、瓦楞板等轻型材料作业;⑥登高过程中人员坠落或工具、材料、零件高处坠落伤人;⑦高处作业下方站位不当或未采取可靠的隔离措施;⑧与电气设备(线路)距离不符合安全要求或未采取有效的绝缘措施;⑨作业现场照度不良;⑩无通信、联络工具或联络不畅;⑪未明示现场危险等;⑫作业人员患有高血压、心脏病、恐高症等职业禁忌或健康状况不良;⑬大风大雨等恶劣气象条件下从事高处作业;⑭涉及动火、抽堵盲板等危险作业,未落实相应安全措施;⑮作业条件发生重大变化	人员高空坠落或高空坠物,均可能造成人员伤亡	临边地带、作业平台、高空吊篮、脚手架和梯子
受限空间作业	①隔绝不可靠;②机械伤害;③置换不合格;④氧气不足;⑤通风不良;⑥未定时监测;⑦触电危害;⑧防护措施不当;⑨通道不畅;⑩监护不当;⑪应急设施不足或措施不当;⑫涉及危险作业组合,未落实相应安全措施;⑬施工条件发生重大变化;⑭设备内遗留异物	①缺氧窒息(空气中的含氧量<19.5%);②易燃易爆气体导致火灾爆炸(沼气、氨气、乙炔或汽油挥发物等);③有毒气体或蒸汽导致人员中毒(一氧化碳、硫化氢、焊接烟气等);④物理危害(极端的温度、噪声、湿滑的作业面、坠落、尖锐的物体等);⑤吞没;⑥腐蚀性化学品对人体或设备工具的伤害;⑦触电;⑧其他未知风险	进入炉、塔、釜、罐、仓、槽车、管道、烟道、隧道、下水道、沟、坑、井、池、涵洞等封闭或半封闭的空间或场所。除此之外,未明确定义为"受限"的空间,满足相关规定的围堰、动土或开渠、惰性气体吹扫空间

续表

作业类型	常见作业危害	可能导致的危害后果	主要的作业场所/位置
吊装作业	①超载;②车身失稳;③机械故障;④吊具损坏或缺陷;⑤无证操作;⑥指挥混乱;⑦无警戒线或警示标志;⑧作业条件不良;⑨涉及危险作业组合,未落实相应安全措施	①吊索具或附件、吊点断裂或滑脱(未试吊);②起重机吊臂(悬梁)倾覆或钢丝绳断裂;③吊件突然摆动、倾覆、旋转伤人(人的站位);④起吊后用手去碰吊索或吊物(不用引绳)致挤手压脚;⑤高空吊装坠落伤人;⑥吊索具、吊物碰到带电体触电;⑦吊车转盘旋转挤伤人,收支撑夹手夹脚	站场、厂区等装卸重物及其他任何有需要的地方,使用移动式起重机即自行式起重机,包括履带起重机、轮胎起重机,不包括桥式起重机、龙门式起重机、固定式桅杆起重机、悬挂式伸臂起重机以及额定起重量不超过1t的起重机
挖掘(动土)作业	①土壤情况不稳定、土壤松散、湿润、没有支护或做阶梯,造成塌方或人员被掩埋;②可能对地下电力系统、通信系统、管网设施造成损坏管道、有毒有害气体中毒、爆炸、火灾等事故;③挖机摆动范围可能对电线、管架等产生破坏;④动土设置的通道对机动车、人行道形成路障或影响急救车辆;⑤还可能破坏地基、脚手架基础、建筑物等临近结构;⑥对附近大件设备、其他人,或他人的工作影响动土作业	破坏地下设施,塌方导致人员伤害,人员进出坑道及人工开挖出现人员伤害,机械开挖带来的机械伤害,窒息、爆炸,触电,车辆伤害等	在生产作业场所、生活基地及在役油气管道区域使用人工或推土机、挖掘机等施工机械,通过移除泥土形成沟、槽、坑或凹地的挖土、打桩、地锚入土的作业;或建筑物拆除以及在可能存在隐蔽工程的墙壁开槽打眼的作业
管线与设备打开作业	管线与设备内可能残存危险物料,如腐蚀物、有毒液体/固体、有毒/挥发气体、热介质、氧化剂、低温介质、易燃物、高压系统和窒息物等,可能带来火灾爆炸、中毒窒息等事故风险,使用拆装工具带来的机械伤害和物体打击,使用手持电动工具带来的触电等风险	作业人员伤亡,危险物料泄漏带来环境污染,乃至火灾爆炸导致站场损毁	变封闭管线或设备及其附件的完整性的所有操作
临时用电作业	①违章作业;②电缆损坏;③配电盘、配电箱短路;④临时用电设施漏电保护失效;⑤电气设备、线路不符合防爆要求;⑥作业条件发生重大变化	触电、电弧烧伤等,造成人员伤亡,同时还有可能造成火灾爆炸	因施工、生产、检修需要,凡在正式运行的供电系统上加接或拆除如电缆线路、变压器、配电箱、开关箱、开关等设备以及使用电动机、电焊机、通风机、照明器具、其他电动工具等一切临时性的380V及以下的低压电力系统作业
动火作业	①易燃易爆有害物质;②火星窜入其他设备或易燃物侵入动火设备;③动火点周围有易燃物;④泄漏电流(感应电)危害;⑤火星飞溅;⑥气瓶间距不足或放置不当;⑦电、气焊工具有缺陷;⑧作业过程中,易燃物外泄;⑨通风不良;⑩未定时检测;⑪监护不当;⑫应急设施不足或措施不当;⑬涉及危险作业组合,未落实相应安全措施;⑭施工条件发生重大变化	火灾与爆炸、灼伤或烫伤、机械伤害、中毒或窒息(包括介质、焊接烟气)、物体打击、触电、噪声、其他	在易燃易爆危险区域内制造和维修容器、管线、设备,或对盛装过易燃易爆物品的容器、设备进行动火作业,或使用电焊、气割、喷灯、电钻、砂轮、非防爆工具及加热、化学反应等方式可能产生火焰、火花、炽热表面或使易燃易爆介质温度高于燃点的施工作业

— 64 —

三、石油工程常见环境影响因素识别

建立 HSE 体系的目的之一就是为了加强环境管理和控制,以减少或消除企业在其活动、产品或服务中能够造成或可能造成对环境有害影响的环境因素,以期保护和改善环境,节约资源,要实现这一目的,首先必须识别出其活动、产品或服务中所存在的环境因素尤其是重要环境因素。油田通过对环境因素识别,根据法律、法规及行业标准,对环境影响和隐患进行分析和评价,预测存在的环境风险大小,采取有效或适当的控制、消减、防范措施,建立隐患的评价和分级治理机制,把环境风险降到可以接受的程度。

1. 环境因素的概念

环境因素是指一个组织的活动、产品和服务中能与环境发生相互作用的要素。这里的要素是指具有或能够产生环境影响的环境因素。重要环境因素是指具有或能够产生重大环境影响的环境因素。环境影响是指全部或部分地由组织的环境因素给环境造成的任何有害或有益的变化。环境影响是由环境因素导致的环境的变化,环境因素和环境影响是一对因果关系。

2. 环境因素的描述

通常采用"名词"+"动词"或"动词"+"名词"的形式来描述环境因素。名词为污染物质、能源或资源等,动词常用排放、废弃、消耗、泄漏等,如污水排放、电能消耗、油漆废弃、排放 SO_2 等都是对环境因素的描述。

3. 环境因素识别的范围和内容

环境因素识别的范围和内容要求应包括企业"能够控制"和"能够施加影响"的两类环境因素。能够控制环境因素是指组织自身可以通过自身管理加以控制、改变、处理或处置的环境因素,如组织自行设计的产品、生产工艺、设备的维护、办公活动、后勤生活中的环境因素。"能够施加影响"的环境因素,也就是不通过或难以通过行政管理及其他经济或技术手段改变,或不能直接加以控制和管理的环境因素。例如,原材料供应商,半成品、提供包装、运输、储存的合同方,建筑施工承包方,产品分销方,废物处置机构和技术服务单位等提供的产品和服务中存在的环境因素。对于"能够施加影响"的这类环境因素,由于多存在于与企业关系较密切的相关方,所以往往可以通过某种利益关系对相关方施加影响,间接实现对其的控制或管理。

4. 环境因素识别应考虑的因素

组织建立和实施 HSE 管理体系的宗旨是为了改善环境绩效,而它是通过环境因素控制这一手段来实现的,所以环境因素是全部环境管理工作的基础和着眼点,这就要求环境因素的识别应尽可能充分,才能使体系具备工作基础。为了确保准确性,在识别环境因素时应考虑:识别环境因素时要考虑过去、现在和将来三种时态;正常、异常和紧急三种状态;考虑向大气的排放、向水体的排放、废物管理、向土地的排放、原材料和资源的使用、对社区的影响(噪声、灰尘、恶臭、光污染、景观破坏等)、其他地方性环境问题七种环境影响。

考虑三种时态是指过去、现在和将来。识别环境因素时,不仅要充分考虑现有的环境污染和环境问题,即正在进行或生产的产品、活动和服务中的环境因素及影响,对过去的情况要尊重事实、不回避问题,以往遗留的环境问题有可能现在正在产生环境影响,如泄漏事件造成土地污染。对未来也应该充分估计各种可能和潜在的问题发生,如新、改、扩建项目中涉及环境

因素,以及对产品出厂、活动完成和服务提供后可能带来的环境因素与影响加以关注,防患于未然,以体现预防为主的管理思想。

考虑三种状态是指正常、异常和紧急状态。识别环境因素时,不仅要充分考虑正常运行和生产的正常状态下的产生环境影响的环境因素,也该考虑可以合理预期并发生的非正常状态,如设备启动、开机、关机、设备检修、设备清洗、停电时所造成的环境问题或变化等。以及考虑可以合理预见不可合理预期的突发紧急状态,如事故排放、有毒物泄漏、火灾隐患、压力容器破裂泄漏或火灾爆炸等。对于雷击、地震或洪水等不可预见的情况的发生,也可视为紧急状态。正常和异常状态下的环境因素是显而易见的,识别起来相对简单,但紧急状态却往往容易被忽视,而企业的许多重大环境因素又常常是与紧急状态有关,所以这方面企业应格外注意,一方面不能遗漏另一方面还要针对这些紧急状态制定相应的措施和方案,以备应急之用,使其所造成的环境影响最小化。

按环境因素影响的分类进行考虑。主要是指企业在识别环境因素时,可以考虑大气排放,水体排放,废物管理、土地污染、对社区的影响、原材料与自然资源的使用、其他地方性环境问题。具体而言,向大气的排放主要涉及粉尘、烟尘和有毒有害气体的排放;向水体排放包括生活污水、工业废水和农业灌溉用水等;向土地的排放指各种有毒、有害化学物质,尤其是重金属对土地的污染,以及土地占用和地下水污染等问题;自然资源和能源使用主要涉及原材料、水、电、煤、气、油和纸张等能源资源的使用、消耗和浪费问题,废弃物管理常涉及办公及生活垃圾处置、工业废物特别是危险和有害废物及副产品的生产、收集、运输、处理和处置,以及其他环境问题。

环境因素的确定本身是一个不断发展的过程,该过程也包括明确潜在的法律、法规的要求和组织自身业务发展、工艺更新、原材料替代及相关方要求等方面的影响,要求组织及时更新这方面的信息。

5. 环境因素识别的方法

目前用于环境因素识别的方法很多,主要有环境保护法律法规、标准对照法、过程分析法、物料衡算法、产品生命周期法、问卷调查法、专家咨询法、现场观察和面谈、头脑风暴法、查阅文件和记录、测量法、水平对比法、纵向对比法等。由于现有标准没有规定或推荐任何具体方法,在实际的工作中往往是依据各组织的资源和实际需要选择上述几种方法合理有效组合使用。对于生产作业活动可选择作业过程分析(生产流程图法),对于设备设施、承包商供应商及职能部门管理可选择检查表法。不管采取什么方法,一般要借助于环境因素识别表来开展。下面列举几种常用环境因素识别方法。

1)环境保护法律法规、标准对照法

环境保护法律法规、所要求的或规定的,组织可以对照适用的法律法规、排放标准进行环境因素识别。

2)过程分析法

它是产品生命周期法、物料衡算法、现场调查法、头脑风暴法等识别方法的结合,是一种相对较好的值得推荐的方法。该方法首先按产品生命周期法的思路和生产工艺物料衡算法原理,把企业活动及对应的生产单位、部门进行排序。对每一生产单位、部门及其活动,按顺序作进一步的过程细分;通过现场观察、头脑风暴、专家咨询、工艺分析等方法识别确定每一细分过程中存在的环境因素(包括投入和产出),识别明确每一环境因素对应的环境影响,最后识别并记录活动所产生废物来源的种类和数量。

3）物料衡算分析法

物料衡算分析法是根据质量和能量守恒定律，即输入企业生产过程的物质（能量）等于输出的物质（能量），通过物料衡算、能量衡算和水量衡算，查清流失物的种类和数量、余热的利用和损失、水源的流失。物料衡算旨在准确地判断企业的废弃物流，定量地确定废弃物的数量、成分以及去向，从而发现过去无组织或未被注意的物料流失。

4）产品生命周期分析法（LCA）

产品生命周期分析法（LCA）是对产品进行"从摇篮到坟墓"的分析，包括了从原材料生产到产品用后最终处理处置全过程中可以涉及的环境问题。产品的生命周期通常分为5个阶段：原材料的生产与加工、产品的生产与加工、产品的运输与销售、产品的使用与回用、产品的保费和再利用等。这一方法的优点是全面反映产品本身，缺点是对生产阶段分析则不够详细、精确，因此，对生产阶段采用工艺流程分析加以补充。

5）现场观察和面谈法

现场观察和面谈都是快速直接地识别出现环境因素的最有效的方法。这些环境因素可能是已具有重大环境影响的，或者是具有潜在的重大环境影响的，有些是存在环境风险的。现场面谈和观察还能获悉组织环境管理的其他现状，如环境意识、培训、信息交流、运行控制等方面的缺陷。另一方面也能发现组织增强竞争力的一些机遇。此外，一般的组织都存在有一定价值的环境管理信息和各种文件，应认真收集这些文件和资料。

6. 环境因素识别的结果汇总

环境因素信息整理归纳，建立环境影响因素清单。经过环境因素识别后，将拥有大量的环境因素信息，要按照便于查询、不丢失特征信息、具备可追溯性的基本原则恰当地归纳整理、保存这些信息，既能很容易查到某一运行活动或单位有什么环境因素，也能清楚地查找某一环境因素存在于那些活动或单位，表4-6对钻前准备各项活动产生环境影响的环境因素从三种时态、三种状态、对环境的影响三方面进行了归纳整理。

表4-6 钻前准备工作环境因素识别清单

部门：钻井队　　　　　　　作业活动：钻前准备　　　　　　WP/HSER-3.3-02-02

序号	过程及活动	环境因素	环境影响	过去/现在/将来	正常/异常/紧急	现有控制措施
1	打水源井	施工设备排放尾气	污染大气	现在	正常	定期检修和保养
2		排放噪声	影响居民休息	现在	正常	
3		燃烧油料	消耗能源	现在	正常	
4		零配件报废遗弃	污染环境	将来	正常	固体废弃物分类管理规定
5		钻遇地下设施	破坏地下设施	现在	紧急	开工前落实地质情况
6		洗井水排放	污染水体和农田	现在	正常	集中收集
7		泥土排放	污染农田	现在	正常	集中收集外送或垫路

续表

序号	过程及活动	环境因素	环境影响	过去/现在/将来	正常/异常/紧急	现有控制措施
8	钻井液配制	水的使用	消耗资源	现在	正常	
9		散发粉尘	污染大气、农田	现在	正常	小心倾倒
10		遗撒药品	污染大气、农田	现在	异常	防止包装袋破损
11		搅拌噪声排放	影响人身健康	现在	正常	
12		设备用电	消耗电能	现在	正常	
13		废钻井液渗漏	污染农田	现在	正常	集中收集处理
14		包装袋丢弃	土壤污染	现在	异常	固体废弃物分类管理规定
15		钻井液坑加药液体渗漏	地下水污染	现在	异常	加防渗布，定期检查
16	钻井液化验	有害气体挥发	污染大气	现在	正常	
17		样品遗洒	污染环境	现在	异常	
18		浴油泄漏或喷出	污染环境	现在	紧急	配备消防器材
19		废水排放	污染水体、农田	现在	正常	集中收集处理
20		废弃棉纱、手套	污染环境	现在	正常	固体废弃物分类管理规定
21		意外火灾	污染大气	现在	紧急	消防应急预案
22		废弃样品倾倒	污染环境、农田	现在	正常	集中收集处理

7. 环境因素识别的要求

(1)定期组织开展环境因素识别，并建立环境因素识别清单，上报HSE主管部门。

(2)环境因素识别要做到识别充分，全面覆盖，全员参与，并逐级评审。

(3)根据环境因素识别清单，制定针对性强的风险控制和消减措施，岗位员工对本岗位涉及的环境因素及控制措施要做到心中有数。

(4)当企业的活动、产品或服务出现重大改变时，应及时更新环境因素，并更新相应的记录。例如，企业的活动、产品和服务中所适用的法律发生变化时；拆、扩、改建项目；企业的活动、产品或服务发生了较大变化；工艺技术、生产规模或产品结构发生了较大变化；重大环境污染事故发生后；组织机构发生较大变动。

第四节 石油工程作业特殊HSE风险

一、钻井作业HSE风险识别

在整个钻井作业活动中，都可能存在对健康、安全与环境危害的潜在影响因素。识别钻井作业中潜在的HSE风险与危害的影响因素，是有效控制和削减钻井过程中给健康、安全与环境带来的危害及影响的重要基础。

由于钻井作业的特殊性，钻井作业HSE风险具有严重性、差异性、多样性、时间性、隐蔽性和变化性等特点。

钻井作业过程中,存在相关承包方的技术服务作业。因此,在识别危险、危害因素时,要从多方面出发,识别出共同风险和相关风险。

1. 钻井共同作业风险识别

(1)物体打击,如高空物品坠落对人或机器设备产生打击伤害,人员施工操作、搬运重物等过程中造成物体打击危险;

(2)车辆伤害,如在钻井施工中,由于钻具等一些物资的配送,可能发生交通事故;

(3)机械伤害,如人员对一些机械设备,如钻机进行维护保养,或因操作不当而发生的卷入、绞、碾、割、刺等伤害;

(4)起重伤害,如在钻机的搬迁、安装过程中,使用吊车进行作业钢丝绳断裂,在起下钻作业中,提升系统对钻具进行上提下放的过程中,都可能会产生坠落、物体打击等事故;

(5)触电,无论在井场作业区,还是在生活区,都有可能会发生触电伤害,另外在雷雨天气作业可能会发生雷击伤亡事故。

(6)淹溺,如井队周边存在江河、干渠、大型水库,员工下河洗澡、游泳可能发生淹溺;

(7)灼烫,如钻井液材料和一些钻井液助剂对人体可能发生化学灼伤,柴油机长时间工作可能会使人体烫伤;

(8)火灾、爆炸,如井喷及井喷失控可能导致地层碳氢化合物的严重泄漏,井场使用的汽油、柴油、润滑油等泄漏,这些可燃物质遇到火源将发生火灾爆炸的危险,以及营房火灾、电气火灾等;

(9)高处坠落,如井架工从二层台跌落;

(10)坍塌,如井架发生倒塌;

(11)容器及其他爆炸;

(12)中毒和窒息,如由于井喷或井喷失控地层硫化氢气体逸出导致人员中毒,以及野外食物中毒、化学物品中毒等;

(13)环境危害,如柴油机噪声危害、产生大气污染,废弃钻井液及生活污水对附近水体的污染,恶劣的天气或自然灾害等;

(14)社会环境影响,如井队位于少数民族聚居地可能发生民族纠纷,某些地区特别是境外作业可能会遭遇到不法分子的骚扰;

(15)其他风险。

海上钻井作业 HSE 风险识别见第九章。

2. 钻井相关作业风险识别

(1)测井作业时,可能会带来:

①辐射,如放射性测井带来的放射性伤害;

②物体打击,如射孔弹误发伤人危险;

③火灾、爆炸、中毒,如测井仪器落井,可能造成井喷而导致火灾爆炸或中毒的危险;

④其他伤害。

(2)录井作业时,可能会带来:

①火灾爆炸,录井使用的天然气标样瓶(如泄漏因意外火源、野蛮装卸等)可能造成火灾爆炸危险,录井使用的岩砂烤箱可能造成火灾;

②触电,操作录井设备可能造成的触电危险;

③中毒,录井使用的三氯甲烷等有毒物料可能造成中毒危险;
④灼烫,录井使用的强酸性物质可能造成人员皮肤腐蚀或烧伤危险;
⑤辐射,荧光录井使用的紫光灯可能造成紫外线辐射危险;
⑥其他伤害。

(3)定向井作业时,可能带来:
①机械伤害,如测斜绞车伤人危险;
②触电,操作定向设备可能造成的触电危险;
③其他伤害。

(4)固井作业时,可能带来:
①容器爆炸,如高压管汇泄漏可能造成人员伤亡危险;
②物体打击,如高压管汇及接头未固定可能造成轮甩伤人危险;
③其他伤害。

(5)相关作业对环境,可能带来:废水、废渣、各种有害气体的不正确排放对周围环境都可能造成不良的损失和影响。

二、井下作业 HSE 风险识别

井下作业包括钻井完井后的试油、油气层的增产措施以及采油气、水井的大修等,作业一般都在井筒内进行。

1. 压裂(酸化)过程的风险识别

压裂(酸化)施工是多工种、多工序、高压状态下的大型油(气)井作业,在施工过程中存在着许多影响健康、安全与环境的因素,其主要危害和影响如下:

(1)车辆伤害。压裂车、辅助车辆(砂罐车)在井场移动(摆车)时,将井场工作人员碰伤或压死,使设备损坏。

(2)容器爆炸。压裂(酸化)施工前,地面管线试压过程中,由于压力过高、管线不合格以及其他原因造成地面管线憋坏、井口抬升,造成人员伤亡、设备损坏;在压裂(酸化)过程中,由于过压保护设置不当、保护失灵,控制系统失灵以及压力等级不合格等其他原因,出现高压管线、井口破裂和设备的损坏(潜在的多人死亡和严重的设备损坏);压裂(酸化)施工中,由于井内钻具(如水力锚、封隔器)失去作用,造成井内管柱上顶、抬升井口、高压管线,造成人员伤亡、设备损坏;压裂(酸化)后放喷时,由于地面放喷管线的固定问题、压力等级不合格以及布局不合理,造成地面放喷管线破裂、人员伤亡。

(3)灼烫、中毒。潜在的危险化学品在运输、储存、作业中对施工人员的伤害,化学品泄漏失控,如酸液配制过程中,酸液及其挥发物对配液人员造成的伤害。

(4)起重伤害。在吊装高压管汇时,由于钢丝绳断裂。吊物突然落下,将设备砸坏或将人员砸伤、砸死。

(5)高处坠落。在上下压裂车(混砂车)和进行作业时,安全措施不当或人员疏忽,造成人员坠落引起人员伤害。

(6)物体打击。连接高压管线与安装井口保护器,安全措施不当或人员疏忽,造成落物引起人员伤害;连接或拆卸高、低压管线使用榔头时,榔头失控造成施工人员手、脚及头部的伤害。

(7)火灾、中毒窒息。施工后放喷时,烃类气体弥漫井场,造成井场火灾;H_2S 等有害气体溢出人员伤亡。

(8)环境危害。压裂(酸化)施工前后和过程中化学品的挥发、管线的刺漏、残液的排放对环境造成的危害和影响;压裂(酸化)设备在施工期间,产生的腐蚀性残酸、废气或因柴油、机油泄漏而对环境造成的污染。

(9)低温。液氮、液态二氧化碳造成人员冻伤、窒息。

(10)辐射。压裂检测仪表中的放射性密度计发生放射性泄漏,造成人员伤亡。

(11)粉尘。压裂液配制过程中,增稠剂粉尘造成的人员伤害。

(12)噪声。压裂(酸化)设备发出的噪声,对施工人员听力及神经的影响。

(13)社会环境影响。如井场位于少数民族聚居地可能发生民族纠纷,某些地区特别是境外作业可能会遭遇到不法分子的骚扰。

(14)其他风险。

2. 试油(气)过程的风险识别

(1)火灾爆炸,井喷导致地层碳氢化合物逸出,井场落地原油过多和现场电气、机械设备运转等引起的着火、爆炸;营房容易因吸烟或其他原因发生火灾;井场周围的干燥植物因老百姓乱点烟火引发火灾。

(2)物体打击,落物导致人员伤亡。

(3)坍塌,井架倒塌,造成人员伤亡。

(4)高处坠落,导致人员伤亡。

(5)起重伤害,吊车钢丝绳断裂,造成人员伤亡。

(6)容器爆炸,井口、地面管线、锅炉、三相分离器由于压力过高,而发生爆炸造成的人员伤亡;射孔过程中,由于射孔器提前引爆造成人员伤亡、设备损坏;气举排液中,出于气举压力过高或机油进入高压管线所引起的管线破裂造成的人员伤亡;压井、替喷作业中,施工压力超出地面管线、井口的压力等级,引起管线破裂、井口抬升,造成人员伤亡、设备损害。

(7)中毒窒息,硫化氢从井口中溢出,造成人员中毒(潜在的多人受伤或死亡)。

(8)灼烫,试气期间放喷点火时,容易造成的人员烧伤。

(9)车辆伤害,在井场搬迁、运输人员和设备以及危险物品时发生交通事故,可造成多人伤亡。

(10)环境污染,从井内排出的钻井残液、作业废水及落地原油等,造成对土地、农田、水体等的污染;原油中的溶解气、天然气排放,造成对大气层的污染。

(11)社会环境影响,不法分子盗窃、哄抢而危及井场安全。

(12)其他风险。

3. 修井过程的风险识别

(1)火灾爆炸,井喷导致地层碳氢化合物逸出,遇到火源发生火灾爆炸。

(2)车辆伤害,在井场搬迁、运输人员和设备以及危险物品时发生交通事故,可造成多人伤亡。

(3)物体打击,如侧钻过程中,方补心飞出等原因造成的人员伤亡。

(4)坍塌,井架、修井机倒塌,造成人员伤亡。

(5)高处坠落,导致人员伤亡。

(6)中毒窒息,修井作业时,硫化氢从井内及地面管线中溢出,造成人员中毒(潜在的多人受伤或死亡)。

(7)起重伤害,吊车钢丝绳断裂,造成人员伤亡。
(8)灼烫,热力清蜡以及使用锅炉冲洗作业时,由于管线泄漏,造成的人员烫伤。
(9)触电,检泵过程中,由于电力系统的原因造成人员触电。
(10)容器爆炸,在冲砂、钻塞、压井、套铣、侧钻等作业中,由于施工压力超过水龙带、高压管线、井口的压力等级等原因,引起管线破裂,造成人员伤亡、设备损坏。
(11)粉尘,水泥作业,如封窜、堵水等施工中,水泥粉尘对人员造成的伤害。
(12)辐射,放射性同位素找窜、找水以及检查套损过程中,由于泄漏造成人员的伤害。
(13)环境污染,从井内排出的作业废水及落地原油等.造成对土地、农田、水体等的污染。
(14)其他风险。

三、采输作业 HSE 风险识别

油气采输作业,是将油田开采出来的原油和天然气进行收集、储存、输送和初步加工、处理的生产经营活动。由于生产作业的连续性、工艺技术的复杂性和生产介质的易燃易爆、有毒的特性,往往带来较大的 HSE 风险。

油气采输过程中最重要的危险是火灾爆炸,火灾爆炸可能发生在每一个油气可能泄漏的区域;其次的危险是压力容器的物理爆炸;一般危险因素包括人员的高空坠落、人员触电、人员灼伤、机械伤害、高空落物伤人。

油气采输作业的主要 HSE 风险如下:
(1)火灾爆炸:储罐、原油处理设备、稳定装置、污水处理设施、管道等处,若出现了意外的焊缝开裂、腐蚀穿孔、接头处泄漏以及跑冒滴漏现象,遇火源可能发生火灾爆炸事故。
(2)容器爆炸:受压容器和承压管道,当超压、超温或意外情况下,在其薄弱处或极大压力下,就可能发生物理爆炸。
(3)灼烫:加热设备运行时,若操作不当,可能发生人员的灼伤事故。
(4)低温冻伤:如天然气采输过程中由于天然气水合物的形成可能出现冰堵现象,清管作业时可能发生人员的低温冻伤。
(5)机械伤害:动力驱动的传动件、转动部位,若防护罩失效或残缺,人体接触时有发生机械伤害的危险。
(6)起重伤害:在重物起吊过程中,若操作人员注意力不集中或其他人员的违章,可能发生机械伤害事故。
(7)高空坠落:距工作面 2m 以上高空作业的平台、扶梯、走道护栏等处,若有损坏、松动、打滑或不符规范要求等,当操作者不慎、失平衡等有可能发生高空坠落的危险。
(8)触电:带电的设备、装置等,若接地或接零保护装置失灵失效时,人体触电及带电体漏电部位,有发生人员触电的危险。
(9)中毒:原油、天然气等有毒物质一旦发生泄漏对人体有害。人体接触后会发生不同程度的中毒。
(10)噪声:当工作环境中噪声值超过国家允许标准,在此环境中工作的人员可能引起噪声性耳聋。
(11)环境污染:当联合处理站发生油品泄漏、污水和废弃物外排、机泵产生的噪声、加热炉燃烧时产生的烟气,将造成周围的环境污染。
(12)其他风险:如倒错流程、流量、压力、温度失控等操作失误带来的风险。

思 考 题

1. 危害因素、危险源与事故隐患的概念之间有什么联系？
2. 危害因素如何进行分类？
3. 如何对生产现场进行危害辨识？
4. 重大危险源的概念是什么？重大危险源与危险源有何区别？
5. 如何判定重大危险源？
6. 简述在钻井作业、井下作业和采输过程中存在哪些风险。

参 考 文 献

[1] 中国石油天然气集团公司质量安全与环保部. HSE 风险管理理论与实践. 北京:石油工业出版社,2009.
[2] 王顺华. 油田开发生产安全技术. 东营:中国石油大学出版社,2009.
[3] 王来忠,史有刚. 油田生产安全技术. 北京:中国石化出版社,2007.
[4] 罗云,等. 风险分析与安全评价. 2 版. 北京:化学工业出版社,2010.
[5] 中国安全生产协会注册安全工程师工作委员会,中国安全生产科学研究院. 安全生产管理知识. 北京:中国大百科全书出版社,2011.
[6] 中国就业培训技术指导中心,等. 安全评价师:基础知识. 2 版. 北京:中国劳动社会保障出版社,2010.
[7] 《井下作业危害辨识与风险控制措施》编委会. 井下作业危害辨识与风险控制措施. 北京:石油工业出版社,2013.
[8] GB/T 28001—2011 职业健康安全管理体系要求.
[9] SY/T 6276—2014 石油天然气工业健康、安全与环境管理体系.
[10] GB/T 13861—2009 生产过程危险有害因素分类与代码.
[11] GB 6441—1986 企业职工伤亡事故分类.
[12] GB 18218—2009 危险化学品重大危险源辨识.

第五章　石油工程 HSE 风险评价

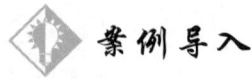

安全帽的作用

1. 事件描述

2009 年 8 月 10 日，某公司一员工在某天然气净化厂装置区管廊架进行变更整改作业时，附近硫黄回收装置鼓风机电动机出现故障，停止运转，鼓风机连锁阀又未及时关闭，造成刺鼻异味的酸气泄漏。此员工紧急撤离现场，在顺笼梯急速滑下时，不慎从笼梯上（离地面约 2.5m）摔下，头部着地，所幸该员工佩戴有安全帽，并系好帽带，才未造成严重伤害。如图 5-1 所示。

图 5-1　事故现场及摔坏的安全帽

2. 安全经验分享

据统计，正确佩戴安全帽可以降低头部外伤发生率 70%。工程塑料安全帽光滑的表面和帽顶上一道隆起的顶筋，实际上是为了减少坠落物冲击力而特制的。帽里边连着一根扣带的网状帽箍，是安全帽的一个关键部分，它能够延迟并减少传递到头部和颈部的压力，可以吸收由撞击带来的大部分能量。

第一节　HSE 风险评价概述

风险评价是指对系统中存在的危险、有害因素进行辨识与分析，在此基础上判断系统发生事故和职业危害的可能性及其严重程度，采用定性或定量方法评价得出风险等级，从而为制定防范措施和管理决策提供科学依据。HSE 风险评价的对象除安全因素外,还包括健康、环境的因素。

一、HSE 风险评价程序

HSE 风险评价的一般程序如图 5-2 所示。

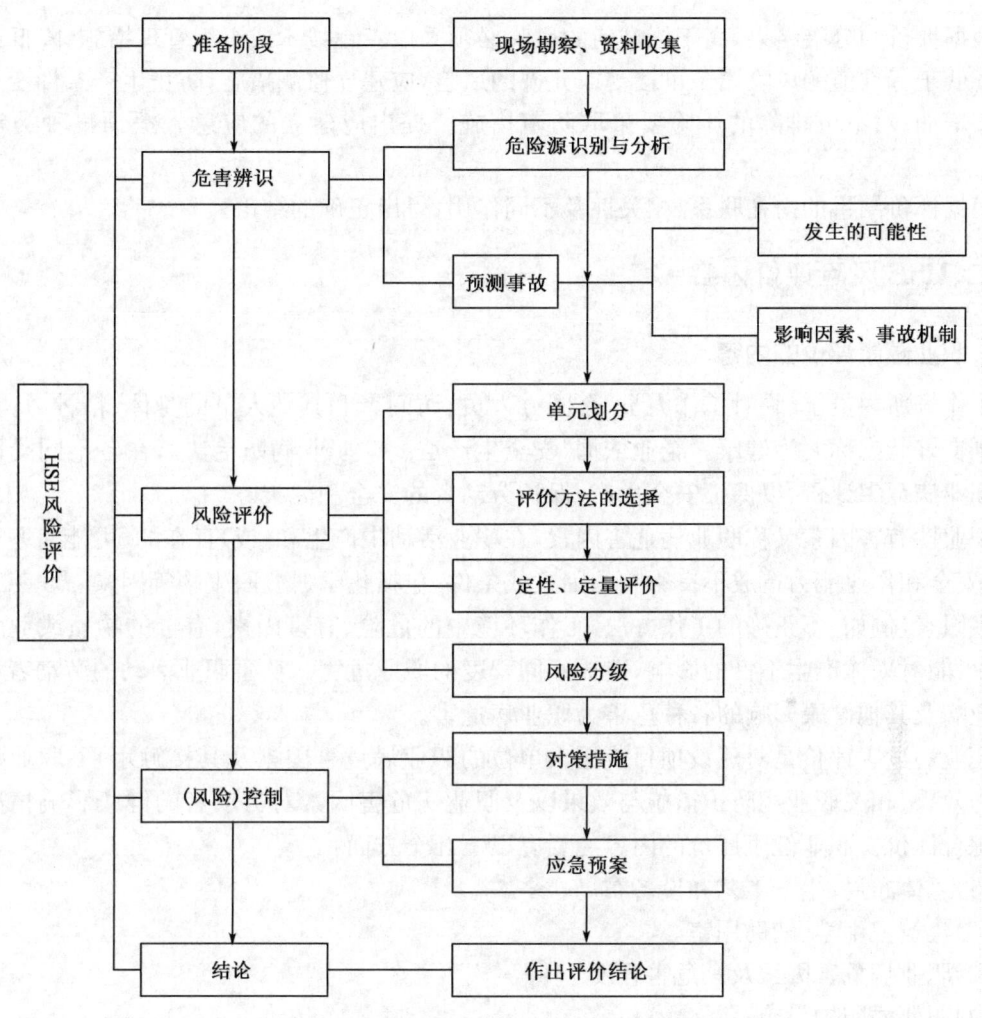

图 5-2 HSE 风险评价的程序图

1. 资料收集

明确 HSE 风险评价对象和范围,收集国内外相关法规和标准,了解同类设备、设施及生产工艺和事故情况,了解 HSE 风险评价对象的地理、气象条件及社会环境状况等。

2. 危险、有害因素辨识与分析

根据现场的设备、设施或场所的地理、气象条件、工程建设方案、工艺流程、装置布置、主要设备和仪表、原材料、中间体、产品的理化性质、职业卫生检测数据等辨识和分析可能产生的事故类型、事故发生的原因和机制。

3. 评价风险

在上述危险分析的基础上，划分评价单元，根据评价目的和评价对象的复杂程度选择具体的一种或多种评价方法，对事故发生的可能性和严重程度进行定性或定量评价，在此基础上进行风险分级，以确定管理的重点。

4. 提出降低或控制危险的安全对策措施

根据评价和分级结果，高于标准值的风险必须采取工程技术或组织管理措施，降低或控制风险。低于标准值的风险属于可接受或允许的风险，应建立监测措施，防止生产条件变更导致风险值增加；对不可排除的风险要采取防范措施。提出应建立的应急救援预案种类等有关要求。

根据评价结果的内在联系、相关性及不同作用，得出正确的结论。

二、HSE 风险评价内容

1. 职业健康评价的内容

工作场所内员工、临时工作人员、合同方人员、访问者和其他人员的身体、精神、行为等方面达到良好状态称之为健康。企业依据《安全生产法》和《职业病防治法》，在各不同阶段依法进行职业病危害评价，以保证安全生产，保护劳动者的安全和健康。

职业性有害因素又称职业病危害因素，在职业活动中产生和（或）存在的、可能对职业人群健康、安全和作业能力造成不良影响的因素或条件，包括化学、物理、生物等因素。职工工作中的许多因素，例如，不正确的工作方法，工作环境中的危险、有害因素，有毒的物质或危险的设备，都可能对人体产生不良的影响，造成不同程度的职业危害。从事职业活动的劳动者可能导致职业病及其他健康影响的各种危害为职业病危害。

职业病危害评价是对建设项目或用人单位的职业病危害因素及其接触水平、职业病防护设施与效果、相关职业病防护措施与效果以及职业病危害因素对劳动者的健康影响情况等做出的综合评价。职业健康评价的内容主要有以下几个方面：

(1) 总体布局、生产工艺和设备布局。
(2) 建筑卫生学、辅助用室。
(3) 职业病危害因素及其危害程度。
(4) 职业病防护设施。
(5) 辐射防护措施与评价，辐射防护监测计划与实施等。
(6) 个人使用的职业病防护用品。
(7) 职业健康监护及其处置措施。
(8) 应急救援措施。
(9) 职业卫生管理措施。
(10) 其他应评价的内容。

2. 安全评价的内容

安全评价通过对系统中存在的危险性识别及危险度评价，客观地描述系统的危险程度，从而指导人们预先采取相应措施，以降低系统的危险性。其基本内容如图 5-3 所示。

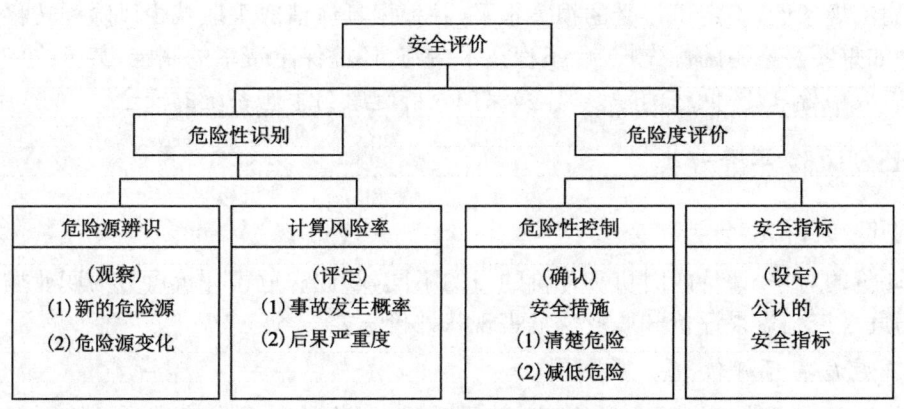

图 5-3 安全评价的基本内容

安全评价包括识别危险性和评价危险程度两个方面。前者在于辨识危险源,确定来自危险源的危险性;后者在于控制危险性,评价采取控制措施仍然存在的危险性是否可以被接受。在实际的安全评价过程中,这几个方面是不能截然分开、孤立进行的,而是相互交叉相互重叠于整个评价工作中。

3. 环境风险评价内容

广义上的环境风险评价是指评价由于人类的各种社会经济活动所引发或面临的危害(包括自然灾害)对人体健康、社会经济、生态系统等可能造成的损失,并据此进行管理和决策的过程。狭义上的环境风险评价通常指对有毒有害物质(包括环境化学物、放射性物质等)危害人体健康和生态系统的影响程度进行概率估计,并提出减小环境风险的方案和对策。环境风险评价的基本内容包含源项分析、事故频率后果估算、风险表征和风险管理四部分。

1)源项分析

源项分析的主要任务是进行危害识别,当有火灾、爆炸、垮坝等事故发生的时候,即要通过危害识别来确定危害类型。当有毒物质释放时,则需要获得释放何种物质、释放量、释放方式、释放时间行为等数据,并应给出其发生频率。此外源项分析还需确定环境风险评价的等级、范围、时间跨度、对象人群等。危害识别的一种常用方法是特尔菲法,也称德尔菲法(Delphi Method),又称专家规定程序调查法。该方法主要是由调查者拟定调查表,按照既定程序,以函件的方式分别向专家组成员进行征询;而专家组成员又以匿名的方式(函件)提交意见。经过几次反复征询和反馈,专家组成员的意见逐步趋于集中,最后获得具有很高准确率的集体判断结果。

2)事故频率后果估算

事故频率和后果估算的主要对象是估算有毒有害物质在环境中的迁移、扩散、浓度分布及人群的暴露剂量等。

3)风险表征

风险表征主要是给出环境风险的计算结果及评价范围内某特定群体的致死率和有害效应的发生率。

4)风险管理

风险管理的主要任务是根据环境风险分析和评价结果,结合风险事件承受者的承受能力,按照恰当的法规条例,确定可接受的损害水平,并根据具体情况采取减少风险和转移风险的措施和行动,如重要污染源的优先控制、工程技术措施、环境保险费率的制定,甚至改变相关政策和经济发展战略等,以降低或消除该风险,保护人群健康与生态系统的安全。

三、HSE风险评价分类

1. 职业健康评价的分类

根据评价的对象、评价的时机和评价的目的不同,职业病危害评价可分为职业病危害预评价、职业病危害控制效果评价和职业病危害现状评价三类。

1) 职业病危害预评价

评价的对象为可能产生职业病危害的建设项目;评价的时机为建设项目的可行性论证阶段;评价的依据是有关职业病防治的法律法规、标准以及建设项目的可行性研究报告等;评价的范围是以拟建项目可行性研究报告中提出的建设内容为准;评价的目的是明确建设项目在职业病防治方面的可行性,并为建设项目的职业病危害分类管理以及职业病防护设施的初步设计提供科学依据。

2) 职业病危害控制效果评价

评价的对象为可能产生职业病危害的建设项目;评价的时机为建设项目完工后、竣工验收前;评价的依据是有关职业病防治的法律法规、标准、职业病防护设施设计以及建设项目试运行阶段的职业卫生实际状况等;评价的范围是以建设项目实施的工程内容为准;评价的目的是明确建设项目的职业病危害程度以及职业病防护设施的效果等,并为政府监管部门对建设项目职业病防护设施竣工验收以及建设单位职业病防治的日常管理提供科学依据。

3) 职业病危害现状评价

评价的对象为可能存在职业病危害的用人单位;评价的时机为用人单位正常生产期间;评价的依据是有关职业病防治的法律法规、标准以及用人单位从事生产经营活动过程中的职业卫生实际现状等;评价的范围是以用人单位生产经营活动所涉及的内容、场所以及过程等为准;评价的目的是明确用人单位生产经营活动过程中的职业病危害程度以及职业病防护设施和职业卫生管理措施的效果等,并为政府监管部门职业卫生行政许可以及用人单位职业病防治的日常管理提供科学依据。

2. 安全评价的分类

1) 按系统生命周期分类

按照实施阶段的不同,《安全评价通则》中将安全评价分为:安全预评价、安全验收评价、安全现状评价。

2) 按《陆上石油和天然气开采业安全评价导则》分类

《陆上石油和天然气开采业安全评价导则》将安全评价分为安全预评价、安全验收评价、安全现状综合评价等三类。各类安全评价的联系与区别见表5-1。

表5-1 陆上石油和天然气开采业各类安全评价的联系与区别

项目	安全预评价	安全验收评价	安全现状综合评价
时机	项目建设前	建设项目竣工验收之前、试生产运行正常之后	正常生产状态下

续表

项目	安全预评价	安全验收评价	安全现状综合评价
依据	建设项目可行性研究报告的内容,相关法律法规和标准	设计方案,相关法律法规和标准	有关法规标准的规定、生产经营单位职业安全、健康管理要求
对象	生产工艺过程、使用和产出的物质、主要设备和操作条件等	建设项目的设施、设备、装置实际运行状况及管理状况	总体或局部的生产经营活动,包括在用生产装置、设备、设施、储存、运输及安全管理状况的全面综合评价
内容	分析危险、危害因素及其危险危害程度,提出对策建议	查找项目投产后存在的危险、有害因素,确定其程度,提出合理可行的安全对策措施和建议内容	危险危害识别和风险评价,提出对策建议
结论	是否满足安全规定,如何设计、管理才能达到安全指标要求	是否符合设计,是否符合安全要求,作为申请验收审批的依据	是否满足安全生产条件要求

(1)安全预评价是根据油气田地面工程建设方案的内容,分析和预测该建设项目可能存在的主要危险、有害因素及其危险、危害程度,提出合理可行的安全对策、措施及建议,对工程设计、建设和运行管理给予指导。

(2)安全验收评价是在油气开采建设项目竣工、试生产运行正常后,安全生产设施验收前,通过对陆上油气开采建设项目设施、设备、装置的安全状况和管理状况的调查分析,查找该项目投产后存在的危险、有害因素,确定其危险度,提出合理可行的安全对策措施及建议。

(3)安全现状综合评价是在陆上油气开采生产运行过程中,通过对其设施、设备、装置的安全状况和管理状况的调查分析,定性、定量地分析其生产过程中存在的危险、有害因素,确定其危险度,对其安全管理状况给予客观的评价,对存在的问题提出合理可行的安全对策措施及建议,对运行管理和出现紧急事件应采取的措施给予指导。

3. 环境风险评价分类

按照不同的分类方法,可将环境风险评价做出以下几种划分。

1)按评价工作与事件发生的时间关系划分

(1)概率风险评价:指在环境风险事件发生前,预测某设施可能发生的环境事故及其可能造成的健康风险或生态风险。

(2)事故后果评价:指在环境事故发生期间给出实时的有毒有害物质的迁移轨迹及实时浓度分布,以便作出正确的防护措施决策,减少事故的危害。事故后果评价主要研究是事故停止后对环境的影响。

2)按评价的范围划分

(1)微观风险评价:指对微环境下某单一设施进行环境风险评价。

(2)系统风险评价:指对整个系统中所包含的各个设施进行环境风险评价,它可以包含系统中的不同环节(如运输、储藏、加工等),涉及不同的活动(如建造、运行、拆除等),包含不同的风险种类(如致癌、事故损伤等),及不同的人群(如公众、职业人员等)。限定评价范围的四个要素是:相关联的空间范围、相关联的时间长度、相关联的人群和相关联的效应。

(3)宏观风险评价:指在国家、政府和环境管理部门层面上的环境风险评价,如针对某一特定产业或行业的环境风险评价。

3)按评价的内容划分

(1)环境化学品的评价:是确定某种化学品(化学物)从生产、运输、消耗直至最终进入环境的整个过程中,乃至进入环境后,对人体健康、生态系统造成危害的可能性及后果。对化学品的环境风险评价,要从化学品的生产技术、产量、化学品的毒理性质等方面进行综合考虑,同时应考虑人体健康效应、生态效应和环境效应。

(2)建设项目的环境风险管理:是针对建设项目本身引起的环境风险进行评价。其主要考虑的是建设项目引发的环境事故发生的概率及其危害后果,危害范围包括工程项目在建设和正常运行阶段所产生的各种事故及其引发的急性和慢性危害,人为事故、自然灾害等外界因素对工程项目的破坏所引发的各种事故及其急性与慢性危害,工程项目投产后正常运行所产生的长期危害。

由于企业危险、有害因素与职业病危害因素的差异,职业健康评价侧重对作业环境中可能影响企业职工身体健康的职业病危害因素进行识别、评价和控制,重点在于对职业病的预防和控制。安全评价的研究重点是对项目本身存在的危险、危害因素进行识别和分析,对危害物质、危害因素、危险程度以及危害发生的可能性等进行评价,对涉及的危险物质和重大危险源进行识别,对系统发生事故的可能性和严重程度进行预测和评价,通过提出安全对策和制定完善的应急预案,保障整个系统和项目的安全运行,保障作业者的人身安全。环境风险评价是对建设项目建设和运行期间发生可预测的突发性事件或事故引起的有毒有害、易燃易爆等物质泄漏,或突发事件产生的新的有毒有害物质,对人身安全与环境造成的影响和损害,进行评估,提出防范、应急与减缓措施。职业病危害评价和安全评价在部分评价内容方面有一定的交叉。实际上,环境风险评价和安全评价也有相同和交叉之处。安全评价关注的是事故造成的直接危害,如人员伤亡、设备损坏等情况;环境风险评价关注的是项目对周边事物的影响,主要考虑事故发生后带来的短期、中期、长期影响,但这不表示双方存在矛盾,两者应该是一种互为补充、互为依托的关系。

第二节 常用 HSE 风险评价方法介绍

一、职业健康评价方法

根据建设项目或用人单位职业病危害特点以及职业病危害评价目的需要等,可采用职业卫生现场调查、职业卫生检测、职业健康检查、类比法、检查表分析法、辐射防护屏蔽计算、职业病危害作业分级等方法进行综合分析、定性和定量评价,必要时可采用其他评价方法。

1. 职业病危害作业分级法

根据作业场所职业病危害因素的检测(类比检测)结果,按照国家有关职业病危害作业分级标准对不同职业病危害作业的危害程度进行分级。

2. 类比法

通过对与拟评价项目相同或相似工程(项目)的职业卫生调查、工作场所职业病危害因素浓度(强度)检测以及对拟评价项目有关的文件、技术资料的分析,类推拟评价项目的职业病危害因素的种类和危害程度,对职业病危害进行风险评估,预测拟采取的职业病危害防护措施的防护效果。

3. 检查表分析法

依据国家有关职业卫生的法律、法规和技术规范、标准,以及操作规程、职业病危害事故案例等,通过对拟评价项目的详细分析和研究,列出检查单元、部位、项目、内容、要求等,编制成表,逐项检查符合情况,确定拟评价项目存在的问题、缺陷和潜在危害。

4. 职业卫生调查法

是指运用现场观察、文件资料收集与分析、人员沟通等方法,了解调查对象相关卫生信息的过程。职业卫生调查内容主要包括:工程概况、试运行情况、总体布局、生产工艺、生产设备及布局、生产过程中的物料及产品、建筑卫生学、职业病防护设施、个人使用的职业病防护用品、辅助用室、应急救援、职业卫生管理、职业病危害因素以及时空分布、预评价报告与防护设施设计及审查意见的落实情况等。

5. 职业卫生检测法

1) 职业病危害因素检测

根据检测规范和方法,对化学因素、粉尘、物理因素、生物因素、不良气象条件等进行检测。

2) 职业病防护设施及建筑卫生学检测

根据检测规范和方法,对职业病防护设施的技术参数以及采暖、通风、空气调节、采光照明、微小气候等建筑卫生学内容进行检测。

3) 职业健康检查法

按照《职业健康监护技术规范》(GBZ 188—2007)等有关规定,对从事职业病危害作业的劳动者进行健康检查,根据健康检查结果评价职业病危害作业的危害程度。

二、安全评价方法

安全评价方法是对系统的危险因素、有害因素及其危险、危害程度进行分析,评价的方法。目前,已开发出数十种不同特点,适用范围和应用条件的评价方法,按其特征可分为定性安全评价和定量安全评价。定性安全评价是借助于对事物的经验、知识、观察及对发展变化规律的了解,科学地进行分析、判断的一类方法。运用这类方法可以找出系统中存在的危险、有害因素,进一步根据这些因素从技术上、管理上、教育上提出对策措施,加以控制,达到系统安全的目的。定量安全评价是根据统计数据、检测数据、同类和类似系统的数据资料,按有关标准,应用科学的方法构造数学模型进行定量化评价的一类方法。下面介绍一些常用的主要安全评价方法。

1. 风险矩阵评价法

对于不太复杂的情况,通过发生概率和严重程度的同时评价可得到简单的事故潜在风险结论。进行风险定性评价时,风险矩阵是一种有用的图表技术,可比较直观地看出风险的高低及后果的严重程度,如图 5-4 所示。

风险矩阵是一种以概率(暴露、频率及类似项)与后果的叠加来表示风险的图表,在定性风险评价和风险划分准则的图示中有着广泛的用途。在矩阵中,用后果对应的概率作图画出折线。各风险类型分别用不同的阴影表示。风险类型可分为不可容忍的风险区域、需要考虑削减风险的区域和可进行正常操作但仍需继续改进的区域。矩阵是按一项对一项的配伍方式来判定风险的,可以通过仔细地配合来提供一个设施的风险评价结果。但对于十分复杂的系统

严重级别	风险后果				概率增加				
					A	B	C	D	E
	人员	财产	环境	名誉	在工业界未听说	在工业界发生过	在作业队发生过	每年在作业队发生多次	每年在所在地发生多次
0	无伤害	无损坏	无影响	无影响	可进行正常操作但需要继续改进				
1	轻微伤害	轻微损坏	轻微影响	轻微影响					
2	小伤害	小损坏	小影响	有限影响					
3	重大伤害	局部损坏	局部影响	很大影响	需要考虑削减风险			不可容忍	
4	一人死亡	重大损坏	重大影响	全国影响					
5	多人死亡	特大损坏	巨大影响	国际影响					

图 5-4 风险矩阵

和影响风险有多个变量的链式事件,做起来就难了。通过采用矩阵比较法对危险因素的风险程度进行相对比较。

当系统中存在很多危险因素时,如何分清其严重程度,因人而异,带有很大的主观性。为了较好地符合客观性,可集体讨论或多方征求意见,也可采取一些定性的决策方法。下面介绍一种矩阵比较法,其基本思路是:如有很多大小差不多的圆球放在一起,很难一下分出哪个最大,哪个次之。若将它们一对一比较,则较易判明。

具体方法是列出矩阵表。设某系统共有 6 个危险因素需要进行等级判别,可分别用字母 A、B、C、D、E、F 代表,画出一个如图 5-5 所示的方阵。

	A	B	C	D	E	F
A			×		×	
B	×				×	
C		×			×	
D	×	×	×		×	×
E						
F	×	×		×		
Σ	3	3	3	0	5	1

(a)

	A	B	C	D	E	F
A		1/2	1/2		×	
B	1/2		×		×	
C	1/2	×			×	
D	×	×	×		×	×
E						
F	×	×		×		
Σ	3	5/2	7/2	0	5	1

(b)

图 5-5 危险因素严重程度比较矩阵法

按方阵图中顺序,比较每一列因素的严重性,用"×"号表示在列里严重、在行里不严重的因素。例如比较因素 A 和 B,A 比 B 严重,则在一列二行空格中画"×"号,再比较因素 A 和 C,A 比 C 不严重,在一列三行空格内不画"×"号。照此方法,依此一一对应比较后,可得出每一列画"×"号的总和。图 5-5(a)中结果是因素 E 画"×"号的总和为 5,因素 A、B、C 画"×"

号的总和均为 3，因素 F 总和为 1，因素 D 则为零。这样就可得出各危险因素的严重性次序：E、A、B、C、F、D。其中因素 A、B、C 具有同等的严重性。在这种情况下，可以承认 A、B、C 三因素具有同等严重性。

为了分得细一些，也可在方阵图中增加一个"1/2"符号，以它代表严重性的 1/2，如图 5-5(b)所示，在两者有关的行和列各画一个"1/2"符号。这样处理后，对 A、B、C 三个因素进行比较，可看出，因素 C 画"×"号为 7/2，因素 A 为 3，因素 B 为 5/2。这样，6 个因素的严重性的顺序是：E、C、A、B、F、D。需要指出的是，当因素较多时，比较时应十分细致，以免对比引起混乱。

矩阵比较法是对危险因素的风险程度进行相对比较，而不像其他评价方法给定危险等级的评价标准。因此在一定范围内评价时总能得到风险程度大小的排列。在 HSE 风险管理中，由于矩阵比较法比较简单，因而有很大的推广价值。另外，由于采用了相对比较的原理，所以在较大的危险消除后，应用此法仍可对风险较小的危险因素进行评价，并对较大的危险采取措施继续降低其风险。所以在 HSE 风险管理中应用此方法，符合持续改进的原则。

2. 安全检查表评价法

为了系统地识别工程、项目、活动、车间、工段或装置、设备以及各种操作管理和组织中的不安全因素，事先将要检查的项目，以提问方式编制成表来进行系统安全评价方法，称为安全检查表评价法。

1) 安全检查表的适用范围

由于安全检查表评价方法可以根据不同的评价项目、评价目的与要求来设计检查表格，因此它适用于各种类型的安全评价。

2) 编制安全检查表的主要依据

(1) 有关法律、法规、标准、规程、规范及制度等。为了保证安全生产，国家及有关部门发布了一些不同的安全标准及文件，这是编制安全检查表的一个主要依据。为了便于工作，有时可将检查条款的出处加以注明，以便能尽快统一不同的意见。

(2) 国内外事故案例。前事不忘，后事之师，以往的事故教训和研制、生产过程中出现的问题都曾付出了沉重的代价，有关的教训必须吸取。因此，要收集国内外同行业及同类产品行业的事故案例，从中发掘出不安全因素，作为安全检查的内容。国内外及本单位在安全管理及生产中的有关经验，自然也是一项重要内容。

(3) 以往审核、检查发现的问题。在以往进行 HSE 体系审核、认证或检查中发现的问题，也要作为重点检查内容。

(4) 通过系统安全分析评价确定的危险部位及防范措施，也是制定安全检查表的依据。系统安全分析评价的方法可以多种多样，如预先危险分析评价法、可操作性研究评价法、故障树分析评价法等。

3) 安全检查表评价法的优点

(1) 检查项目系统、完整，可以做到不遗漏任何能导致危险的关键因素，因而能保证安全检查的质量。

(2) 可以根据已有的规章制度、标准、规程等，检查执行情况，得出准确的评价。

(3) 安全检查表评价法采用提问的方式，有问有答，给人的印象深刻，能使人知道如何做才是正确的，因而可起到安全教育的作用。

(4) 编制安全检查表的过程本身就是一个系统安全分析的过程，可使检查人员对系统的认识更深刻,更便于发现危险因素。

4)安全检查表示例

提问型安全检查表见表5-2。

表5-2 提问型安全检查表

序号	检查项目和内容	检查结果		标准依据	备注
		是	否		

表5-3是进入储油罐检查作业的安全检查表。

表5-3 进入储油罐检查作业的安全检查表

危害形式	风险度=危害的后果×可能性			减小风险方法	剩余风险
H_2S释放	有毒气体影响(可能致死)	M	L	M	带一个具有声音警报的H_2S检查器	L
含磷残留物	可能起火	M	L	M	用水浇湿工作现场	L
剧烈运动导致气体从残留物中释放	可燃性气体释放	H	H	H	带一个具有声音警报的可燃气体检查器,带上呼吸器	L
较差的进口、逃生口	突起的气体装置妨碍逃生	M	M	M	从工作地点人孔用绳子做起逃生路线,人孔外边的守护人拉响警报	L~M
较差的照明	碰了头、脚	L	L	M	安装"安全"灯	L
工具产生的火花	火灾、爆炸	H	H	H	使用无火花工具,例如木锹	L
较差的通风,氧气不充分或者气体积聚	窒息麻醉气体释放	M	M	M	安装强有力的通风装置,打开所有的人孔、开口	L
很滑的油污地板	身体受伤	M	M	M	难以阻止,两个值班人员和外边的守护人员相互配合拉响警报	M
评估结果:可以安全进行这项工作 总风险:L/M						

注:M—中等;L—较小。

3.事故树分析(FTA)

事故树分析(Fault Tree Analysis,FTA)又称为故障树分析,是一种演绎的系统安全分析方法。它是从要分析的特定事故或故障(称为顶上事件)开始,层层分析其发生原因,直到找出事故的基本原因,即故障树的底事件为止。顶上事件与各层原因之间用逻辑符号连接起来,得到形象、直观、逻辑关系清楚的树状图形,即事故树。

1)逻辑代数的主要运算法则

在事故树分析中,常用逻辑代数运算法则来化简代数式。这些法则主要有:

(1)交换律:$A \cdot B = B \cdot A$;$A + B = B + A$

(2)结合律:$A + (B + C) = (A + B) + C$;$A \cdot (B \cdot C) = (A \cdot B) \cdot C$

(3)分配律:$A \cdot (B + C) = A \cdot B + A \cdot C$;$A + (B \cdot C) = (A + B) \cdot (A + C)$

(4)吸收律:$A \cdot (A + B) = A$;$A + A \cdot B = A$

(5)互补律:$A+A'=1$;$A \cdot A'=0$
(6)幂等律:$A \cdot A=A$;$A+A=A$
(7)0-1律:$0+A=A$;$1 \cdot A=A$;$1+A=A$;$0 \cdot A=0$
(8)反演律:$(A \cdot B)'=A'+B'$;$(A+B)'=A' \cdot B'$
(9)对合律:$(A')'=A$

2)事故树的符号意义

(1)事件符号。

①矩形符号:如图5-6(a)所示,代表顶上事件或中间事件,是通过逻辑门作用的、由一个或多个原因而导致的故障事件。

②圆形符号:如图5-6(b)所示,代表基本事件,表示不要求或无法进一步展开的基本引发故障事件。

③房形符号:如图5-6(c)所示,代表开关事件,在正常工作条件下必然发生或必然不发生的事件。当房形中所给定的条件满足时,房形所在门的其他输入保留,否则除去。根据故障要求,可以是正常事件,也可以是故障事件。

④菱形符号:如图5-6(d)所示,代表省略事件,是事故树分析中的未探明事件,即原则上应进一步探明其原因,但暂时不必或暂时不能探明其原因的事件。它又代表省略事件,一般表示那些可能发生,但概率值微小的事件;或者对此系统到此为止不需要再进一步分析的故障事件,这些故障事件在定性分析中或定量计算中一般都可以忽略不计。

⑤椭圆形符号:如图5-6(e)所示,代表条件事件,表示施加于任何逻辑门的条件或限制。

图5-6 事件符号

(2)逻辑符号。

①与门:如图5-7(a)所示,表示仅当所有输入事件发生时,输出事件才发生。

②或门:如图5-7(b)所示,表示至少一个输入事件发生时,输出事件就发生。

③非门:如图5-7(c)所示,表示输出事件是输入事件的对立事件。

④表决门:如图5-7(d)所示,表示仅当n个输入事件中有k个或k个经上的事件发生时,输出事件才发生。

⑤顺序与门:如图5-7(e)所示,表示仅当输入事件按规定的顺序发生时,输出事件才发生。

⑥禁门:如图5-7(f)所示,表示仅当条件发生时输入事件的发生方导致输出事件的发生。

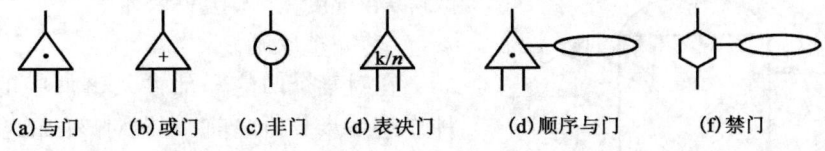

图5-7 逻辑符号

3)事故树分析的步骤

(1)选择合理的顶上事件。

(2)资料收集准备。调查与事故有关的所有直接原因和各种因素(人的失误、设备故障和不良环境因素)。

(3)建造事故树。从顶上事件出发,一层一层寻找最直接的引发事故发生所有事故和原因,直到找出最基本的原因为止。

(4)简化并进行定性分析。用布尔代数理论求出最小割集、最小径集,确定各基本事件(要素)的结构重要度并对事故树进行简化。

(5)定量分析:找出各基本事件的发生概率,即可求出顶上事件的发生概率。

(6)结论。按照顶上事件的发生概率确定系统的风险大小。当风险超过预期目标时,利用最小割集研究降低事故发生概率的各种可能方案;利用最小径集来确定消除事故的最佳方案;利用结构重要度来确定采取对策措施的重点和优先顺序。

4)建树原则

事故树的树形结构是进行分析的基础。事故树树形结构正确与否,直接影响到事故树的分析及其可靠程度。因此,为了成功地建造事故树,要遵循一套基本规则。

(1)基本原则。

编制故障树时,首先从顶上事件分析,确定顶上事件的直接、必要和充分的原因(应注意不是顶上事件的基本原因)。然后将这直接、必要和充分原因事件作为次顶上事件(即中间事件),再来确定它们的直接、必要和充分的原因,这样逐步展开。这时,直接原因是至关重要的。按照直接原因原则,才能保持故障树的严密的逻辑性,对事故的基本原因作详尽的分析。事件方框图内填入事故内容,说明什么样的故障,在什么条件下发生。

(2)故障分类原则。

对方框内事件提问:方框内的故障能否由一个元件失效构成?

如果对该问题的回答是肯定的,把事件列为元件类故障。如果回答是否定的,把事件列为系统类故障。

在元件类故障下,加上或门,找出主因故障、次因故障、指令故障或其他影响的故障。在系统类故障下,根据具体情况,加上或门、与门或禁门等,逐项分析下去。

①主因故障为元件在规定的工作条件范围内发生的故障。如:设计压力为 p_0 的压力容器在工作压力 $p \leqslant p_0$ 时的破坏。

②次因故障为元件在超过规定的工作条件范围内发生的故障。如:设计压力为 p_0 的压力容器在工作压力 $p > p_0$ 时的破坏。

③指令故障为元件的工作是正常的,但时间发生错误或地点发生错误。

④其他影响的故障主要指环境或安装所致的故障,如湿度太大、接头锈死等。

(3)完整原则。

在对某个门的全部输入事件中的任一输入事件作进一步分析之前,应先对该门的全部输入事件作出完整的定义。

5)建树举例

图5-8所示为一受压容器装置,配有安全阀及压力自控装置。将容器爆炸作为顶上事件编制

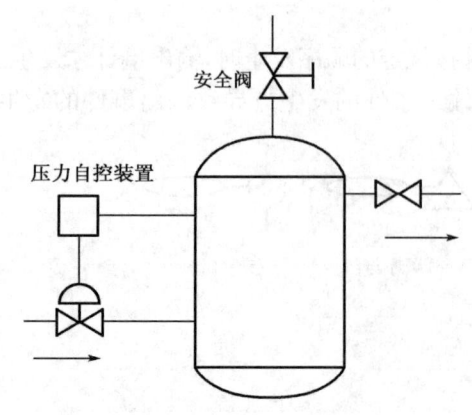

图 5-8 压力容器工作原理图

其事故树。

根据压力容器爆炸的各种可能性,逐级分析导致顶上事件发生的中间事件和基本事件。"超压爆炸"和"未超压爆炸"是两个中间事件,只要任一个事件发生,顶上事件就发生,因此,是逻辑"或"的关系。在"超压爆炸"中,"安全阀故障"和"压力自动力控制失效"属"与"的关系。"安全阀故障"省略处理。压力容器爆炸事故树如图5-9所示。

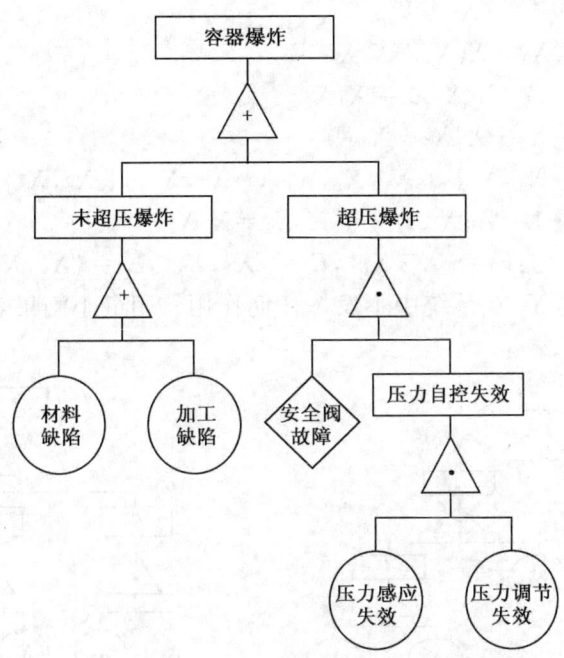

图 5-9 压力容器爆炸事故树

6)事故树定性分析

故障树分析包括定性分析和定量分析两种方法。在定性分析中,主要包括最小割集、最小径集和结构重要度分析。

(1)最小割集及其求法。

割集是导致顶上事件发生的基本事件的集合。最小割集就是引起顶上事件发生必需的最低限度的割集。最小割集在事故树分析中起着非常重要的作用,归纳起来有三个方面:

①表示系统的危险性。最小割集的定义明确指出,每一个最小割集都表示顶上事件发生的一种可能,事故树中有几个最小割集,顶事件发生就有几种可能。从这个意义上讲,最小割集越多,说明系统的危险性越大。

②表示顶上事件发生的原因组合。事故树顶上事件发生,必然是某个最小割集中基本事件同时发生的结果。一旦发生事故,就可以方便地知道所有可能发生事故的途径,可以逐步排除非本次事故的最小割集,而较快地查出本次事故的最小割集。显而易见,掌握了最小割集,对于掌握事故的发生规律,调查事故发生的原因很大的帮助。

③为降低系统的危险性提出控制方向和预防措施。每个最小割集都代表了一种事故模式。由事故树的最小割集可以直观地判断哪种事故模式最危险,哪种次之,哪种可以忽略,以及如何采取措施使事故发生概率下降。为了降低系统的危险性,对含基本事件少的最小割集应优先考虑采取安全措施。

最小割集的求取方法有行列式法、布尔代数法等。现在,已有计算机软件可求取最小割集和最小径集。以下简要介绍布尔代数化简法。

图5-10所示为一事故障树,其结构函数(描述系统状态的函数)如下:

$T = A_1 + A_2$
$= X_1 X_2 A_3 + X_4 A_4$
$= X_1 X_2 (X_1 + X_3) + X_4 (X_5 + X_6)$
$= X_1 X_2 X_1 + X_1 X_2 X_3 + X_4 X_5 + X_4 X_6$

根据幂等律:$A \cdot A = A$;$X_1 X_2 X_1 = X_1 X_2$

上式$= X_1 X_2 + X_1 X_2 X_3 + X_4 X_5 + X_4 X_6$

所以,本例割集为:$\{X_1, X_2\}, \{X_1, X_2, X_3\}, \{X_4, X_5\}, \{X_4, X_6\}$

根据吸收律:$A + A \cdot B = A$;$X_1 X_2 + X_1 X_2 X_3 = X_1 X_2$

所以,本例最小割集为:$E_1 = \{X_1, X_2\}, E_2 = \{X_4, X_5\}, E_3 = \{X_4, X_6\}$。能导致顶上事件的基本事件的组合为3组,$X_3$在系统中不发挥任何作用。用最小割集表示故障树的等效图如图5-11所示。

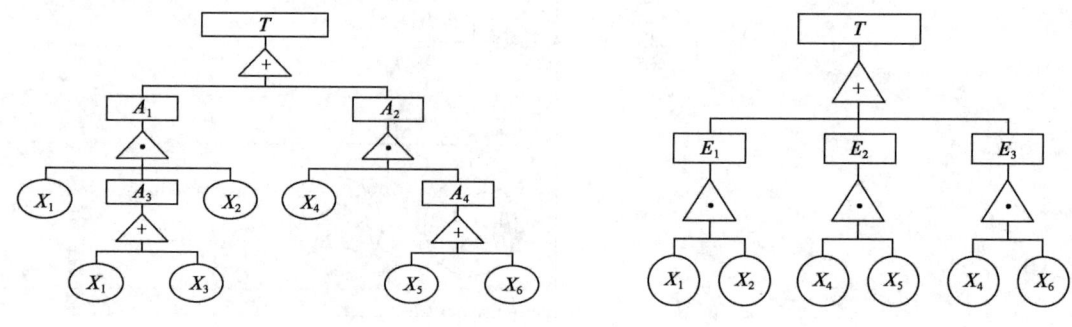

图5-10 事故树　　　　　　　　图5-11 等效事故树

(2)最小径集及其求法。

如果事故树中某些基本事件不发生,则顶上事件就不发生,这些基本事件的集合称为径集。使顶上事件不发生的最低限度的基本事件的集合称为最小径集。最小径集在事故树分析中的作用与最小割集同样重要,主要表现在以下三个方面:

①表示系统的安全性。最小径集表明,一个最小径集中所包含的基本事件都不会发生,就可防止顶上事件发生。可见,每一个最小径集都是保证事故树顶上事件不发生的条件,是采取预防措施,防止发生事故的一种途径。从这个意义上来说,最小径集表示了系统的安全性。

②选取确保系统安全的最佳方案。每一个最小径集都是防止顶上事件发生的一个方案,可以根据最小径集中所包含的基本事件个数的多少、技术上的难易程度、耗费的时间以及投入的资金数量,来选择最经济、最有效的事故控制方案。

③利用最小径集同样可以判定事故树中基本事件的结构重要度和计算顶上事件发生的概率。在事故树分析中,根据具体情况,有时应用最小径集更为方便。就某个系统而言,如果事故树中与门多,则其最小割集的数量就少,定性分析最好从最小割集入手。反之,如果事故树中或门多,则其最小径集的数量就少,此时定性分析最好从最小径集入手,从而可以得到更为经济、有效的结果。

最小径集的求取可利用它与最小割集的对偶性。首先作出与事故树对应的成功树,即把原来事故树的与门换成或门,而或门换成与门,各类事件发生换成不发生,求出成功树的最小割集,再转化为事故树的最小径集。

【例 5-1】 求图 5-10 所示事故树的最小径集。

(1)将事故树变为成树。用 T'、A_1'、A_2'、A_3'、A_4'、X_1'、X_2'、X_3'、X_4'、X_5'、X_6' 表示事件 T、A_1、A_2、A_3、A_4、X_1、X_2、X_3、X_4、X_5、X_6 的补事件,逻辑门作相应转换,即得到成功树,如图 5-12 所示。

(2)用布尔代数化简法求成功树的最小割集:
$$T' = (X_1' + A_3' + X_2') \cdot (X_4' + A_4')$$
$$= (X_1' + X_2' + X_1' X_3') \cdot (X_4' + X_5' X_6')$$
$$= (X_1' + X_2') \cdot (X_4' + X_5' X_6')$$
$$= X_1' X_4' + X_1' X_5' X_6' + X_2' X_4' + X_2' X_5' X_6'$$

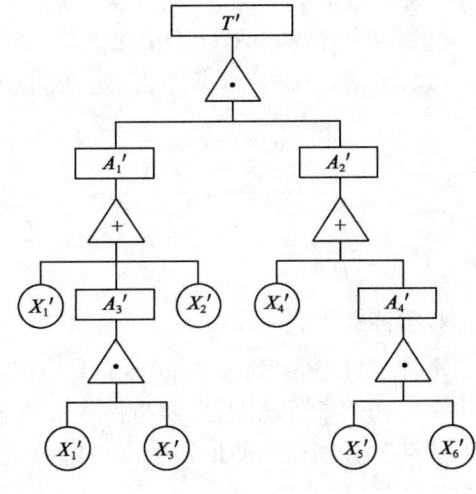

图 5-12 成功树

成功树的最小割集为:$\{X_1', X_4'\}$;$\{X_1', X_5', X_6'\}$;$\{X_2', X_4'\}$;$\{X_2', X_5', X_6'\}$。

(3)根据最小径集与最小割集的对偶性,可得故障树的最小径集为:
$P_1 = \{X_1, X_4\}$;$P_2 = \{X_1, X_5, X_6\}$;$P_3 = \{X_2, X_4\}$;$P_4 = \{X_2, X_5, X_6\}$

(3)结构重要度分析。

从事故树结构上分析各基本事件的重要度,即分析各基本事件的发生对顶上事件发生的影响程度,称为结构重要度分析。

把组成最小割集的基本事件的个数,称为该割集的阶。由一个基本事件组成的割集称为一阶割集(或单事件割集),两个基本事件组成的割集称为二阶割集(或二事件割集),……五个基本事件组成的割集称为五阶割集(或五事件割集)。

(1)最小割集阶数(基本事件数)越小,其基本割集的结构重要度系数 $I(i)$ 越大;低阶最小割集中的基本事件结构重要度大于高阶最小割集中基本事件的结构重要度系数。如有三个最小割集 $K_1 = \{X_1\}$、$K_2 = \{X_2, X_3\}$、$K_3 = \{X_4, X_5, X_6, X_7, X_8\}$。在这三个最小割集中,基本事件 X_1 的结构重要度系数最大,X_2、X_3 次之,X_4、X_5、X_6、X_7、X_8 的结构重要度系数最小。因此,要重点防止事件 X_1 的发生。

(2)仅在同一割集中出现的基本事件的结构重要度系数相等。

(3)几个最小割集均不含有共同元素,则低阶割集中基本事件结构重要度系数大于高阶割集中基本事件的结构重要度系数。

(4)比较两个基本事件,若与之相关的割集阶数相同,则两事件结构重要度系数大小,由其出现的次数决定,出现次数越多,则结构重要度系数越大。

(5)相比较的两基本事件仅出现在基本事件个数不等的若干最小割集中,若其在最小割集中出现次数相等,则在低阶割集中出现的基本事件的结构重要度系数大。

较复杂的情况可用下列近似判别式计算:

$$I(i) = \sum_{X_i \in K_i} \frac{1}{2^{n_i - 1}} \qquad (5-1)$$

式中 $I(i)$——基本事件 X_i 结构重要度系数的近似判别值;

$X_i \in K_i$——基本事件 X_i 属于最小割(径)集 K_j;

n_i——基本事件 X_i 所在最小割(径)集中包含基本事件个数。

例如,某事故树共有 4 个最小割集: $P_1=\{X_1,X_2\}$; $P_2=\{X_1,X_4\}$; $P_3=\{X_2,X_3,X_4\}$; $P_4=\{X_2,X_4,X_5,X_6\}$。基本事件 X_1 与 X_2 的结构重要度系数分别是:

$$I(1) = \frac{1}{2^{2-1}} + \frac{1}{2^{2-1}} = 1$$

$$I(2) = \frac{1}{2^{2-1}} + \frac{1}{2^{3-1}} + \frac{1}{2^{4-1}} = \frac{7}{8}$$

所以,$I(1) > I(2)$。

4. 事件树分析

事件树(Event Tree Analysis,ETA)是一种从原因推论到结果归纳的系统安全分析方法。它从一个初始事件出发,按照事件发展过程中各环节成功与失败的过程和结果,然后再把这两种可能性又分别作为新的初始事件继续进行分析,直到分析最后结果为止。整个事件序列构成树状图形,称为事件树。

1) 原理

事件树分析是由决策树演化而来的,其原理认为:每个系统都是由若干元件组成的,每个元件对规定的功能都存在具有和不具有两种可能。元件具有其规定的功能,表明正常或成功,反之表明不正常或失败。

按照系统的构成顺序从初始零件开始,逐一分析元件成功与挫败的两种可能,直到最后的元件为止。将分析的过程用图形描述出来,就得到一个树形图。

通过事件树分析,可以把事故发生发展的过程直观地展现出来,如果在事件发慌的过程中采取恰当措施阻断其向前发展,就可达到预防事故的目的。

2) 分析步骤

(1) 确定初始事件:初始事件是事件树中在一定条件下千万事故后果的最初原因事件。如系统故障、设备(仪器)失灵、工艺异常和人的失误等。

(2) 确定与初始事件有关的可能造成事故后果的相关事件。

(3) 编制事件树:把初始事件写在左边,各种可能造成事故后果的相关事件写在右边,根据因果关系从左至右展开,直至分析出各种状态和结果。

(4) 定性分析。事件树定性分析在绘制事件树的过程中就已进行,事件树绘制好之后的工作,就是找出发生事故的途径和类型以及预防事故的对策。

(5) 定量分析。事件树定量分析是指根据每一事件的发生概率,计算各种途径的事故发生概率,比较各个途径概率值的大小,作出事故发生可能性序列,确定最易发生事故的途径。一般地,当各事件之间相互统计独立时,其定量分析比较简单。当事件之间相互统计不独立时(如共同原因故障、顺序运行等),则定量分析变得非常复杂。

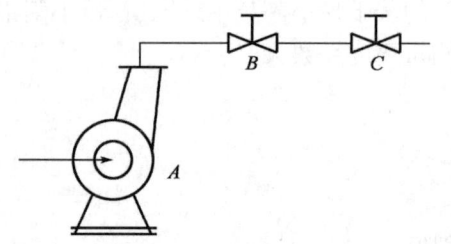

图 5-13 原油输送系统

【例 5-2】 某原油输送系统,由一台泵(A)和两个相互串联的阀门组成,如图 5-13 所示。原油沿箭头方向顺序经过泵 A、阀门 B 和阀门 C。以泵 A 作为初因事件,开展事件树分析。若已知元件 A、B、C 的可靠性分别为 $P(A)=0.95$,$P(B)=0.98$,$P(C)=0.90$,请求出该系统故障的概率。

这是一个三因素（元件）串联系统，在这个系统里有三个节点，元素 A、B、C 都有成功和失败两种状态，绘制的事件树如图 5-14 所示。

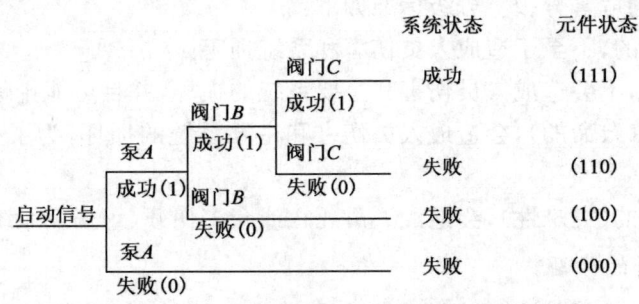

图 5-14 原油输送系统事件树

系统成功的概率为：
$$P(S) = P(A) \cdot P(B) \cdot P(C) = 0.95 \times 0.98 \times 0.90 = 0.8379$$
系统失败的概率为：
$$P(F) = 1 - P(S) = 1 - 0.8379 = 0.1621$$

5．预先危险分析

预先危险分析（Preliminary Hazard Analysis，PHA）也称初始危险分析，是在每项生产活动之前，特别是在设计的开始阶段，对系统存在危险类别、出现条件、事故后果等进行概略地分析，尽可能评价出潜在的危险性。预先危险分析是一种定性的系统安全分析方法。

1）预先危险分析的主要目的

（1）识别危险，确定安全性关键部位；

（2）评价各种危险的程度；

（3）确定安全性设计准则，提出消除或控制危险的措施。

2）预先危险分析的内容

（1）识别危险的设备、零部件，并分析其发生的可能性条件；

（2）分析系统中各子系统、各元件的交接面及其相互关系与影响；

（3）分析原材料、产品，特别是有害物质的性能与储运条件；

（4）分析工艺过程及其工艺参数或状态参数；

（5）人、机关系（操作、维修等）；

（6）环境条件；

（7）用于保证安全的设备、防护装置等。

3）预先危险分析的主要优点

（1）最初产品设计或系统开发时，可以利用危险分析的结果，提出应遵循的注意事项和规程。

（2）在最初构思产品设计时，即可指出存在的主要危险，因此，从一开始便可采用措施排除、降低和控制它们。

（3）可用来制定设计管理方法和技术措施，并可编制成安全检查表以保证实施安全。

4）预先危险分析的基本目标

（1）大体识别与系统有关的一切主要危害。在初始识别中暂不考虑事故发生的概率。

(2)鉴别产生危害的原因。

(3)假设危害确实出现,估计和鉴别对系统的影响。

(4)将已经识别的危害分级。分级标准如下:

Ⅰ级——可忽略的,不至于造成人员伤害和系统损害。

Ⅱ级——临界的,不会造成人员伤害和主要系统的损坏,并且可能排除和控制。

Ⅲ级——危险的(致命的),会造成人员伤害和主要系统的损坏,为了人员和系统安全,需立即采取措施。

Ⅳ级——破坏性的(灾难性),会造成人员死亡或众多伤残、重伤及系统报废。

5)预先危险分析的步骤

(1)参照过去同类及相关产品或系统发生事故的经验教训,查明所开发的系统(工艺、设备)是否会出现同样的问题。

(2)了解所开发系统的任务、目的、基本活动的要求(包括对环境的了解)。

(3)确定能够造成受伤、损失、功能失效或物质损失的初始危险。

(4)确定初始危险的起因事件。

(5)找出消除或控制危险的可能方法。

(6)在危险不能控制的情况下,分析最好的预防损失方法,如隔离、个体防护、救护等。

(7)提出采取并完成纠正措施的责任者。

分析结果通常采用不同型式的表格,见表5-4、表5-5。

表5-4 预先危险分析表(一)

危害/意外事故	阶段	起因	影响	对策
×××(事故名称)	危害发生的阶段,如生产、试验、运行、维修、安装等	产生危害的原因和措施	对人员、环境设备的影响	消控、减少和控制危害的措施
……				

表5-5 预先危险分析表(二)

潜在事故	危害因素	触发条件	形成事故原因	事故后果	危险等级	对策

6.道化学火灾爆炸危险指数评价法

道化学公司火灾爆炸危险指数评价方法是由美国道化学公司首创的系统危险分析方法,是一种多参数相关的方法。它以物质系数为基础,再考虑工艺过程中其他因素(如操作方式、工艺条件、设备状况、物料处理量、安全装置情况等)的影响,来计算每个单元的危险度数值,然后按数值大小划分危险度级别。

道化学公司火灾爆炸风险分析是对工艺装置及所含物料的实际潜在火灾、爆炸和反应性危险进行按步推算的客观评价。评价中定量的依据是以往的事故统计资料、物质的潜在能量和现行安全措施的状况。评价程序如图5-15所示。

(1)资料准备,包括工厂设计方案、准确的装置(生产单元)设计方案、工艺流程图、安装成本表、有关装置的更换费用数据和道化学公司火灾爆炸评价方法详尽的表格和附录。

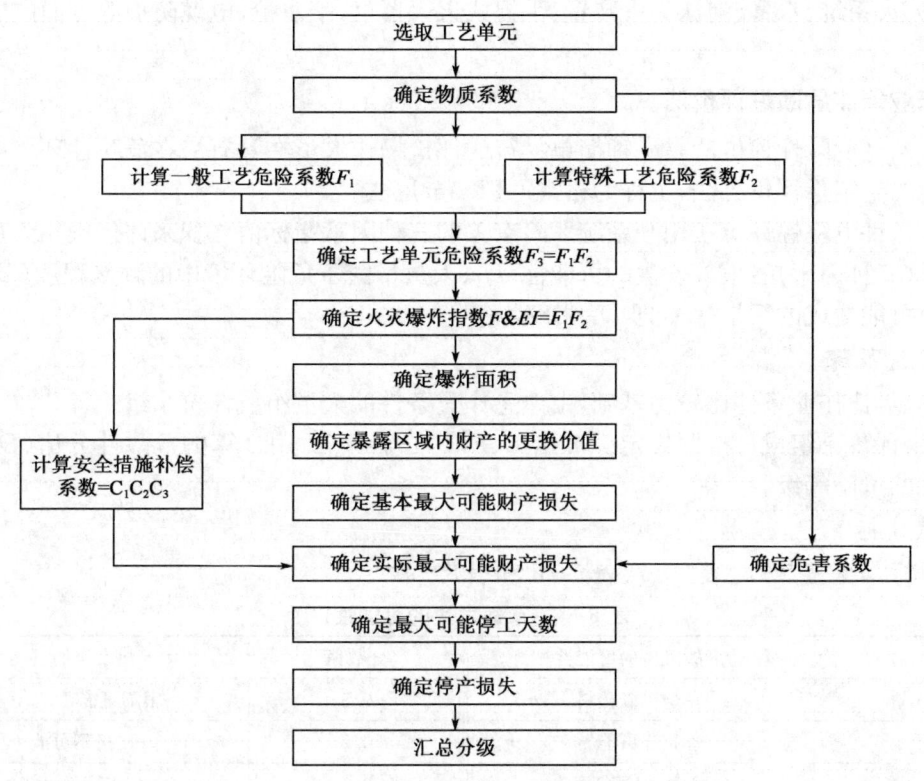

图 5-15 道化学火灾、爆炸危险指数评价程序

(2) 确定工艺单元。根据一般工艺危险性评价和特殊工艺危险性评价,可以得到 F_1 和 F_2。一般工艺危险评价包括:放热化学反应、吸热反应、物料处理与输送、密闭式或室内工艺单元、通道、排放和泄漏控制等各种危险性的评价。特殊工艺危险评价包括:毒性物质、负压(小于 500mmHg)、易燃范围内及接近易燃范围的操作、粉尘爆炸、操作压力和释放压力、低温、易燃及不稳定物质的重量、腐蚀与磨蚀、泄漏—接头和填料、使用明火设备、热油交换系统、转动设备等各种特殊工艺危险性的评价。

(3) 确定每一工艺单元的物质系数(MF),可以得到用户进行对工艺单元危险性评估的 F&EI,并根据 F&EI 火灾爆炸指数表相对应得找出危险系数。

(4) 根据评估所得的危险系数,系统能够给出基本最大可能财产损失,通过系统界面,评价人员需要给出评价单元的原来成本,即暴露区域内财产的更换价值;工程预算专家需要确定的最新增长系数及工艺单元每月产值。经过对系统的危险补偿因素的评价,就可以得到实际最大可能财产损失和最大可能工作日损失以及停产损失等。系统安全措施补偿系数包括工艺控制安全补偿系数(C_1)、物质隔离安全补偿系数(C_2)、防火设施安全补偿系数(C_3)。

①工艺控制安全补偿系数(C_1)包括应急电源,冷却装置,抑爆装置,紧急切断装置,计算机控制,惰性气体保护,操作规程、程序、化学活泼性物质检查,其他工艺危险分析等方面的安全补偿系数。

②物质隔离安全补偿系数(C_2)包括遥控阀,卸料、排空装置,排放系统,联锁装置等方面的安全补偿系数。

③防火设施安全补偿系数(C_3)包括泄漏检测装置、结构钢、消防水供应系统、特殊灭火系

统、洒水灭火系统、水幕、泡沫灭火装置、手提式灭火器材、喷水枪、电缆防护等方面的安全补偿系数。

7. 作业条件危险性评价法

作业条件危险性评价法是一种简单易行的评价操作人员在具有潜在危险性环境中作业时的危险性的半定量评价方法,也称为格雷厄姆—金尼法。

作业条件危险性评价法用与系统风险有关的三种因素指标值之积来评价操作人员伤亡风险大小,这三种因素是:事故发生的可能性(L)、人员暴露于危险环境中的频繁程度(E)和一旦发生事故可能造成的后果(C),即 $D=LEC$。

1)评价步骤

(1)以类比作业条件比较为基础,由熟悉作业条件的人员组成评价小组。

(2)由评价小组成员按照规定标准给 L、E、C 分别打分,用计算的危险性分值(D)来评价作业条件的危险等级。

2)赋分标准

赋分标准见表 5-6、表 5-7、表 5-8 和表 5-9。

表 5-6 事故发生的可能性(L)

分数值	事故发生的可能性	分数值	事故发生的可能性
10	完全可以预料	0.5	很不可能,可以设想
6	相当可能	0.2	极不可能
3	可能,但不经常	0.1	实际不可能
1	可能性小,完全意外		

表 5-7 人员暴露于危险环境的频繁程度(E)

分数值	暴露于危险环境的频繁程度	分数值	暴露于危险环境的频繁程度
10	连续暴露	2	每月一次暴露
6	每天工作时间内暴露	1	每年几次暴露
3	每周一次,或偶然暴露	0.5	非常罕见地暴露

表 5-8 发生事故产生的后果(C)

分数值	发生事故可能产生的财产损失,万元	发生事故可能产生的后果
100	>500	大灾难,许多人死亡
40	>100	灾难,数人死亡
15	>30	非常严重,一人死亡
7	>20	严重,重伤
3	>10	重大,致残
1	>1	引人注目,需要救护

表 5-9 危险性等级划分标准(D)

分数值	危险程度
>320	极其危险,不能继续作业
160~320	高度危险,要立即整改

续表

分数值	危险程度
70~160	显著危险,需要整改
20~70	一般危险,需要注意
<20	稍有危险,可以接受

8．故障类型和影响分析

故障类型影响分析(FMEA)就是在产品设计过程中,通过对产品各组成单元潜在的各种故障类型及其对产品功能的影响进行分析,并把每一个故障按它的严重程度予以分类,提出可以采取的预防、改进措施,以提高产品可靠性的一种设计分析方法。

1)FMEA 优点

(1)它是用于产品研制的全过程,适用于研制中的各个阶段;

(2)它可以帮助研制人员把失效及影响减少到最小,从而提高产品或系统的可靠性水平;

(3)FMEA 的原理简单,方法简便,基本是定性分析,也可进行定量分析;

(4)应用 FMEA 的实际效果较好,国外列入产品研制较早;

(5)它可以在一定程度上反映人的因素(如操作上)所引起的失误等;

(6)它是其他失效分析的基础之一,既可以独立使用,也可作为可靠性定量分析方法的补充和保证。

2)分析步骤

(1)明确系统本身的情况。

分析时首先要熟悉有关资料,从设计说明书等资料中了解系统的组成、任务等,查出系统含有多少子系统,各子系统含有多少单元或元件,了解它们之间如何接合,熟悉它们之间的相互关系、相互干扰以及输入输出等情况。

(2)确定分析程度和水平。

根据分析所了解的系统情况,一开始要决定分析到什么水平,这是一个很重要的问题。如果分析程度太浅,就会漏掉重要的故障类型,得不到有用的数据;如果分析的程度过深,一切都分析到元件甚至零部件,则会造成分析程序复杂,措施很难实施。通常,经过对系统的初步分析,就会知道哪些子系统关键,哪些子系统次要。对关键的子系统可以分析得深一些,不重要的分析浅一些,甚至可以不进行分析。

(3)绘制系统图和可靠性框图。

一个系统可以由若干个功能不同的子系统组成,如动力、设备、结构、燃料供应、控制仪表、信息网络系统等,其中还有各种接合面。为了便于分析,对复杂系统可以绘制各功能子系统相结合的系统图,以表示各子系统间的关系。对简单系统可以用流程图代替系统图。

从系统图可以继续画出可靠性框图,它表示各元件是串联的或并联的以及输入和输出情况。由几个元件共同完成一项功能时用串联连接,元件有备品时则用并联连接。可靠性框图内容应和相应的系统图一致。

(4)列出所有故障类型,并选出对系统有影响的故障类型。

按照可靠性框图,根据过去的经验和有关的故障资料,列举出所有的故障类型,填入FMEA 表中,见表 5-10(可根据各自情况拟出不同表格,但基本内容相似)。然后从其中选出对子系统以至系统有影响的故障类型,深入分析其影响后果、故障等级及应采取的措施。

如果经验不足,考虑得不周到,将会给分析带来影响。因此,这是一件技术性较强的工作,最好由安全技术人员、生产人员和工人三者结合进行。

表 5-10 故障类型影响分析表

系统＿＿＿＿＿＿＿＿＿ 子系统＿＿＿＿＿＿＿ 组　件＿＿＿＿＿＿＿				故障类型影响分析							日期＿＿＿＿制表＿＿＿＿ 主管＿＿＿＿审核＿＿＿＿		
分析项目				功能	故障类型及造成原因	任务阶段	组件	子系统	系统（任务）	故障检测方法	改正处理所需时间	故障等级	修改
名称	项目号	图纸号	框图号										

(5) 列出造成故障的原因。

对危险性特别大的故障类型,如故障等级为Ⅰ级,则要进行致命度分析。

三、环境风险评价与环境因素评价方法

环境风险评价方法借鉴和参考安全评价方法,环境风险评价与安全评价在评价方法上具有相通之处。但在评价过程中具体评价方法的选择和使用有所不同,环境风险评价不同阶段常用的评价方法见表5-11。环境因素评价是指依据一定的方法和原则,对识别出的环境因素所造成的环境影响进行分析和考量,从中评价出那些对环境具有或可能具有重大环境影响的环境因素,即重要环境因素,排出优先次序,以此作为下一步工作控制的重点。环境因素的评价目前尚不存在一种标准的广泛适用的方法,也没有硬性的评价准则。目前经常采用的评价方法由重要性准则法、多因素评分法、专家评估法、水平对比法、加权打分法等。下面主要介绍多因素评分法及矩阵法。

表 5-11 环境风险评价不同阶段评价方法

序号	评价阶段	环境风险评价方法
1	危险源辨识	检查表法、评分法、概率评价法等
2	源项分析 事故危险性确定	定性的评价方法主要包括类比法、加权法;定量的评价方法主要包括指数法、概率法、事故树分析法
3	后果计算方法	除爆炸伤害、热辐射模式外,还需污染物在水、大气中预测模式
4	风险计算和评价	外推法、等级评价法

1. 多因素评分法

企业在活动中所产生的环境因素,往往还不能用单一因素来确定产生环境影响的重要环境因素,需多因素的综合评价,见表5-12。往往需要考虑多种影响环境的因素来判断其优先顺序,最终确定重要环境因素。

表 5-12 利用多因素评分法评价

等级划分	评价因素	发生频率 a	影响范围 c	恢复能力持续 d	公众关注程度 e
5		连续发生	全球或区域性破坏	不可恢复	社会极度关注
4		每天至每周一次	局部地区破坏	半年以上可恢复	区域性极度关注
3		每周至每月一次	厂区以外小范围	一周至半年可恢复	地区性极度关注
2		每月至每年一次	厂区以内	一周内可恢复	地区性一般关注
1		几乎不发生（或一年至多一次）	影响很小（操作者可处理）	一天内可恢复	不甚关注

污染物排放浓度或总量与污染物排放标准值之比 b 的取值见表 5-13。

表 5-13 污染物排放浓度或总量与污染物排放标准值之比

等级划分	排放与标准值之比 b	厂界噪声标准 Δ	pH	废弃物
5	偶尔超标或 ≥90%	$\Delta \geq -1$dB	pH>8.5 或 pH<6.5	危险废弃物
4	81%~90%	-3dB$\leq \Delta < -1$dB		
3	51%~80%	-5dB$\leq \Delta < -3$dB	8<pH≤8.5 或 6.5≤pH<7	工业废弃物
2	31%~50%	-7dB$\leq \Delta < -5$dB		
1	30%以下或没规定	$\Delta < -7$dB	7≤pH≤8	生活废弃物

(1) 多因素评分法的使用。

① 单纯利用某一种评价方法尚不能确定其是否为重要环境因素及其优先顺序；
② 多因素评价方法中因素的选择应结合企业的类型、规模和产品的特点来定；
③ 多因素评价的计算方法及评定重要环境因素的标准，由企业根据环境状况自定，没有统一的标准。

(2) 多因素评价方法中常考虑影响环境的因素有：

① 污染物排放浓度或总量与污染物排放标准值之比；
② 污染物排放发生的频次；
③ 污染物排放造成环境影响的范围；
④ 造成环境影响的可恢复性或持续性；
⑤ 相关方关注的程度；
⑥ 其他应考虑影响环境的因素，如企业的社会形象、商业风险与机遇等。

(3) 评价某一环境因素在每一评价因子上的得分，选择表 5-14 中给出的某一计算公式，将得分与事前设定的重要环境因素判定标准值相对比，大于标准值的即确定为重要环境因素。

表 5-14 重要环境因素评价公式与评价标准

评价公式	重要环境因素标准
$M = a + b + c + d + e$	$M \geq 15$
$M = a \cdot (b, c, d, e$ 中最大值$)$	$M \geq 15$
$M = a \cdot (b + c + d + e)$	$M \geq 30$

当为异常或紧急状态下的环境因素时，无须评价频次因子，只需利用其他几个评价因子并

设定不同的判定标准值。

上例中所列举的评价方法,仅给出了多因素评价方法的思路,如何选用影响环境的因素,如何选值,如何选定评价的标定值,尚需依据企业环境现状及环境管理现状来定,特别是评定的标准值要体现持续改进,应随着企业环境状况和环境管理状况的改善不断地提出更高的要求。

2. 矩阵法

矩阵法是将识别出的环境因素分别从违反法律法规要求、污染物排放、资源和能源浪费、安全隐患及危害员工健康、相关方、生态影响等方面进行评估分类分级,从环境因素产生的环境影响的严重性和可能性,以及投入管理技术措施的可行性等角度确定重要环境因素,见表 5-15。

表 5-15 重要环境因素评价矩阵表

分级 \ 分类	违反法律法规标准	"三废"排放		噪声污染	安全隐患或危害员工健康		浪费资源能源	生态影响	相关方
		环境影响大	环境影响小		环境影响大	环境影响小			
加强管理或优化操作可改进或控制	★	★	★	★	★	★	★	★	★
改进的方案技术可行,有低费方案	★	★	☆	★	★	☆	★	★	☆
近期改进有难度(技术不成熟及中费方案)	★	☆	☆	☆	☆	☆	☆	☆	☆
没有改进可能性(没有成熟技术或高费方案)	★	○	○	○	○	○	○	○	○

注:★表示重要环境因素;☆表示一般环境因素;○表示未来控制环境因素。

(1)判断环境因素是否违反法律、法规、标准要求。违反法律、法规、标准要求的环境因素必须作为重要环境因素。对于符合法律、法规要求的环境因素,分为以下六类:

①"三废"(废水、废气、固体废物)排放类环境因素。对环境影响大的因素,依靠加强管理或优化操作即可改进或控制的,改进技术方案和工艺成熟,且经济上可行的,作为重要环境因素。对环境影响小的因素,近期改进有难度的,作为一般环境因素;改进或控制有困难的,作为未来控制环境因素。固体废物列入《国家危险废物名录》(环境保护部令〔2016〕第 39 号)中的,均作为重要环境因素。

②噪声污染类环境因素。依靠加强管理或优化操作即可改进或控制的,改进的方案技术上和经济上可行的,作为重要环境因素;其他环境因素作为未来控制环境因素。

③安全隐患或危害员工健康类环境因素。依靠加强管理或优化操作即可改进或控制的,改进的方案技术上和经济上可行的,作为重要环境因素;近期改进有难度的,作为一般环境因素;改进或控制有困难的,作为未来控制环境因素。

④浪费资源能源类环境因素。将企业有关能耗、物耗数据与设计指标和国内外同类相比较,从节能降耗、清洁生产的观点出发,判断各项消耗指标水平和进一步改进的可能性。依靠加强管理或优化操作即可改进或控制的,改进的方案技术上和经济上可行的,作为重要环境因素;近期改进或控制有困难的,作为一般环境因素;其他因素作为未来控制环境因素。

⑤生态影响类环境影响。从生产活动或服务对周围生态的影响和控制难易程度出发,评估此类环境因素。依靠加强管理或优化操作即可改进或控制的,改进方案技术上和经济上可行的,作为重要环境因素;近期改进有难度的,作为一般环境因素;改进或控制有困难的,作为未来控制环境因素。

⑥相关方类环境因素。依靠加强管理或优化操作即可改进或控制的,改进的方案技术上和经济上可行的,作为重要环境因素;近期改进或控制有困难的,作为一般环境因素;其他因素作为未来控制环境因素。

(2)企业完成评价重要环境因素工作后,应对评价出的重要环境因素进行分类排序,以确定控制和解决重要环境因素,为下一步制定环境目标、指标和管理方案提供依据。重要环境因素排序打分方法见表5-16。

表5-16 重要环境因素环境影响重要度量化表

重要环境因素的环境影响类型		影响程度分类		
		高(10分)	中(5分)	低(1分)
从环境方面考虑	环境影响的规模、范围	涉及更大范围	涉及周边地区	企业管理范围内
	环境影响的严重程度	危及生态环境	对健康有影响	感官有难受感
	环境风险的概率	通常情况下发生	操作停止时发生	潜在的(如误操作)
	环境影响的持续时间	影响持久	影响持续数日	瞬时(短暂的)
从经营方面考虑	法律法规要求	违反法律规定	有可能违法	未违反法律
	改变环境影响的难度	立即可应用最好技术	可以应用最好技术	难以应用最好技术
	改变环境影响的资源代价	可以很快做到	数年内可以做到	企业难以做到
	相关方的关注程度	特别关注	较为关注	一般关注
	对企业公众形象的影响	国内外	所在地区	周围居民
	改变后对其他活动过程的影响	直接影响	影响很小	间接影响

说明:(1)识别并列出所有重要环境因素及其环境影响。
(2)将其中的每一影响与表中的考虑因素对照。
(3)按其影响程度判定等级,在相应的栏目中做记号。
(4)经过汇总,纵向为每一环境影响重要度总分;横向相加可得出每个影响类型的总分;环境影响重要程度 = $\sum$ 环境方面 × $\sum$ 经营方面。

第三节 石油工程 HSE 风险评价实例

一、HSE 风险评价方法选择的原则

任何一种评价方法都有其适用条件和范围。在 HSE 风险评价中如果使用了不恰当的评价方法,不仅浪费工作时间,影响评价工作正常开展,而且导致评价结果严重失真,达不到通过风险评价结果制定合理风险控制措施的目的。因此,合理选择风险评价方法是十分重要的。

在进行风险评价时,应该在认真分析并熟悉被评价系统的前提下,选择合适的评价方法。选择评价方法应遵循充分性、适应性、系统性、针对性和合理性的原则。

1. 充分性原则

充分性是指在选择评价方法之前,应该充分分析被评价的系统,掌握足够多的安全评价方法,并充分了解各种评价方法的优缺点、适应条件和范围,同时为评价工作准备充分的资料,供选择时参考和使用。

2. 适应性原则

适应性是指选择的评价方法应该适应被评价的系统。被评价的系统可能是由多个子系统构成的复杂系统,各种评价方法重点分析的子系统可能有所不同,各种评价方法都有其适应的条件和范围,应该根据系统和子系统、工艺的性质和状态,选择适应的评价方法。此外,根据评价的特点,危险、有害因素多,所选择的方法不仅应适用于安全评价,还应适用于职业健康危害因素和环境危害因素的评价。

3. 系统性原则

系统性是指评价方法与被评价的系统所能提供评价初值和边值条件应形成一个和谐的整体,也就是说,风险评价方法获得的可信的评价结果,是必须建立真实、合理和系统的基础数据之上的,被评价的系统应该能够提供所需的系统化数据和资料。

4. 针对性原则

针对性是指所选择的评价方法应该能够提供所需的结果。由于评价的目的不同,需要评价方法提供的结果可能是危险有害因素识别、事故发生的原因、事故发生概率、事故后果、系统的危险性等,风险评价方法能够给出所要求的结果才能被选用。

5. 合理性原则

在满足 HSE 风险评价目的、能够提供所需的风险评价结果的前提下,应该选择计算过程最简单、所需基础数据最少和最容易获取的评价方法,使 HSE 风险评价工作量和要获得的评价结果合理。

6. 综合性原则

综合性是指所选取的风险评价方法与风险评价尺度具有一致性,包括健康(H)、安全(S)、环境(E)各危险有害因素,以保持风险评价的科学性。

二、常用 HSE 风险评价方法比较

常用 HSE 风险评价方法比较见表 5-17。

三、石油工程常用评价方法举例

1. 职业健康评价举例

【例 5-3】 长期接触工业噪声可引起操作工人身体发生多方面不良改变及特异性听力系统损伤。结合现场噪声测量结果,采用职业卫生检测法对天然气增压站噪声进行职业病危害因素评价。

(1)工作场所噪声职业接触限值。

①每周工作 5d,每天工作 8h,稳态噪声限值为 85dB(A),非稳态噪声等效声级的限值为 85 dB(A),见表 5-18。

表 5-17 常用 HSE 风险评价方法比较

评价方法	特点	评价目标	定性/定量	优缺点	H(职业健康评价)	S(安全评价)	E(环境风险评价)	石油工程
安全检查表评价法	按照事先编制的检查表逐项检查，按规定标准赋分，评定安全等级	危险有害因素分析、安全等级	定性、定量	简便，易于掌握，编制检查表难度及工作量大	√	√	√	√
事件树	逻辑归纳法。由初始事件判断系统事故原因及条件内各事件概率，计算事故概率	事故原因、触发条件、事故概率	定性、定量	简便易行，受主观因素影响	√	√	√	√
事故树分析法	演绎法。由顶上事件出发，按次深入、并能分析出各生的直接原因及重要度系数和事件发影响因素的重要度系数和事件概率	事故原因、事故概率	定性、定量	复杂，工作量大，精确。事故树编制有误易失真		√		√
道化学公司火灾爆炸危险指数评价法	根据物质和工艺危险性判定措施前后系统危险性。由单元危险指数计算系统经济、停产损失	火灾爆炸危险等级、事故损失	定量	大量使用图表，简明了，参数取值宽，因人而异，只能对系统整体评价		√		√
故障类型和影响分析法	分析系统(元件)故障类型、原因及影响，评定影响程度等级	故障原因、影响程度等级	定性	较复杂，详尽受分析评价人员主观因素影响		√		√
风险矩阵法	以概率-暴露、频率及类似项来表示风险的图表法。将事件对人、环境、财产和声誉的影响相结合。但赋值有一定困难	确定风险等级	定性	简单、易用、适用范围广；风险可能性、后果严重度过于依赖经验、主观性较大	√	√	√	√
作业条件危险性评价法	按规定对系统可能发生事故的危险性、人员暴露状况、危险程度赋分、计算后评定危险性等级	危险性等级	定性	简便实用，受分析评价人员主观因素影响	√	√	√	√
预先危险性分析法(PHA)	讨论分析系统存在的危险、有害因素、触发条件、事故类型，评定危险性	危险有害因素分析、危险性	定性	简便易行，受分析评价人员主观因素影响	√	√	√	√

表 5-18 工作场所噪声职业接触限值

接触时间	接触限值	备注
5d/w,=8h/d	85	计算 8h 等效声级
5d/w,≠8h/d	85	计算 8h 等效声级
≠5h/d	85	计算 8h 等效声级

②每天接触噪声不足 8 小时的工作场所可根据实际接触噪声的时间和测量的等效声级，按照接触时间减半噪声声级接触限值增加 3dB(A)的原则下确定噪声职业接触限值。

表 5-19 工作地点噪声声级的卫生限值

日接触噪声时间,h	8	4	2	1	1/2
卫生限值,dB(A)	85	88	91	94	97

(2)职业病危害因素检测与评价。

①职业病危害因素检测,使用生产性噪声检测仪器。

②职业病危害因素检测结果与评价。

按照检测检验依据:《工作场所物理因素测量 第 8 部分:噪声》(GBZ/T 189.8—2007)进行检测,各工作场所噪声强度均未超过《工作场所有害因素接触限值 第 2 部分:物理因素》(GBZ 2.2—2007)中规定的日接触 8h 噪声接触限值。检验结果见表 5-20。

表 5-20 作业场所噪声检验结果一览表

样品编号	采样对象	等效声级 $L_{EX,8h}$,dB	卫生标准(一日 8h 接触限值),dB(A)	评价
1	管理人员	81.6	85	合格
2	操作工	83.8	85	合格
3	后勤人员	80.5	85	合格

(3)作业场所职业病危害作业分级。

根据《工作场所职业病危害作业分级 第 4 部分:噪声》(GBZ/T 229.4—2012)进行噪声作业场所分级计算。分级标准及分级结果分别见表 5-21。

表 5-21 噪声作业分级

分级	等效声级 $L_{EX,8h}$,dB	危害程度
Ⅰ	$85 \leqslant L_{EX,8h} < 90$	轻度危害
Ⅱ	$90 < L_{EX,8h} < 94$	中度危害
Ⅲ	$95 < L_{EX} < 100$	重度危害
Ⅳ	$L_{EX} \geqslant 100$	极重危害

在收发球工艺装置区、过滤分离工艺装置区、压缩机室、空冷气区、放空区、生产辅助区进行了现场噪声检测,计算 8h 连续噪声等级均低于 85dB,尚达不到噪声作业分级要求,属于安全作业。

2.事故树分析举例

【例 5-4】 天然气储罐区火灾爆炸事故树分析:天然气储罐区发生火灾爆炸是危险性极大的灾难性事故,将"火灾爆炸"作为顶上事件进行分析,并编制事故树。

按照逻辑关系,用逻辑符号连接上下层事件。"天然气泄漏达到爆炸极限"与存在"火源"两个中间事件必须同时存在,顶上事件才会发生,因此,两个中间事件与顶上事件之间用与门连接。"天然气泄漏"与"通风不良"是导致"天然气泄漏达到爆炸极限"的缺一不可的必要条件,因此也用与门连接。任意一种火源都是火源存在的条件;任意一种泄漏也都是泄漏存在的条件,因此,这几种关系都采用或门连接。在"避雷器故障"中"设计缺陷"作为不必进一步分析的要素,采用了省略事件的符号。天然气储罐区发生火灾爆炸事故树如图5-16所示。

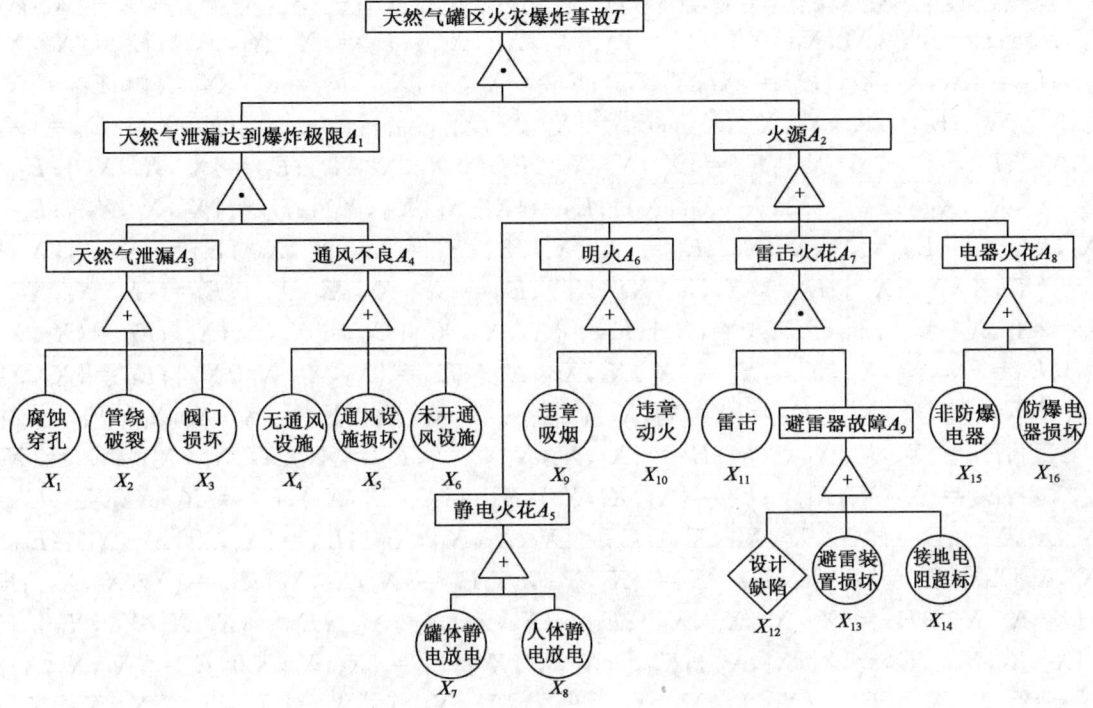

图 5-16 天然气罐区火灾爆炸事故树

天然气罐区火灾爆炸事故树的结构函数如下:

$T = A_1 \cdot A_2 = A_3 \cdot A_4 \cdot (A_5 + A_6 + A_7 + A_8)$

$= (X_1 + X_2 + X_3) \cdot (X_4 + X_5 + X_6) \cdot [X_7 + X_8 + X_9 + X_{10} + (X_{11} \cdot A_9) + X_{15} + X_{16}]$

$= (X_1 + X_2 + X_3) \cdot (X_4 + X_5 + X_6) \cdot [X_7 + X_8 + X_9 + X_{10} + X_{11} \cdot (X_{12} + X_{13} + X_{14}) + X_{15} + X_{16}]$

$= (X_1 X_4 + X_1 X_5 + X_1 X_6 + X_2 X_4 + X_2 X_5 + X_2 X_6 + X_3 X_4 + X_3 X_5 + X_3 X_6) \cdot (X_7 + X_8 + X_9 + X_{10} + X_{11} X_{12} + X_{11} X_{13} + X_{11} X_{14} + X_{15} + X_{16})$

$= X_1 X_4 X_7 + X_1 X_4 X_8 + X_1 X_4 X_9 + X_1 X_4 X_{10} + X_1 X_4 X_{11} X_{12} + X_1 X_4 X_{11} X_{13} + X_1 X_4 X_{11} X_{14} + X_1 X_4 X_{15} + X_1 X_4 X_{16} + X_1 X_5 X_7 + X_1 X_5 X_8 + X_1 X_5 X_9 + X_1 X_5 X_{10} + X_1 X_5 X_{11} X_{12} + X_1 X_5 X_{11} X_{13} + X_1 X_5 X_{11} X_{14} + X_1 X_5 X_{15} + X_1 X_5 X_{16} + X_1 X_6 X_7 + X_1 X_6 X_8 + X_1 X_6 X_9 + X_1 X_6 X_{10} + X_1 X_6 X_{11} X_{12} + X_1 X_6 X_{11} X_{13} + X_1 X_6 X_{11} X_{14} + X_1 X_6 X_{15} + X_1 X_6 X_{16} + X_2 X_4 X_7 + X_2 X_4 X_8 + X_2 X_4 X_9 + X_2 X_4 X_{10} + X_2 X_4 X_{11} X_{12} + X_2 X_4 X_{11} X_{13} + X_2 X_4 X_{11} X_{14} + X_2 X_4 X_{15} + X_2 X_4 X_{16} + X_2 X_5 X_7 + X_2 X_5 X_8 + X_2 X_5 X_9 + X_2 X_5 X_{10} + X_2 X_5 X_{11} X_{12} + X_2 X_5 X_{11} X_{13} + X_2 X_5 X_{11} X_{14} + X_2 X_5 X_{15} + X_2 X_5 X_{16} + X_2 X_6 X_7 + X_2 X_6 X_8 + X_2 X_6 X_9 + X_2 X_6 X_{10} + X_2 X_6 X_{11} X_{12} + X_2 X_6 X_{11} X_{13} + X_2 X_6 X_{11} X_{14} + X_2 X_6 X_{15} + X_2 X_6 X_{16} + X_3 X_4 X_7 + X_3 X_4 X_8 + X_3 X_4 X_9 + X_3 X_4 X_{10} + X_3 X_4 X_{11} X_{12} + X_3 X_4 X_{11} X_{13} + X_3 X_4 X_{11} X_{14} + X_3 X_4 X_{15} + X_3 X_4 X_{16} + X_3 X_5 X_7 + X_3 X_5 X_8 + X_3 X_5 X_9$

$$+ X_3X_5X_{10} + X_3X_5X_{11}X_{12} + X_3X_5X_{11}X_{13} + X_3X_5X_{11}X_{14} + X_3X_5X_{15} + X_3X_5X_{16} +$$
$$X_3X_6X_7 + X_3X_6X_8 + X_3X_6X_9 + X_3X_6X_{10} + X_3X_6X_{11}X_{12} + X_3X_6X_{11}X_{13} + X_3X_6X_{11}$$
$$X_{14} + X_3X_6X_{15} + X_3X_6X_{16}$$

事故树的最小割集有：

$E_1=\{X_1,X_4,X_7\}; E_2=\{X_1,X_4,X_8\}; E_3=\{X_1,X_4,X_9\}; E_4=\{X_1,X_4,X_{10}\}; E_5=\{X_1,X_4,X_{11},X_{12}\}; E_6=\{X_1,X_4,X_{11},X_{13}\}; E_7=\{X_1,X_4,X_{11},X_{14}\}; E_8=\{X_1,X_4,X_{15}\}; E_9=\{X_1,X_4,X_{16}\}; E_{10}=\{X_1,X_5,X_7\}; E_{11}=\{X_1,X_5,X_8\}; E_{12}=\{X_1,X_5,X_9\}; E_{13}=\{X_1,X_5,X_{10}\}; E_{14}=\{X_1,X_5,X_{11},X_{12}\}; E_{15}=\{X_1,X_5,X_{11},X_{13}\}; E_{16}=\{X_1,X_5,X_{11},X_{14}\}; E_{17}=\{X_1,X_5,X_{15}\}; E_{18}=\{X_1,X_5,X_{16}\}; E_{19}=\{X_1,X_6,X_7\}; E_{20}=\{X_1,X_6,X_8\}; E_{21}=\{X_1,X_6,X_9\}; E_{22}=\{X_1,X_6,X_{10}\}; E_{23}=\{X_1,X_6,X_{11},X_{12}\}; E_{24}=\{X_1,X_6,X_{11},X_{13}\}; E_{25}=\{X_1,X_6,X_{11},X_{14}\}; E_{26}=\{X_1,X_6,X_{15}\}; E_{27}=\{X_1,X_6,X_{16}\}; E_{28}=\{X_2,X_4,X_7\}; E_{29}=\{X_2,X_4,X_8\}; E_{30}=\{X_2,X_4,X_9\}; E_{31}=\{X_2,X_4,X_{10}\}; E_{32}=\{X_2,X_4,X_{11},X_{12}\}; E_{33}=\{X_2,X_4,X_{11},X_{13}\}; E_{34}=\{X_2,X_4,X_{11},X_{14}\}; E_{35}=\{X_2,X_4,X_{15}\}; E_{36}=\{X_2,X_4,X_{16}\}; E_{37}=\{X_2,X_5,X_7\}; E_{38}=\{X_2,X_5,X_8\}; E_{39}=\{X_2,X_5,X_9\}; E_{40}=\{X_2,X_5,X_{10}\}; E_{41}=\{X_2,X_5,X_{11},X_{12}\}; E_{42}=\{X_2,X_5,X_{11},X_{13}\}; E_{43}=\{X_2,X_5,X_{11},X_{14}\}; E_{44}=\{X_2,X_5,X_{15}\}; E_{45}=\{X_2,X_5,X_{16}\}; E_{46}=\{X_2,X_6,X_7\}; E_{47}=\{X_2,X_6,X_8\}; E_{48}=\{X_2,X_6,X_9\}; E_{49}=\{X_2,X_6,X_{10}\}; E_{50}=\{X_2,X_6,X_{11},X_{12}\}; E_{51}=\{X_2,X_6,X_{11},X_{13}\}; E_{52}=\{X_2,X_6,X_{11},X_{14}\}; E_{53}=\{X_2,X_6,X_{15}\}; E_{54}=\{X_2,X_6,X_{16}\}; E_{55}=\{X_3,X_4,X_7\}; E_{56}=\{X_3,X_4,X_8\}; E_{57}=\{X_3,X_4,X_9\}; E_{58}=\{X_3,X_4,X_{10}\}; E_{59}=\{X_3,X_4,X_{11},X_{12}\}; E_{60}=\{X_3,X_4,X_{11},X_{13}\}; E_{61}=\{X_3,X_4,X_{11},X_{14}\}; E_{62}=\{X_3,X_4,X_{15}\}; E_{63}=\{X_3,X_4,X_{16}\}; E_{64}=\{X_3,X_5,X_7\}; E_{65}=\{X_3,X_5,X_8\}; E_{66}=\{X_3,X_5,X_9\}; E_{67}=\{X_3,X_5,X_{10}\}; E_{68}=\{X_3,X_5,X_{11},X_{12}\}; E_{69}=\{X_3,X_5,X_{11},X_{13}\}; E_{70}=\{X_3,X_5,X_{11},X_{14}\}; E_{71}=\{X_3,X_5,X_{15}\}; E_{72}=\{X_3,X_5,X_{16}\}; E_{73}=\{X_3,X_6,X_7\}; E_{74}=\{X_3,X_6,X_8\}; E_{75}=\{X_3,X_6,X_9\}; E_{76}=\{X_3,X_6,X_{10}\}; E_{77}=\{X_3,X_6,X_{11},X_{12}\}; E_{78}=\{X_3,X_6,X_{11},X_{13}\}; E_{79}=\{X_3,X_6,X_{11},X_{14}\}; E_{81}=\{X_3,X_6,X_{15}\}; E_{81}=\{X_3,X_6,X_{16}\}$

事故树的成功树函数为：

$$T' = A'_1 + A'_2$$
$$= A'_3 + A'_4 + A'_5 A'_6 A'_7 A'_8$$
$$= X'_1 X'_2 X'_3 + X'_4 X'_5 X'_6 + X'_7 X'_8 X'_9 X'_{10}(X'_{11} + A'_9) X'_{15} X'_{16}$$
$$= X'_1 X'_2 X'_3 + X'_4 X'_5 X'_6 + X'_7 X'_8 X'_9 X'_{10}(X'_{11} + X'_{12} X'_{13} X'_{14}) X'_{15} X'_{16}$$
$$= X'_1 X'_2 X'_3 + X'_4 X'_5 X'_6 + X'_7 X'_8 X'_9 X'_{10} X'_{11} X'_{15} X'_{16}$$
$$+ X'_7 X'_8 X'_9 X'_{10} X'_{12} X'_{13} X'_{14} X'_{15} X'_{16}$$

事故树的最小径集有：

$P_1=\{X_1,X_2,X_3\}; P_2=\{X_4,X_5,X_6\}; P_3=\{X_7,X_8,X_9,X_{10}X_{11},X_{15},X_{16}\}; P_4=\{X_7,X_8,X_9,X_{10},X_{12},X_{13},X_{14},X_{15},X_{16}\}$

由以上最小割集分析可知：本例共有 81 种最小割集，即有 81 种可以引发顶上事件发生的事故组合。由最小径集分析得到：本例最小径集共有 4 种。虽然引发顶上事件发生的最小割集很多，但要控制顶上事件的发生却并不太难，只要 P_1、P_2、P_3 和 P_4 中任意一组最小径集同时不发生，就能确保系统安全。

3. 预先危险性分析

【例 5-5】 表 5-22 为采用预先危险性分析分析法对钻井作业（根据施工阶段）风险评价的结果。

表 5-22 钻井作业危害因素预先危险性分析

序号	危害/意外事故	阶段	起因	影响	危害分级	对策
1	井喷失控	在钻井、测井、固井施工中	井喷后,没有立即关井,压井措施不当,防喷器闸板与钻具外径规范不配套,没有安装合理的防喷器,防喷系统的控制装置没有处于正确状态,储能器没有打足合理的压力,防喷器的工作压力不足,进行固井时没有换与套管尺寸相应的防喷器芯子,下套管没有按规定灌满钻井液,现场没有配备足够的压井液,没有储备足够的重晶石粉,没有安装回压阀,井控系统没有按要求试压等	可能导致火灾爆炸,硫化氢泄漏中毒	IV	气井发生溢流时应采取措施立即关井;如果正确关井应采取科学措施压井;安装防喷器时其闸板应与钻具尺寸外径相符;防喷器组合应满足设计要求;防喷器的工作压力必须满足控制地层压力要求;防喷器的控制系统必须处于正常状态;储能器必须有足够合理的压力;固井时应更换与套管尺寸相符的闸板芯子;下钻下套管必须按规定灌满钻井液;现场按设计要求配备足够数量、密度符合要求的高密度钻井液,储备数量足够的重晶石粉;任何时候都应该准备好带回压阀的钻杆单根;方钻杆的上下旋塞的扳手应适用并放在便于紧急取用的位置;整个井控系统必须按要求进行试压。要尽全力防止井喷着火,如果采取一切措施无效发生井喷失控,现场必须杜绝任何火源,必须立即停车、断电。现场必须作好防硫化氢中毒措施,并紧急疏散周围相关方人员
2	压缩气体火灾爆炸	在施工作业过程中	罐体损坏,违章使用	人员伤害,财产损失	III	人员必须执证,严格按操作规程操作,经常检查罐体是否完好,压缩气体罐应分类正确存放
3	高压管汇事故	在钻井、固井施工作业中	高压管汇安装不合格,管汇质量不合格,管汇超压,管汇振动损坏	设备损坏、人员伤害	III	高压管汇使用前严格检查并试压,高压管汇按标准安装,严禁超压使用,试压时人员远离管汇,高压区域设置醒目标志等
4	受力物体的故障事故	在施工过程中	钻井钢丝绳、刹车系统等由于质量差、违章操作、超载等	设备损坏、人员伤害、井下事故	III	认真执行"三制度"原则,严格进行班前检查,确保刹车及防碰天车良好可靠,严禁超速提升,钻井提升系统应经常检查其完好可靠性等
5	钻井液中毒、腐蚀	在施工过程中	配制和使用钻井液过程中,由于违章作业导致	人员伤害、设备腐蚀	III	严格操作规程,注意劳动保护
6	水污染	在施工全过程中	冲洗钻台钻具等钻井废水不达标排放;钻进过程中遇浅层含水带,未及时封固;废弃钻井液池泄漏;生活废水等	环境污染,导致农田肥力下降,污染地表和浅层地下含水带	IV	井场与比邻的农田分隔开;对钻井废水进行处理,达标排放;钻遇地层含水带下套管注水泥封固;废弃钻井液池用不渗透材料做衬底;加强排污监测和管理等

4. 作业条件危险性评价

【**例 5-6**】 表 5-23 列出了采用作业条件危险性评价法对钻井循环系统风险评价结果。

表 5-23 钻井钻井循环系统风险评价结果

序号	活动/设备名称	存在的危害	危害因素特性	状态 正常	状态 异常紧急	时态 过去	时态 现在	时态 将来	L	E	C	D	风险分级	风险控制措施
1	钻井泵旋塞阀窜气,启动钻井泵	设备损坏、人身伤害	设施缺陷	正常		√		√	1	10	15	150	3	①严格执行设备检修规定;②提高员工意识,加强巡回检查和监管
2	万向轴螺栓掉棒未及时发现	设备损坏、人身伤害	操作错误	正常		√		√	1	6	7	42	2	提高员工意识,加强巡回检查和监管
3	高压水龙头常磨损严重、爆裂	设备损坏、人身伤害	操作错误	正常		√		√	1	6	7	42	2	①加强维护、保养和检查;②更新设备
4	封死阀门、憋泵爆管	井下复杂	违章作业	正常		√		√	1	10	15	150	3	①严格执行设备检修规定;②提高员工意识,加强巡回监管
5	阀门倒换不正确、短路循环	人身伤害、火灾事故	操作错误	正常		√		√	1	6	7	42	2	①加强培训,提高员工技能;②设置醒目标识,加强监管
6	电气设施接地不良	火灾事故	电危害	正常		√		√	1	10	15	150	3	执行井场电气安装技术要求,严格接地或零,加强监管
7	电气设施不防爆	火灾事故	设施缺陷	正常		√		√	1	10	7	70	3	更换防爆设备,加强监督检查
8	循环系统运转不正常	井下事故	设施缺陷	正常		√		√	1	10	7	70	3	更换设备,加强维护、保养和检查
9	液面报警失灵	井喷	设施缺陷	正常		√		√	3	6	7	126	3	①加强维护、保养和检查;②更新液面报警系统
10	用电设备、设施未定期检查、维护、保养	火灾事故、人身伤害	违章作业	正常		√		√	3	3	7	63	2	加强维护、保养和检查
11	坐岗人员巡回检查不认真	事故隐患	违章作业	正常		√		√	3	3	7	63	2	①提高员工意识和组织纪律性;②加强员工技能培训,加强监督

续表

序号	活动/设备名称	存在的危害	危害因素特性	状态 正常	状态 异常紧急	时态 过去	时态 现在	时态 将来	L	E	C	D	风险分级	风险控制措施
12	钻井液被污染(盐水浸、钙浸、油气浸等)	井下复杂或事故	操作错误	正常		√			1	3	15	45	2	获取附近井资料，制定针对性措施，分析原因，调整钻井液性能
13	配制钻井液时排放粉尘	人身危害	粉尘危害	正常			√		6	6	1	36	2	①严格穿戴防护用品；②加强监管，采取措施减少粉尘产生
14	固控设备运转不正常	钻井液性能差	设施缺陷	正常			√		1	6	7	42	2	及时更新，加强维护、保养和检查
15	钻井液材料传输带固定不牢	人身伤害	设施缺陷	正常		√			1	6	7	42	2	执行钻井设备安装安全规定，固定牢固，加强检查
16	循环罐盖板未盖好	人身伤害	设施缺陷	正常			√		1	6	7	42	2	执行钻井设备安装安全规定，安装齐全，加强检查
17	钻井液跑失	钻井液损失、环境污染	操作错误	正常		√			1	10	7	70	3	增强员工意识，采取防护措施，加强监管
18	钻井液配置碱伤	人身伤害	化学性危害	正常		√			3	10	3	90	3	加强培训，严格穿戴防护用品，加强监管
19	循环系统排污不畅	环境污染	设施缺陷	正常			√		1	10	3	30	2	及时清理杂物，保持排污沟畅通，加强检查
20	设备运转部位护罩缺失	人身伤害	设施缺陷	正常		√			3	6	7	126	3	执行钻井设备拆装安全规定，配备齐全，加强监管
21	设备运转部位护罩固定不牢	人身伤害	防护缺陷	正常		√			3	6	7	126	3	执行钻井设备拆装安全规定，固定牢固，加强监管

5. 故障类型及影响分析(FMEA)举例

【例5-7】 采用故障类型及影响分析法对加热炉的评价结果见表5-24。

表5-24 加热炉故障类型及影响分析

子系统	设备元件	故障类型	发生时机	原因分析	影响分析 子系统	影响分析 系统	影响分析 人员	现有安全装置	故障等级	措施
燃料	阀门	内漏	点火时	阀门质量差、间隙大,磨损腐蚀,点火前未置换、清洗	点火时爆炸,烧嘴损坏	炉体损坏	伤人		Ⅳ级	加强阀门质检、试压,及时更换内漏阀门
燃料	管道,阀门,法兰	外漏	运行中	管道、法兰、阀门、焊缝有缺陷,使用中磨损、腐蚀	遇火源造成火灾	火灾	伤人	可燃气体监测报警器	Ⅱ级	把好管件阀门质量关和施工质量关,定期检查腐蚀磨损,及时检修
燃料	烧嘴	点火爆炸	低温点火时	燃气压力低,低温点火;点火前未置换或置换不彻底;阀门内漏;点火滞后	烧嘴损坏	炉体损坏	伤人		Ⅳ级	及时更换内漏阀门;严格执行点火规程
供风	风机	停机	运行中	突然停电;风机故障	空气不足,滞后燃烧;烟道高温烧坏换热器	降温停产	无	压力检测报警联锁	Ⅱ级	双电源自动切换;备用风机自动开启;及时检修故障

6. 环境因素评价举例

【例5-8】 输气站环境因素多因素评分法评价结果见表5-25。

表5-25 输气站环境因素评价表(多因素评分法)

序号	活动类型	活动项目内容	环境因素	环境影响	时态	状态	现有控制措施	是否重要因素
1	输气站生产过程	站场管道腐蚀穿孔、阀门、法兰密封失效	天然气少量泄漏	大气污染	现在将来	异常紧急	加强设备日常巡检和维护,即时查找泄漏原因并合理布置	否
2	输气站生产过程	站场设备损坏、阀门、法兰密封失效	天然气大量泄漏引发火灾爆炸	大气污染、伴随噪声、热辐射、光污染、视觉污染	现在将来	异常紧急	制定应急预案,加强应急演练;加强设备巡检和维护;提高抢修队伍的人员素质、装备配备及抢修能力	是
3	输气站生产过程	站场安全阀泄放	天然气少量泄漏	大气污染	现在将来	异常	加强设备日常巡检和维护,及时查找泄漏原因并合理布置	否

续表

序号	活动类型	活动项目内容	环境因素	环境影响	时态	状态	现有控制措施	是否重要因素
4	输气站生产过程	发电机运转	燃料燃烧废气排放及噪声	消耗燃料、大气污染、噪声污染	过去现在将来	正常	加强设备维护,保证设备有效运转;保证排气立管高度符合废气排放要求,设置独立发电机房封闭、隔音	否
5	输气站生产过程	输气设备运转及照明	设备用电	电力资源消耗	过去现在将来	正常	制定站场节约用电管理制度,并开展宣传教育	否
6	输气站生产过程	夜间照明	夜间站场高杆灯照明	光污染	过去现在将来	正常	减少高杆灯夜间照明亮度,减少对周边影响	否
7	设备检修	放空管排放或燃放天然气	天然气或燃烧废气排放	大气污染、伴随噪声污染	过去现在将来	异常紧急	加强站场设备的维护,尽可能减少放空次数和放空时间	是
8	设备检修	更换过滤器滤芯	粉尘排放	大气污染	过去现在将来	正常	更换前加大系统排污频次;更换过程中采取喷淋水降尘或用防尘布包裹滤芯	否
9	设备检修	运转设备更换润滑油	废润滑油排放	土壤污染、地下水污染	过去现在将来	异常	废矿物油回收集中定点存放,厂家定期回收处理或委托有危险废物处理资质的单位进行处理	是
10	废水处理排放	生活污水经一体化污水处理装置处理后排放	污水处理效果不达标或未经处理排放	水体污染或土壤污染、地下水污染	过去现在将来	异常	每天按规定次数进行设备巡检,对处理效果定期检查和环境监测;发现设备问题、故障及时维修	否
11	废水处理排放	工业排污池清理	污水排放	水体污染或土壤污染、地下水污染	过去现在将来	异常	定期委托专业机构外运处置,严禁随意倾倒或向水体排放	否
12	废水处理排放	残液罐清理	污水排放	水体污染或土壤污染、地下水污染	过去现在将来	异常	定期委托专业机构外运处置,严禁随意倾倒或向水体排放	否

续表

序号	活动类型	活动项目内容	环境因素	环境影响	时态	状态	现有控制措施	是否重要因素
13	废水处理排放	设备冲洗水	污水无组织排放	水体污染或土壤污染、地下水污染	过去现在将来	正常	在站场设置集水池,定期委托专业机构外运处置,严禁随意倾倒或向水体排放	否
14	固体废物处置	废润滑油、蓄电池、油漆及其容器等处置	危险废物泄漏或排放	水体污染或土壤污染、地下水污染	过去现在将来	异常	定期委托专业机构外运处置,严禁随意倾倒或向水体排放	是
15	固体废物处置	清管废物处置	一般固体废物排放	影响周边环境卫生	过去现在将来	异常	集中回收,委托环卫部门外运或在环卫部门指定地点投放	否
16	固体废物处置	废滤芯、废电缆、废工具等处置	一般固体废物排放	影响周边环境卫生	过去现在将来	异常	站内定点回收存放,定期委托环卫部门外运或在环卫部门指定地点投放	否
17	固体废物处置	生活垃圾处置	一般固体废物排放	影响周边环境卫生	过去现在将来	异常	站内定点回收存放,定期委托环卫部门外运或在环卫部门指定地点投放	否

思 考 题

1. 什么是风险评价?
2. HSE 风险评价的程序是什么?
3. 什么是环境风险评价?
4. 简述安全检查表法(SCL)、预先危险分析(PHA)的适用范围和特点。
5. 事件树与事故树分析法各有什么特点?事件树分析的步骤是什么?事故树分析的步骤是什么?
6. 最小割集与最小径集在事故树分析中的作用是什么?
7. 简述预先危险分析法的分析步骤、目的。
8. 求图 5-17 所示事故树的最小割集,画出等效事故树,并求出其最小径集。

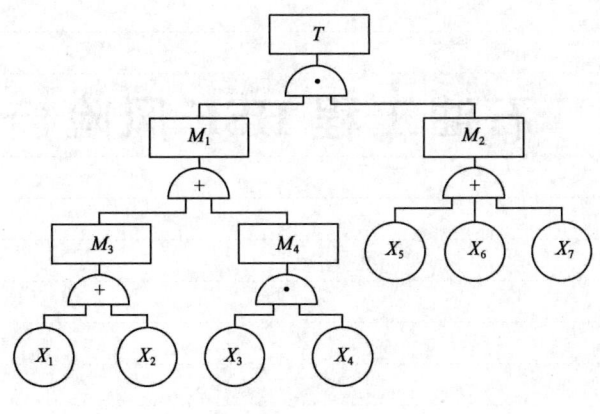

图 5-17 事故树

参 考 文 献

[1] 郭振龙,朱兆华. 安全逻辑学. 北京,化学工业出版社,2005.
[2] 中国石油天然气集团公司质量安全与环保部. 石油风险评价概论. 北京:石油工业出版社,2001.
[3] 罗云,樊运晓,等. 风险分析与安全评价. 北京:化学工业出版社,2004.
[4] 国家安全生产监督管理总局. 安全评价. 北京:煤炭工业出版社,2005.
[5] 王凯全,邵辉. 事故理论与分析技术. 北京:化学工业出版社,2004.
[6] 李伟东. 石化企业环境风险评价与安全评价的相关性研究. 东营:中国石油大学(华东),2006.
[7] 白志鹏,王珺,游燕. 环境风险评价. 北京:高等教育出版社,2009.
[8] 朱木秀,冯定. 风险评价指数矩阵方法的研究和应用. 安全、健康和环境,2004,4(2).
[9] H 中国石油天然气集团公司安全环保部. HSE 风险管理理论与实践. 北京:石油工业出版社,2009.

第六章 石油工程 HSE 风险控制措施

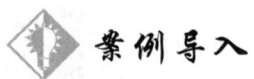
案例导入

某石化公司"6.2"爆炸事故案例

2013年6月2日14时27分许,某石化公司第一联合车间三苯罐区小罐区939号杂料罐在动火作业过程中发生爆炸、泄漏物料着火,并引起937号、936号、935号三个储罐相继爆炸着火,造成4人死亡,直接经济损失697万元。

1. 事故的直接原因

承办商A作业人员在罐顶违规违章进行气割动火作业,切割火焰引燃泄漏的甲苯等易燃易爆气体,回火至罐内引起储罐爆炸。

2. 事故的间接原因

(1)承办商B大连项目部在承揽939号储罐仪表维护平台更换项目后,非法分包给没有劳务分包

图6-1 某石化公司"6.2"爆炸事故现场

企业资质的承办商A,以包代管、包而不管,没有对现场作业实施安全管控。

(2)承办商A未能依法履行安全生产主体责任,未取得劳务分包企业资质就非法承接项目;企业规章制度不健全不落实,员工安全意识淡薄,违章动火;未对现场作业实施有效的安全管控。

(3)某石化公司安全管理责任不落实,管理及作业人员安全意识淡薄,制度执行不认真不严格,检维修管理、动火管理和承包商管理严重缺失。

第一节 风险控制的原则与方法

在风险识别、风险评价之后,接下来的工作是确定风险因素是否需要控制,以及考虑如何有效地控制这些风险,以达到减少事故发生的概率和降低损失程度的目的,这便是风险控制。

风险控制是指在风险辨识和风险分析的基础上,针对企业所存在的风险因素,积极采取控制措施,以消除或控制风险因素。在事故发生前,降低事故的发生概率;在事故发生后,将损失减少到最低限度。

风险控制措施需要从降低事故发生的可能性和降低事故后果的严重程度两方面入手。具体地说,可以采取预防性措施降低事故发生的概率,采取保护性措施及应急性措施降低事故后果的严重程度。具体来讲,风险控制措施应从"除风险、降风险、防风险"等三个方面进行考虑。对于需要控制的风险,在制定风险控制计划或控制措施时,首先应考虑能否消除风险或风险产生的根源。其次,对于无法或难以消除的风险,则应采取措施努力降低风险(降低风险发生的概率或后果的严重程度)。最后,对于既无法消除又不能降低的风险,再考虑采取适当的个体防护措施。当然,除非彻底消除风险或其根源,任何降低风险的措施仍有残余风险的存在,因而采取降低风险的措施通常还需辅之必要的个体防护。

一、风险控制的原则

风险控制的总体原则是基于风险预控"匹配"理论,即风险级别与预控级别相适应。具体方法为:"Ⅰ"级风险采取"高"级预控,"Ⅱ"级风险采取"中"级预控,"Ⅲ"级风险采取"较低"级预控,"Ⅳ"级风险采取"低"级预控。风险级别描述见表 6-1。

表 6-1 风险级别描述

风险等级 分级原则	风险水平描述	风险控制措施及时间限制
Ⅰ(高)	不可以接受的风险	直至风险降低后才能恢复工作。为降低此类风险通常需要投入大量的资源;当正在进行中的工作涉及此类风险时,需立即停止,同时采取必要的应急措施
Ⅱ(中)	不希望有的风险	努力降低风险。在规定时间内实施降低风险的措施,但需控制降低风险的投入;当此类风险可能导致严重事故后果时,需进一步确定该事故后果发生的可能性,从而确定是否需要采取改进的控制措施
Ⅲ(较低)	有条件接受的风险	分析是否需要采取另外的控制措施。如果需要,采取投入后效果最佳或不增加额外成本的控制措施,同时,通过必要的监测手段来维持控制措施的运行
Ⅳ(低)	可以接受的风险	正常运行。保持现有控制措施即可,无须增加另外的控制措施

生产过程中,HSE 风险管理工作是一项长期的综合性工作,也是一项庞大的系统工程。在强化、规范 HSE 风险管理,努力控制和消除风险的同时,作为一个企业,还要考虑资金投入、成本回收、新技术成熟程度、可行性分析、企业效益等因素。

1. 二拉平原则

ALARP(As Low As Reasonably Practicable)原则,即最低合理可行原则,又称"倒三角"原则或"二拉平"原则,是当前国外风险可接受水平普遍采用的一种项目风险判据原则。ALARP 原则源自于英国政府的健康安全案例概念,主要用于评估人身安全与保险,应用时根据管理上的需要将风险水平划分为多个区域,然后与被评价目标的风险值进行对比即可。它所表示的意义是,任何系统都是存在风险的,不可能通过预防措施来彻底消除风险,而且当系统的风险水平越低时,要进一步降低就越困难,其成本往往呈指数上升。因此,必须在风险水平和成本之间做出一个折中。风险与投入关系如图 6-2 所示。

在实际的风险管理工作中,根据需要可以将风险图的区域划分为多个,此处以分隔成三个区域的风险图为例进行说明,如图6-3所示。

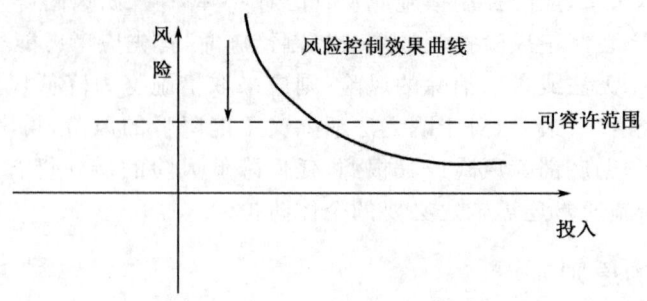

图6-2 风险与投入关系示意图

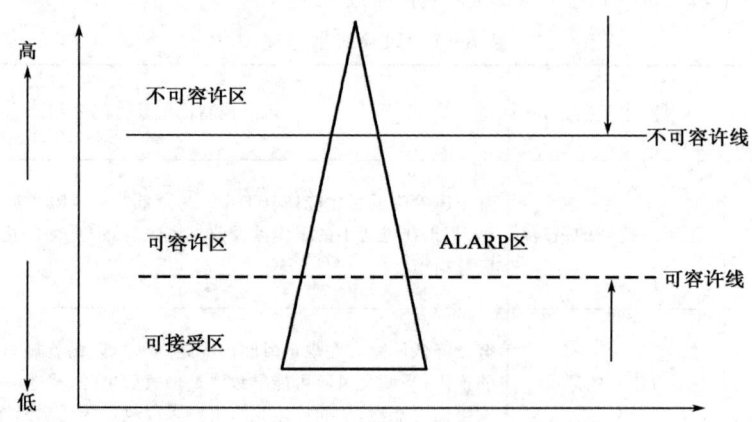

图6-3 典型ALARP风险原理示意图

自下而上分别为可接受区(Acceptable Region)、可容许区(As Low As Reasonably Practicable Region)和不可容许区(Unacceptable Region)。其间的上下限分界线即为风险水平值(T-value,Threshold value);纵坐标即代表风险水平指标值,三角下方开口的宽度越往下面越宽,代表风险指标值越来越小。各个不同区域的意义如下:

(1)可接受区:指当某个系统实际的风险水平进入此区域时,风险管理者只要维系原有的管理,确保该系统危险因素的风险水平值维持在此区域内即可,而不需要刻意去采取降低风险水平或规避风险的措施,也就是说该系统危险因素目前的风险状况可以接受。

(2)可容许区:如果所评估出的风险指标在可容许线和不可容许线之间,则落入可容许区。此时,需要进行安全措施技术经济分析,如果具有技术可行性和经济可行性,则实施该措施;如果分析结果还能够证明,进一步增加安全措施投资,对系统风险水平的进一步降低已贡献不大,则表明采取了该措施之后系统风险已处于可容许区,此时的风险被认为是"合理实际并尽可能低"的,即可以允许该风险的存在,以节省一定的成本。

(3)不可容许区:是指风险水平进入此区域时,风险管理者必须不计成本代价,马上采取规避风险或降低风险水平的控制措施,甚至采取停止系统运行(如停机、放弃设备等)的措施,直至相应的风险控制措施把系统风险恢复到可接受区或可容许区后才可恢复正常的系统运行。

2.风险控制"4E"原则

事故预防是通过采用工程技术、管理和教育等手段使事故发生的可能性降到最低;事故控制是通过采用工程技术、管理和教育等手段使事故发生后不造成严重后果或使损害尽可能减少。随着现代安全管理的发展,传统的风险控制"3E"原则不断得以完善,并在此基础上增加了"安全心态(Emotion)"对策,于是有了风险控制"4E"原则,即安全技术(Engineering)、安全教育(Education)、安全管理(Enforcement)和安全心态(Emotion)四个方面的措施。

1)安全技术对策

安全技术对策是采用工程技术手段解决安全问题,预防事故发生,减少事故造成的伤害和损失,是事故预防和控制的最佳安全措施。安全技术对策涉及系统的各个阶段,通过设计来消除和控制各种危险,即包括防止所设计的系统在研制、生产使用、运输和储存等过程中发生事故的安全技术和防止或减少事故损失的安全技术。

(1)安全技术对策的内容。

安全技术对策包括预防事故发生和减少事故损失两个方面,归纳起来主要有以下几类:

①减少潜在危险因素。在新工艺、新产品的开发时,尽量避免使用危险的物质、危险工艺和危险设备。例如在开发新产品时,尽可能用不燃和难燃的物质代替可燃物质。用无毒或低毒物质代替有毒物质,生产中如没有易燃易爆和有毒物质,发生火灾、爆炸、中毒事故就失去了基础。因此,这是预防事故的最根本措施。

②降低潜在危险性的程度。潜在危险性往往达到一定的程度或强度才能施害,通过一些措施降低它的程度,使之处在安全范围以内就能防止事故发生。如作业环境中存在有毒气体,可安装通风设施,降低有害气体浓度,使之达到标准值以下,就不会影响人身安全和健康。

③联锁。就是当出现危险状态时,强制某些元件相互作用,以保证安全操作。例如,当检测仪表显示出工艺参数达到危险值,与之相连的控制元件就会自动关闭或调节系统,使之处于正常状态或安全停车。目前由于化工、石油化工生产工艺越来越复杂,联锁的应用也越来越多,这是一种很重要的安全防护装置,可有效地防止人的误操作。

④隔离操作或远距离操作。由事故致因理论得知,伤亡事故发生必须是人与施害物相互接触。如果将两者隔离开来或者远离一定距离,就会避免人身事故的发生或减弱对人体的危害。提高自动化生产程度,设置隔离屏障,防止人员接触危险物质和危险部位都属于这方面措施。

⑤设置薄弱环节。在设备和装置上安装薄弱元件,当危险因素达到危险值之前这个地方预先破坏,将能量释放,保证安全。例如,在压力容器上安装安全阀或爆破膜,在电气设备上安装熔断丝等。

⑥坚固或加强。有时为了提高设备的安全程度,可增加安全系数,加大安全裕度,保证足够的结构强度。

⑦警告牌示和信号装置。警告可以提醒人们注意,及时发现危险因素或部位,以便及时采取措施,防止事故发生。警告牌示是利用人们的视觉引起注意;警告信号则可利用听觉引起注意。目前应用比较多的可燃气体、有毒气体检测报警仪,既有光也有声,可以从视觉和听觉两个方面提醒人们注意。

⑧封闭。就是危险物质和危险能量局限在一定范围之内,可有效预防事故发生或减少事故损失。例如,使用易燃易爆、有毒有害物质,把它们密闭在容器、管道里边,不与空气、火源及

人体接触，就不会发生火灾爆炸和中毒事故。将容易发生爆炸的设备用防爆墙围起来，一旦爆炸，破坏能量不至于波及周围的人和设备。

此外，还有生产装置的合理布局、建筑物和设备保持一定安全距离等其他方面的安全技术措施。随着科学技术的发展，还会开发出新的更加先进的安全防护技术措施，要在充分辨识危险性的基础上，具体选用。安全技术设施在投用过程中，必须加强维护保养，经常检修，确保性能良好，才能达到预期效果。

(2)制定安全对策措施时应遵循的原则。

①应按照安全技术措施等级顺序来制定。

a. 直接安全技术措施。生产设备本身应具有本质安全性能，不出现任何事故和危害。

b. 间接安全技术措施。若不能或不完全能实现直接安全技术措施时，必须为生产设备设计出一种或多种安全防护装置，最大限度地预防、控制事故或危害的发生。

c. 指示性安全技术措施。当间接安全技术措施也无法实现或实施时，须采用安装检测报警装置、警示标志等措施，警告、提醒作业人员注意，以便采取相应的对策措施或紧急撤离危险场所。

d. 预防或减弱技术措施。若间接、指示性安全技术措施仍然不能避免事故和危害的发生，则应采用制定安全操作规程、进行安全教育和培训以及发放个体防护用品等措施来预防或减弱系统的危险、危害程度。

在实际工作中上述措施常常是综合使用的。

②安全技术对策措施应具有针对性、可操作性和经济合理性。

a. 针对不同行业的特点和评价中提出的主要危险、有害因素及其后果，提出对策措施。

b. 对策措施应在经济、技术以及时间上是可行的，是能够落实和实施的。要尽可能具体指明对策措施所依据的法规、标准，说明应采取的具体的对策措施，以便于应用和操作。

c. 在采用先进技术的基础上，考虑到进一步发展的需要，以安全法规、标准和指标为依据，结合评价对象的经济、技术状况，使安全技术装备水平与工艺装备水平相适应，实现经济、技术与安全的合理统一。

③安全技术对策措施应符合国家标准和行业规定。

安全对策措施应符合有关的国家标准和行业安全设计规定的要求，在进行安全评价时，应严格按照有关设计规定的要求提出安全对策措施。

2)安全教育对策

安全教育对策是通过各种形式的学习和培养，努力提高人的安全意识和素质，学会从安全的角度观察和理解所从事的活动和面临的形势，用安全的观点解释和处理自己遇到的新问题。

安全教育对策可分为安全教育和安全培训两大部分。安全教育是一种意识的培养，是长时期的甚至贯穿于人的一生，并在人的所有行为中体现出来，与人们所从事的职业没有直接关系；安全培训虽然也包括有关教育的内容，但其内容相对于安全教育要具体得多，范围要小得多，主要是一种技能的培训。安全培训的目的使人掌握某种特定的作业或环境下准确并安全地完成其应完成的任务。在这个层面上，安全培训主要是指企业为提高职工的安全技术水平和防范事故能力而进行的教育培训工作，也是企业安全管理的内容，在消除和控制事故措施中有重要的作用。

安全教育包括安全意识教育、安全知识教育及安全操作技能教育等方面。

生产经营单位的安全教育、培训是提高员工安全意识、安全技术素质、防止人的不安全行为、减少人的操作失误的重要做法,安全培训和教育有四个层面:单位主要负责人、安全管理人员、从业人员和特种作业人员的安全培训教育。提供教育和培训,提高单位管理者及员工的安全生产责任感和自觉性、普及和提高员工的安全技术知识、增强安全操作技能,从而保护自己和他人的安全和健康。

也可以说,生产经营单位的安全教育就是对企业各级领导、管理人员及操作工人进行安全思想教育和安全技术知识教育。安全思想教育的内容包括国家有关安全生产、劳动保护的方针政策及法规法纪。通过教育提高各级领导和广大职工的安全意识及法制观念,牢固树立"安全第一"的思想,自觉贯彻执行各项劳动保护法规政策,增强保护人、保护生产力的责任感。安全技术知识教育包括一般生产技术知识、一般安全技术知识和专业安全生产技术知识的教育,安全技术知识寓于生产技术知识之中,在对职工进行安全教育时必须把二者结合起来。一般生产技术知识含企业的基本概况、生产工艺流程、作业方法、设备性能及产品的质量和规格。一般安全技术知识教育含各种原料、产品的危险、危害特性,生产过程中可能出现的危险因素,形成事故的规律,安全防护的基本措施和有毒、有害的防治方法,异常情况下的紧急处理方案,事故时的紧急救护和自救措施等。专业安全技术知识教育是针对特别工种所进行的专门教育,例如锅炉、压力容器、电气、焊接、化学危险品的管理、防尘防毒等专门安全技术知识的培训教育。安全技术知识的教育应做到应知应会,不仅要懂得方法原理,还要学会熟练操作和正确使用各类防护用品、消防器材及其他防护设施。

作为教育的对策,不仅在企业、产业部门,而且在教育机关组织的各种学校,同样有必要实施安全教育和训练。安全教育应当尽可能从幼年时期就开始,从小就灌输对安全的良好意识和习惯,还应该在中学及高等学校中,通过各种试验、运动竞赛、远足旅行、骑自行车、驾驶汽车等实行具体的安全教育和训练。作为专门教育机构的高等工程技术学校,对将来担任技术工作的学生,更应该按照具体的业务内容,进行安全技术及管理方法的教育。而安全操作技能的教育一般由专业技术培训机构完成。安全教育应不断重复、多次强化,并注重教育的科学性、系统性和有效性。

3) 安全管理对策

从表面上看,工业生产中事故的发生是由于生产空间、设备、设施和人为差错等不安全条件所造成的。但是如果从事故原因和深层分析中进行研究,其根源还是管理上的缺陷,只不过表现的形式不同。

管理对策是依据国家法律规定的各种标准,学术团体、行业的安全指令和规范、操作规程、以及企业、工厂内部的生产、工作标准等,对生产及运营进行安全管理。一般把强制执行的叫指令性标准,劝告性的非强制的标准称为推荐标准。法规必须具有强制性、原则性和适用性,如果规定过于详细,就很难把所有可能的情况都包含在里面,势必妨碍法规的执行。当然除指令式法规外,还可以通过制定行业、地方标准将国家标准具体化。

管理对策一般包括安全审查,可行性研究、初步设计、竣工验收,安全检查,安全评价,辨识危害、评价风险、提出风险控制,安全目标管理等。

4) 安全心态对策

从现代安全管理的观点出发,安全技术对策应是风险控制工作的首选。而安全教育和安全管理却无法涉及人以什么样的心情、感情和状态去进行作业。如果人们因为某些生活、工作中的不愉快、烦心事等造成没有一个阳光明媚的心情和精神饱满的状态,就难以以一个正常的心态去接受安全教育和遵守安全制度,进而导致事故的发生。

一些安全专家提出了安全心态的概念。安全心态(Emotion)原意为"情感"、"情绪"的意思。即要求人能够心情愉悦、情绪稳定、精神饱满地去进行作业、接受安全教育、遵守安全制度,并将其理解为是对自己、家庭、同事、企业和国家的负责,怀着对自己、家庭、同事、企业和国家的强烈感情去追求安全;同事之间相互关爱,所有职工爱厂如家,携手抵御隐患和事故,共同造就整个企业的良好安全环境;不放过任何机会去帮助正在处于危险中的同事、不放过任何机会去提高自己的安全知识技能、不放过任何机会去消除隐患、不放过任何机会去减少损失等。而这些都源自于人内心的责任感、强烈的感情和良好的精神状态。

正如目前提出的"人论智"作为安全的社会属性中的主动因素。人论智正是基于夫妇、父子、兄弟、朋友、同事构成人际关系,人际以诚相待,共谋生命的延续、生活的充实,并以此抵制唯利是图。对于资本主义社会以及那些安全管理滞后的企业,各人际关系上的人论智相当低微、暗弱,人论智成为他们"职业灾害困局"中唯一脱困希望之所寄,一些安全专家认为,"人论智"正是安全心态(Emotion)的最好例证。

如果把"3E"(安全技术、安全教育、安全管理)比作事故预防和控制的"机体",那么"Emotion"(安全心态)则可看作事故预防和控制的"灵魂"。只有"四E一体"、"机体"与"灵魂"有效结合、共同进展,才能有效做到防患于未然,营造良好的人性化的企业安全文化。

3. 合理原则

要有科学和理论根据、尊重科学原理、规章制度、行业规程等。以备用设备为例,为每一个单元设备、元件都配备备用品是风险最低、最安全的做法,但是由于一些设备的故障率极低,这样的做法可能造成极大的资金浪费,显然这是不合理的在实际生产过程中,往往只为故障率较高或一旦发生故障危害极大的设备配备备用品。

4. 切实原则

与现场环境、条件相一致,从实际出发,始终使风险控制工作符合实际情况的要求。

5. 可操作性原则

具有较强的可操作性,能够为多数企业和员工所认同和接受。对于高危作业的风险控制,防范措施除了切实合理,还必须可行。例如,高处作业必须搭设脚手架是合理的,但在杆塔上工作时,搭设脚手架却是不可行的;又如在高处作业时必须配戴安全帽、安全带,使用防坠器,转移位置时不能失去后背带的保护等,这都是防止发生高处坠落事故的切实可行的有效措施。

6. 适度控制原则

项目风险控制需要防微杜渐、明察秋毫,严格把握每个可能给项目带来损失和不确定性的风险征兆。但风险控制仍然需要有一定的弹性。因为风险控制需要花费大量的人力、物力、财力成本,规避或是降低了风险,但花费了巨大的风险控制成本也是得不偿失的。因此风险控制需要项目掌握时机、选择适当的机会进行项目决策调整。

7. 适时控制原则

风险无处不在,并且伴随着项目的生产经营活动而不断演化。因此,项目风险控制活动既不是风险发生前的一次一劳永逸的付出,也不是风险发生后的亡羊补牢,风险控制应该是对项目经营活动以及风险征兆的适时监控。风险控制的要点在于积极识别风险、分析风险成因、及时发现风险并采取相应的对策。因此,风险控制具有适时性,风险控制活动存在风险管理的全过程中。

8. 适当控制原则

导致项目遭遇风险的成因是多方面的,在项目生命周期的不同阶段,对项目生产经营具有影响的风险因素的等级程度是不同的。因此,项目风险控制同样需要有动态的、系统的、权变的思想。基于此,风险控制需要针对风险的发生概率、发生时间、影响程度、属性成因等制定大同的控制标准和控制方式,从而适应对不同风险的控制要求。对于那些对项目的生存和发展有重要影响的风险成因应优先控制,对于突发风险事件或超出项目风险预期的风险成因,项目还应该有相应的控制对策。

二、风险控制措施

在任何情况下,都应根据当地的环境和条件、投资和效益回报、当前的科学技术,来制定和实施风险削减措施,把风险降到"合理、实际,并尽可能低"的水平,也就是说,让风险削减程度与风险削减过程的时间、难度和代价之间达到平衡。一般情况下,应按下列等级顺序选择风险削减措施,如图6-4所示。

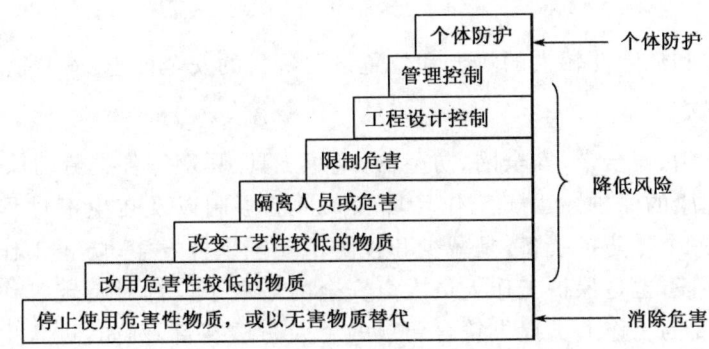

图6-4 风险控制措施选择的优先顺序图

1. 消除措施

通过合理的设计和科学的管理,尽可能从根本上消除危险、有害因素,这是从根本上消除危险源的首选方法,也是最彻底的方法。生产现场有相当多的危险源,如孔、洞、井、地沟盖板和栏杆缺口、导线绝缘破损、压力容器泄漏、旋转机械的异常运行,温度、压力、流量等参数的超标等,这些都是可以通过采用本质安全设计和科学的管理得以消除的。如在条件允许的情况下,用低风险、低故障率的设备代替高风险设备;在检修过程中,用新型清洗剂代替汽油清洗轴承等零部件,可以有效防止现场使用易燃易爆物品引发的各类火灾事故。

2. 预防措施

当难以消除危害因素时,就要采用预防性措施防止事故发生,如安装安全阀、熔断器、防碰天车,事故排风装置和联锁系统等,教育和激励职工严格按安全操作规程作业。

3. 减弱措施

当无法消除危害因素又难以预防时,应想法减弱危害的程度,如局部通风排毒、对排放的污水进行处理,减少其中有害物质的浓度,使用减振、消声装置,制定各种应急计划。

4. 隔离

当出现无法消除、预防和减弱危害因素的情况时,应将人员与危害点源隔开及将不能其存一处的物质分开。如放射性或高温场合采用遥控作业加安全罩或防护屏,保持安全距离,穿戴防护用品等。

5. 联锁

当操作者失误设备运行一旦达到危险状态时,应通过联锁装置终止危险、危害发生。常用的联锁技术见表6-2。

表6-2 常用的联锁技术

序号	联锁技术
1	在意外情况下,联锁可尽量降低事件B意外出现的可能性。它要求操作人员在执行事件B之前,先执行事件A
2	在某种危险状况下,可用联锁确保操作人员的安全。例如,打开家用洗衣机的盖板时,联锁装置自动使洗衣机滚筒刹车停止运行,避免衣物缠手造成伤害
3	在预定的事件发生前,联锁可控制操作的顺序和时间。即当操作的顺序是重要的或必要的,而错误的顺序将导致事故的发生时,最好采用联锁

6. 警告

在易发生事故和危险性较大的场合和位置设置醒目的安全标志,安装监测报警系统。

7. 个人防护措施

通过配备安全帽、安全带、安全网、防坠器、绝缘工具、耳塞等各类劳动保护用品,可以实现对工作人员人身健康的保护。由于工作环境和条件的限制以及在生产过程中客观存在的风险,有针对性地选择个体防护装备,是减少和预防不安全事件发生、防止工作人员健康受到损害所采取的必要手段,也是保护工作人员人身安全的最后手段针对特定工作环境所存在的可能风险,生产企业要为工作人员提供符合要求的个人防护装备,例如:进入生产现场要配戴安全帽,在2m高度以上作业要配戴安全带,带电作业要配备屏蔽服,装拆接地线要配备绝缘棒和绝缘手套,噪声达到85dB以上的劳动场所要配戴耳塞,粉尘超标的场所要配戴口罩等。

风险控制措施的注意事项如下:

(1)措施应能够满足消除、预防、减弱和隔离危害的各项的要求,特别是针对发生事故的应急计划、逃生路线和自救措施,要确保有效并进行必要的演练。

(2)措施应有较好的针对性、操作性和经济合理性。应根据行业特点及识别出的危害因素,制定出准确、完整、系统的措施,同时,还应该简便易行,为员工所能实施和掌握。此外,其不应超过现有的经济技术条件,盲目追求过高的标准。

(3)应符合有关的法规和标准。

三、风险控制方法

1.3P管理方法

3P是指贯通"PDCA-PTSC-SOP"为一体的科学思维模式和作业管理模式,其方法图解如图6-5所示。

1)P-D-C-A

P(Plan)——计划:包括方针和目标的确定以及活动计划的制订。

D(Do)——执行:执行就是具体运作,实现计划中的内容。

C(Check)——检查:就是要总结执行计划的结果,分清哪些对了,哪些错了,明确效果,找出问题。

A(Action)——改善行动:对总结检查的结果进行处理,成功的经验加以肯定,并予以标准化,或制定作业指导书,便于以后工作时遵循;对于失败的用"异常三步骤"拟订改善行动计划。

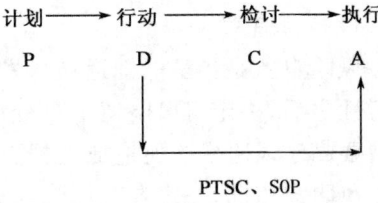

图 6-5　3P 管理方法图解

2)P-T-S-C

P(Personnel)——是责任人员:指某一件事情有专人负责。

T(Time limit)——完成期限:指完成有一件事情说需要的时限。

S(Standard)——责任人完成标准、主管人验收标准(量化、细化、流程化、标准化):是指完成某件事情的标准。

C(Check)——汇报、验收:是指完成某件事情后向上级主管汇报,主管加以验收完成情况的过程。

3)S-O-P

SOP(Standard Operation Procedure)是一种标准的作业程序,是对一个过程的描述,不是一个结果的描述,是实实在在的,具体可操作的,不是理念层次上的东西。所谓标准,在这里是最优化概念,是经过不断实践总结出来的在当前条件下可以实现的最优化的操作程序设计。SOP 的精髓就是对某一程序中的关键控制点进行细化和量化。

企业应根据风险评价的结果及经营运行情况等,确定不可接受的风险,制定并落实控制措施,将风险尤其是重大风险控制在可以接受的程度。企业在选择风险控制措施时应考虑可行性、安全性以及可靠性。其风险控制措施应当包括工程技术措施、管理措施、培训教育措施和个体防护措施。

企业应将风险评价的结果及所采取的控制措施对从业人员进行宣传、培训,使其熟悉工作岗位和作业环境中存在的危险、有害因素,掌握、落实应采取的控制措施。

危害因素辨识、风险评价的目的是为了能采取相应的风险控制措施。因此,应根据危害因素辨识和风险评价的结果,策划风险控制措施(表 6-3)。

表 6-3　风险等级划分及相应的控制措施

等级	应采取的行动/控制措施
重大风险	结合风险的实际情况,立即停止作业或建立规程、制订管理方案及应急预案,加强培训、检查、测量及评估
一般风险	应采取控制措施,可考虑建立操作规程(操作卡),定期检查和测量、评估
轻微风险	不需采取措施

危害辨识与风险评价是建立和有效运行 HSE 管理体系的基础,是 HSE 管理体系的核心内容,是主动开展 HSE 管理的重要表现,是贯彻预防为主思想的体现。油田生产作业具有野外、流动、多点、线长、面广、高温高压、高劳动强度的动特点,起重、高处、交叉等高危作业频繁,发生事故概率高。在建立 HSE 管理体系过程中,只有利用安全系统工程原理,对生产经营活动中的危害因素进行识别,并对其风险进行评价、分析,才能得到有效的风险控制。

2.风险控制策略和方法

工程项目中风险应对的策略和措施主要有风险自留、风险转移、风险缓解和风险回避,以及这些策略与措施的组合。

1)风险自留

风险自留是指虽然知道项目发生过程存在风险因素,但是经过权衡应对策略的经济性与可行性之后,决定将风险留下自行承担。采取风险自留有两个条件:一是采取风险应对策略的花费要高于风险发生所造成的损失;二是项目主体有强于风险造成损失的财务实力。所以,在采取风险自留前,一定要对风险损失情况和自身实力有较深刻的评估。

2)风险转移

风险转移的实质是分散风险。比如通过分包等方式让另外一些团队来做或许就没有风险或只有少量风险,因此转移后并不一定会给他人造成损失,因此风险转移的手段通常有工程分包和转包、技术转让或财产出租等,保险也是一种常用的而且有效的风险处理方式。

3)风险缓解

风险缓解就是通过一定的方式将工程项目可能发生的风险概率或风险发生的后果降低。风险缓解只能减轻风险而不能消除风险,从这一点上来看,风险缓解不同于风险回避和风险自留。通常情况下,风险缓解的方式是,通过采取合同、经济、组织、技术等措施将已识别风险分离或者分散。

4)风险回避

风险回避就是放弃存在风险的工程项目,只有当存在的风险事件非常严重时才采取风险回避的措施。因为采取风险回避措施意味着将放弃一定的收益。

以上几种风险控制方法的比较分析见表6-4。

表6-4 风险控制方法比较分析表

风险控制方法	适用范围	局限性
风险自留	采取其他风险规避方法的费用超过风险事件造成的损失数额	不能改变风险的发生概率和潜在损失的严重性
风险转移	风险发生概率不是很大,组织有能力控制风险	合同条款理解上的偏差会引发问题,受让人有时无力承担风险责任
风险缓解	存在风险优势	只能减轻风险而不能消除风险
风险回避	实施面临巨大的威胁,又无其他办法控制风险	放弃了获得收益的机会

在制定风险控制措施的时候要以危害辨识和风险评价结果为基础,而一定风险评价方法的实施本身可以为风险控制措施的制定提供直接指导,如 HAZOP、FMEA、JSA 等。

第二节 石油工程职业健康安全风险削减与控制

一、钻井作业职业健康安全风险削减与控制

1. 钻井作业工程风险控制措施

1)搬家作业风险控制措施

搬家是一项综合性工作,多工种、多单位联合作业,所以在搬家前,应召集全队职工开会,交代有关事项,具体包括:

(1)新老井场人员分工；
(2)新老井场吊车分配；
(3)设备搭配装车安排；
(4)道路沿线及井场介绍；
(5)生活安排；
(6)使用的工具及注意事项；
(7)设备摆放要求；
(8)架设通信设备；
(9)主要风险及对策措施；
(10)其他注意事项。

2)安装作业风险控制措施

打一口井，并不是一两天就能完成，特别是在环境恶劣、设备精度较差的情况下，更需要依靠设备的安装质量来保证全井的正常施工。在安装过程中，技术员要制定穿大绳方案，井场布置，设备校正，固定各种仪表，安排并检查各种设备的安装情况，做好文字记录，及时汇报、分派第二天的工作。

3)一开作业风险控制措施

当设备全部就位后，应进行设备试运转、冲鼠洞的同时，复检各设备的安装尺寸、固定情况、校正仪表，召集全队进行技术交底。

一开始，方钻杆旋转破开表层；钻头和钻具结构按工程设计执行，钻井液性能按钻井液设计执行；钻进中避免井下落物和定点循环等，重点预防流砂卡钻、沉砂卡钻。干部值班巡视井场，对安装中的不足，应及时记录在案，便于二开前整改，同时安排人清洗表套、丈量和校正表套尺寸，根据表层套管实际长度合理确定一开井深。

4)下套管固井作业风险控制措施

一开完后，起钻先盖好井口，更换井口工具，技术员复查井深，计算套管下入深度和联入，口袋应在 0.5m 之内。下套管时，注意套管鞋的安装质量及套管顺序。下完顶通循环，检查水源、设备情况等为固井做准备，固井时注意替空。

5)井口安装作业风险控制措施

井口安装要求与井口对正，且固定稳，钻井时不晃动，卸联顶节时检查第一根表套是否退扣；计算井口放喷管线出口高度，如果此时发现高度不合适可提前调节升高短节长度作为补救措施，避免封井器安装完后才发现井口内放喷管线接不出去。最后按标准试压。

6)二开作业风险控制措施

二开首先是变换钻具结构，接头一定要下对，由于井口工具较多，防止掉落物；不用的工具应清洁，涂上润滑油标上规格，摆放整齐。二开探水泥面，技术员应在场，钻水泥塞各种技术参数要求按设计执行，二开后，重点在日常的监督管理上，主要有以下几个方面：

(1)设备保养及卫生，减少停钻时间。
(2)随时掌握钻头在井下工作的情况。
(3)泵压变化，转盘负荷，钻具上提下放摩阻。
(4)按成本曲线及操作经验确定更换钻头时间。

(5)事故多发生在钻头使用后期、起下钻操作、地层突然变化井段,技术员和值班干部要经常到钻台、钻井液罐上观察,起钻前期、下钻后期,重点交代。

(6)每天参看工程设计,又要考虑到地层深度与设计有无出入,地层可能提前或推后、缺失、新增等,要密切注意并制定相应措施,不能盲目地只考虑深度,而不考虑地层。

(7)由于井队岗位经常变换,要加强正确操作的培训工作。

(8)经常检查液面报警器,调整高度以便及时发现井漏和井涌。

(9)定期检查重点设备,定期进行防喷演习。

(10)及时掌握井身质量,调整钻井参数,钻具组合。

(11)工具到井验收,特殊工具描绘草图。

7)起钻作业风险控制措施

起钻是一个复杂的过程,都不愿多起钻,但又是不可避免的,为了减少起钻和起钻带来的复杂问题。主要措施有:

(1)采用高质量的钻头;

(2)采用优质钻井液;

(3)优化钻具组合;

(4)合理的钻进参数;

(5)在钻进时间长、进尺多的情况下,避免起钻困难采用中途起下钻。

起钻前应把好关,在下列情况下不准起钻:

(1)钻井液性能不正常;

(2)井底没有循环干净;

(3)人员不到位;

(4)钻井液密度过低;

(5)没装好测斜卡片;

(6)循环时间不够;

(7)防喷设施不正常。

起钻过程中,操作人员、值班干部、技术员除了按操作规程、执行防卡措施要求外,还要始终跟踪钻头所到的位置,根据各种现象分析井下情况,及时提醒井下有可能发生的复杂情况,采取有效措施。

8)下钻作业风险控制措施

起钻完后,严格检查钻头尺寸、高度、型号、厂家、喷嘴、钻头内流道、焊缝及磨损情况等。更换钻头及时下钻至套管鞋处检修、保养设备,发现地面不正常不准下钻,下钻中途应严格执行操作规程和防卡措施,如遇阻应及时上提,接方钻杆小排量开泵顶通水眼,然后建立循环;在上部地层尽量减少循环和不循环,如中途需顶水眼,只需顶一下就行,下部地层可循环,技术员应严格把关,以免造成不必要的复杂情况,下钻到底,技术员应在场,提前一单根,接方钻杆单阀开泵,正常排量循环、钻进。

9)完钻及电测作业风险控制措施

完钻对于一口井来说,只是完成了一半,技术员应及时与钻井液工作人员制定出完井液方案,并稳定完井液性能,与地质人员配合确定完钻井深,及时汇报给有关单位,做好完井电测准备工作,同时安排好下套管的数量、编号、型号、钢级、厂家,对套管进行清洗、通内径,按套管设计的下入顺序进行排列,其次,对设备进行一次全面保养,检查大绳及指重表、传感器等,收回所有测量仪器。

电测时,随电测解释人员一道,随时掌握电测情况,检查套管、固井工程准备情况。同时,要搞好井控工作,克服人们的放松思想,再加上井内无钻具,所以要加强值班坐岗。

10) 套管丈量、下套管作业、固井作业风险控制措施

电测完后,要及时通井,等待电测通知,这时,技术员应再次检查套管数量、编号、型号、套管尺寸、扣型、钢级、厂家和清洗、通内径情况、扶正器个数及下入顺序安排等,按完井协作会的安排,进行技术交底,在地面监督组装好引鞋、旋流短接、阻流环、准备好固井用水、前置液、顶替胶液等。下套管时,技术员主要负责入井顺序,钻井液返出情况,下入动态,最后复查套管根数,联入高度,并做好记录,及时汇报,做好固井工作。固井时,技术员与现场固井工程师一道搞好固井工作,固井施工完后,技术员应安排好放压工作,同时安排好井口安装、试压等。对于有三开、四开的井,具体工序同二开基本相同,在此不再阐述。

11) 甩钻具、设备待迁作业风险控制措施

固井后,技术员及时汇报,取得联系,安排井场工作,按联系好的方案执行,拆设备、甩钻具,技术员要亲自监督套管试压、拆井口、甩封井器、拆指重表,安排有关人员拆卸设备后,自己编写井史、整理值班表,写出完井总结,三天内资料全部上交。

2. 钻井重点工况 HSE 风险与控制

钻井重点工况 HSE 风险与控制见表 6-5。

表 6-5 钻井重点工况风险与控制

工况	危害点/作业环节	潜在危害	削减和控制措施
搬迁安装	拆、装设备	人砸伤/碰伤/高处坠落;设备碰坏/砸坏	按照作业指导书要求,小心谨慎,高处操作带好安全带
	搬迁设备	翻车伤人损物;交通事故;	执行道路交通安全法,谨慎驾驶
		起吊重物坠落砸伤人	起吊重物选择合格吊索,现场统一指挥,安排安全监护人
	起放井架	高处坠落,落物伤人	设置警戒区,安排监护人
		起绳跳槽摔坏井架/砸伤人	加强起放井架前的各项检查
		操作失误砸坏井架	加强培训,逐条执行操作规程
钻井过程	起下钻、接单根	液压大钳机械伤害	加强培训,严格执行操作规程
		钻井液喷出、滑跌摔伤	使用防喷盒,钻台有钻井液及时处理
		高处落物砸伤下方人	工具、活动部件系好保险绳,不抛掷物品
		操作人员高处坠落	系好安全带
		防碰天车失灵、顶天车	及时检查防碰天车,发现失灵停工维修
		单吊环起钻	谨慎操作
		刹车失灵、顿钻	加强刹车系统检查
		断大绳	及时检查、更换钢丝绳
		气葫芦吊重物脱钩	使用安全双向钩

续表

工况	危害点/作业环节	潜在危害	削减和控制措施
钻井过程	钻进	井喷、井喷失控	按设计安装调试防喷器材、设施、管汇和内放喷工具,应急预案培训演练
		井漏、掉牙轮、刺、断钻具、掉螺杆芯子、卡钻	正确执行操作规程
		机械伤人	转动部位必须安装封闭护罩
		硫化氢等有毒气体中毒	现场配备 H_2S 检测仪和足量的气防装置,培训、演练,达到熟练程度
		可燃气体从井口溢出燃烧爆炸	配备可燃气体检测仪,在井口配防爆排风扇驱散可燃气体
	配置钻井液	处理剂灼伤、烧伤/腐蚀;吸入粉末导致尘肺、中毒	穿戴好劳动防护用品
		环境污染	及时清除回收落地钻井液药品、包装,挖沟阻断外排
钻井过程	特殊作业	处理事故断大绳、拉倒井架、拔断钻具、工具落井	按照工程部门的事故处理方案进行事故处理
		割、焊井口造成火灾	进行风险分析,开动火票,制定动火措施,落实措施后由持证人员动火
		检维修泵或其他设备,误合开关造成检修人员伤害	安排监护人,挂牌警示,拆离合器或总控制器
	特殊天气	雨天滑跌、触电	清除通道杂物,井场使用防雨电气开关,所有设备接地
		冬天冻坏设备、冻伤人员;夏天中暑	做好防暑降温和防冻保温工作,发放防暑降温药品和取暖保温器材
完井作业	测井作业	放射性伤害;射孔枪误发伤人	测井时,闲杂人离开施工现场
		测井仪器落井	配合测井做好准备工作
	下套管作业	滚套管/吊套管/拉猫头伤人,井漏/井涌/卡套管/落物	严格执行下套管操作规程
	固井作业	憋管线、憋泵伤人、井漏	非施工人员撤离,现场安排监护人,固井施工人员检查管线连接处
		环境污染	及时回收落地水泥
	甩封井器装井口	砸伤人、砸坏井口	严格执行操作规程
	甩钻具	拉猫头、钻具下钻台、滚钻具人身伤害、损坏钻具	严格执行操作规程
其他	油罐区	罐区燃油泄漏燃烧爆炸	加强灌区检查,油罐区禁带火种,禁止动火
	宿舍、伙房	电气火灾烧毁房屋设施,烧伤人	人走电停,加强检查监护,配消防器材
	药品房、材料房	现场易燃纤维物品着火烧毁房屋、材料	在井场范围内尤其是易燃易爆物品房禁止抽烟、动火

3. 井喷的预防措施

当地层压力大于井底压力时，地层流体进入井内的现象称为溢流。溢流失去控制，地层流体无控制地大量流入井内，喷出井口的现象称为井喷。井喷是钻井工程中的严重事故。针对其的预防措施可以与以下几点：

(1) 井队要向全队职工进行工程、地质、钻井液和井控设备等方面的技术措施交底。

(2) 落实溢流早期显示观察岗位和"关井程序"操作岗位，坚持井队干部24h值班制度。

(3) 所有井控设备、专用工具、消防设备、电气系统应配齐并处于正常状态。

(4) 井队须严格执行钻井设计，钻井液密度及其他性能应符合设计要求，检查是否有足够的重钻井液和加重剂储备。

(5) 进行班组防喷演习。各钻井班应在2min内完成任一钻井作业状态下的关井程序，控制好井口。

(6) 钻主油气层上部50～100m时，根据预告的地层压力，及时调整好钻井液密度和性能，用钻开油气层的钻井液循环一周，对上部裸眼地层进行承压能力试验。打开防喷器试压到额定工作压力的70%；节流管汇、闸板防喷器及以下部件试压到闸板防喷器的额定工作压力。

4. 钻井作业现场防火和营地火灾预防措施

1) 钻井作业现场防火措施

钻井作业现场的防火措施，要严格按照有关井场防爆、防火规范的要求，制定防范措施，防止火灾的发生。

(1) 严格按照要求配备灭火器材。灭火器应放在规定的地点，并用标签注明类型、使用方法和充灌日期，过期的灭火器应及时更换。

(2) 井场照明一律采用防爆灯具和防爆开关，导线负荷要达到安全要求，各接线处要密封良好，导线和金属接触部位要用瓷瓶绝缘，探照灯必须专线控制。

(3) 井场内严禁烟火。井场口、钻台、循环系统、油罐等禁火区必须挂禁火标志牌。

(4) 柴油机排气管每10～15d清理一次，消除内部积炭，以防在气层钻进中排气时喷出火星。

(5) 值班房、发电房、配电房、油罐距离井口不少于30m，井场与上级调度部门保持畅通的通信联络。

(6) 钻台及机泵房无油污，钻台上下及井口周围禁止堆放易燃易爆物品及其他杂物。

(7) 在高压油气层钻井作业中，井场不允许动用明火，特殊作业需要明火，必须严格执行工业动火管理规定。

2) 营地防火措施

营地的防火措施包括但不限于：

(1) 按消防规定配备灭火器具，灭火器挂在随手可取的地方。

(2) 营地所有照明、用电设备、电气线路应符合电气安装标准，营房必须安装过载、短路、触电保护装置和小于10Ω的接地装置。

(3) 营房内严禁使用电炉和大于60W的灯泡，禁止存放和使用易燃易爆物品。

(4) 将防火制度和应急措施贴在每幢营房内，以增强员工防火意识。

(5) 对营房的消防设施、照明线路、灯具等用电设施进行定期检查，及时发现隐患及时整改。

5. 钻井工程职业病危害因素防控措施

职业病危害因素指在职业活动中产生或存在的因素,可能会影响到职业人群健康和作业能力,如存在于生产工艺过程中的粉尘、化学因素。而钻井过程中存在高温高压,易发生毒害。钻井过中可能会产生职业病的危害因素包括以下几方面:

(1)在钻井工艺方面。钻井施工的第一道工序就是钻前工程,如设备基础、井场的准备、搬运和安装钻井设备等。这样就会有溶剂汽油、电焊烟尘、电焊弧光等危害因素产生。钻井指的是在钻头上施加一定的压力作用,旋转钻头,以便对井底地层岩石有效破碎,并且借助于循环钻井液来将岩屑携带上来。在钻井过程中,需要对钻井液不断的循环,避免有井下事故产生。在钻井过程中,主要用料是钻井液体系,而有一系列毒物存在于其中,包括重晶石粉、有机物等,在地热加温之后,还会有有毒蒸汽、漂浮液滴产。在钻井液循环过程中,需要利用振动筛、除砂器、除泥器等设备对携岩钻井液不断进行净化,这样就会有噪声和毒物液滴的产生。

(2)在钻井工程用料方面。在钻井过程中使用的钻井液材料,涉及诸多种类的物质种类,会在较大程度上危害带作业人员的生命安全。水基钻井液是最为常见的,其会产生最大的职业病危害。水基钻井液包括水、黏土等诸多组成部分,膨润土的主要矿物成分是蒙脱石,在配置钻井液时,膨润土粉尘很容易产生,进而导致职业性肺部疾病的出现。而硫酸钡、碳酸钙等则是常见的加重材料,很容易导致中毒事件的发生。

(3)在钻井工程劳动作业方式方面。搬家安装、钻井、测井、录井等都是钻井工程中主要的作业环节,包含了诸多个工种,有着比较复杂的生产工程和较大的劳动强度,在这么艰苦的工作环境下生产,很容易出现职业病。

针对上面所提到的危害因素,从以下几个方面来提出钻井工程职业病防控措施。

1)基础防控

(1)结合《用人单位职业病防治指南》将职业病防治管理工作给开展下去,企业应当将职业病防治方面的文件发布下去,同时建立职业卫生管理档案,以及科学评估职业病防治工作等。

(2)技术上,应对生产作业现场通风采光条件积极改善,将高毒物质替换为无毒低毒物质,发放劳保防护用具,并且做好消毒工作。

(3)在营养项目方面。因为钻井工程所在地大多都是恶劣气候,后勤保障负责着所有人的饮食,因此,后勤食堂的营养项目可以更加有效地干预钻井队成员的健康。那么在菜谱中,就可以对辛辣佐料的使用有效减少,并且将润肺降燥的食物给定期添加过来。对于上夜班的钻井队员,主要是清淡爽口的食物,尽量减少辛辣和油腻。

(4)压力管理方面。职业病危害因素都会导致钻井工程作业人员压力的产生,如作业强度较大、视力紧张,或者没有处好同事关系、家庭状态不够和谐等。并且钻井工程作业环境比较恶劣,也会导致心理压力的产生。针对这种情况,就需要对钻井队的思想动态积极关注,了解作业人员的心理情况,提供心理咨询服务等。

2)专项防控

(1)噪声防护。如果人们长期处于噪声环境下,就会在较大程度上危害到人的听力。在钻井工程中,不管是发电机的运行,还是钻机、绞车的运转,都会产生较大的噪声,并且一般将两班倒的工作制度实施下去,那么工作人员每天就有12h与噪声接触。针对这种情况,需要将机械钻机尽快发展为电动钻机,部分设备噪声较大,需要对设备进行更新或者改造,促使其与国家卫生标准所符合。还可以将隔声、消声等措施给运用过来,以便降低噪声污染。如将吸声材料安装于柴油机房内壁。做好设备检修工作,将网电钻井有限运用过来,促使噪声水平得到降低。在发电机、柴油机的使用过程中,需要对隔声罩合理运用。如果工作场所的噪音超过了相关标准,作业人员需要对耳塞、耳罩合理佩戴,并且对护耳用品定期更换。

(2)振动防护。为了避免钻井工程受到振动的危害,需要将干预措施运用到作业现场。部分区域出现振动之后,需要将振动有害的警示标志悬挂于附近。将振动作业卫生标准严格执行于劳动作业过程中。还可以创新技术,促使振动频率得到有效降低,如减震靴、减震手套的穿戴等。

(3)粉尘防护。粉尘有着越小的粒径,就会在越大程度上危害到人的呼吸系统。很小的粉尘进入呼吸道之后,会在细支气管壁和肺泡壁上沉积,咳嗽、慢性咽炎等病害很容易产生,严重的话,还会出现一些肺炎和肺癌等病害。电焊烟尘、膨润土粉尘等都是钻井工程作业现场常见的粉尘。针对这种情况,对于部分钻井液配置区,会有大量粉尘产生,那么就需要做好通风工作,将布袋除尘器加装于加料口附近,选择的滤料应该具备较低的阻力和较高的过滤效率,要定期经常的检修除尘器,选择科学的措施来回收利用钻井液粉尘。操作人员要将口罩等防尘用品正确佩戴之后,方可以开展配料或者投料操作。选择的口罩级别需要符合于防护环境,将紧急冲洗装置设置于钻井液配置区附近,操作人员离开钻井液配置区域时,需要将工作服给换掉。在野营房布置的过程中,需要将当地当时段的风向给纳入考虑范围,在上风向安置野营房。

3)恶劣天气危害的防控

(1)防冻措施。

①冬初成立防冻领导小组,按上级防冻指挥机构的统一布置结合本队实际开展防冻工作。

②与当地气象部门取得联系,了解可能出现的最低温度,整个冬季的气候状况,并将收集了解的信息向上级管理机构反馈。

③针对当地的气候特点,做好相应的物资储备,如职工防寒服、防滑皮鞋、防冻霜(膏)、应急油桶、-10号柴油、柴油机防冻液等。

④做好预防工作,如包裹油管线、柴油机保温以及检查维修野营房的取暖防火设施等。

⑤制定紧急情况的应急措施。制定措施时,要考虑人的健康安全。

(2)防暑措施。

①平台经理(队长)、钻井工程师合理组织生产,避免岗位工人长时间连续高温作业。

②搞好空调野营房的合理利用,保持空调器的正常运转,为下班工人提供良好的休息环境。

③下班职工合理安排娱乐和休息,保证足够的睡眠,避免疲劳上岗。

④食堂不从市场上乱买食物,买回粮副食品、蔬菜、肉类合理存放,保质、保鲜。

⑤炊具定期消毒,餐具用一次消毒一次。

⑥职工不乱买食物,高温作业后禁喝冷饮。

⑦医务室储备足够的防(治)中暑药物、食物中毒急救药物、夏季流行病药物。大流行病例立即送医院隔离。

⑧电工在每月的安全检查中,要对野营房的漏电保护装置,导线绝缘性进行检测,保证其他易燃易爆场所的绝缘、防爆能力。

⑨作业场所通风良好。保持工作设备的良好散热效果。

⑩使用好净水器,保证饮用水符合饮用标准。
⑪卫生员负责督促搞好生产、生活区的环境卫生,厕所定期消毒。

二、井下作业职业健康安全风险削减与控制

1. 井下作业施工风险削减及控制措施

1)搬迁风险削减及控制措施

(1)风险:

①挂值班房拖钩时,易发生挤伤、碰伤手指事故。
②拖运过程,易造成拖钩开扣,人员掉下事故。
③紧急刹车时,车上物与人相互挤压造成伤亡。
④颠簸路面行驶时,易造成值班房倾覆。
⑤交叉作业时,容易发生人员伤亡事故。
⑥吊装作业,易发生人员砸伤挤伤事故。
⑦立放井架易发生倒塌伤人事故。
⑧特种设备搬迁易发生倾覆或交通事故。

(2)削减措施:

①活动值班房要有完好的刹车装置及刹车灯。
②活动值班房在搬迁前,对轮胎、底盘及各部位的固定螺栓和拖拉支架要认真检查。
③活动值班房在拖运时,要有直径12.7mm以上的钢丝绳做保险绳。
④值班车拖钩必须有保险销。
⑤保险绳不少于2个匹配绳卡。
⑥拖动时值班房内严禁坐人。
⑦装运货物时,严禁超长、越宽、超高、超重。
⑧严禁人货混装,不稳定货物要用绳固定或加垫木和方木。
⑨吊装作业前必须认真检查钢丝绳套,保证完全系牢,吊装人员持证上岗,服从统一指挥,其中臂及吊物下严禁站人。
⑩交叉作业必须由专人统一指挥,特种作业人员持证上岗,服众现场调度统一安排。
⑪立井架前必须夯实基础,拔杆升至30°,必须挂好后绷绳。
⑫放井架时,井架车未到位,准备工作没做好,严禁松开绷绳。
⑬特种作业设备操作人员必须持证上岗,严格执行《特种设备搬迁安全管理规定》。

2)射孔作业风险削减及控制措施

(1)风险:

①射孔炮弹搬运不当,发生碰撞,易爆炸伤人。
②射孔过程中,容易发生井喷事故。
③井口大螺栓不全或未上紧,造成井喷失控。
④射孔枪落到井下。

(2)削减措施:

①射孔前,必须装好防喷大阀门,法兰螺栓齐全,紧固均匀,阀门开关灵活好用。

②套管阀门必须配齐完好。
③动力设备运转正常,中途不得熄火,司钻不准离开驾驶室。
④射孔施工时,非操作人员不准在炮弹周围或井口停留。
⑤射孔施工完后,应有专人观察井,防止井喷。
3)检泵与起下作业风险削减及控制措施
(1)风险:
①不掌握安全操作方法,强行操作造成人身伤害事故。
②上下抽油机进行操作时,易发生坠落摔伤。
③抽油机刹车不灵,驴头失控产生危险。
④操作人员随带工具易从高处掉下砸伤地面人员。
⑤用手或管钳盘转皮带易挤伤。
(2)削减措施:
①熟练掌握安全操作方法后,才能操作。
②停抽油机检查抽油机刹车应灵活有效。
③驴头 3m 之内不准站人。
④上驴头必须系安全带,所用工具尾部系保险绳。
⑤所有工具不准从高处抛下。
⑥抽油机游梁应停在平衡位置,刹死刹车。
⑦抽油机驴头无固定销,施工前必须先吊下驴头。
⑧完井甩驴头时,毛辫子应固定在驴头上,防止抽油机刹车失灵后毛辫子甩到井架上,挂坏或拉倒井架。
⑨抽油机驴头和游梁上不准存放零部件。
⑩严禁使用手或管钳盘转抽油机皮带轮。
⑪操作时要有其他人员做好防护工作。

4)冲砂填砂风险削减及控制措施
(1)风险:
①高压弯头,水龙头转动不灵活,接单根时容易倒扣。
②大钩转动不灵活,接单根时容易倒扣。
③水龙带易脱扣,掉下伤人。
④软出口固定不牢易伤人,污染环境。
⑤泵压过高易打爆水龙带高压液体喷出伤人。
⑥提放单根易发生水龙带缠绕事故。
(2)削减措施:
①探冲砂施工有干部在场指挥。
②大钩、水龙头转动灵活好用。
③水龙头、水龙带用 13mm 的钢丝绳卡在大钩耳环上,不少于两个绳卡。
④施工前管线必须紧固并拴保险绳或用地锚固定。
⑤采用气化液冲砂时压风机与水泥车之间要装单流阀,出口用硬管线,固定可靠。
⑥施工过程中,泵压不准超过水龙带标准压力,高压区禁止人员穿越,车不准熄火。
⑦冲砂更换单根时,水龙带应有专人负责拉扶。

⑧冲砂时应有防喷设施。
⑨冲单根时,井口周围5m内严禁站人。
5)防砂作业风险削减及控制措施
(1)风险:
①防砂施工高压件线易弹起伤人。
②泵压过高易打裂、打掉油管,造成工程事故。
(2)削减措施:
①防砂施工时人员不准横跨管线,站在安全区内。
②泵压控制在施工设计要求允许范围内。
③管线必须拴保险绳或用地锚固定。

6)压裂风险削减及控制措施
(1)风险:
①压裂施工时泵压高易造成管线破裂高压液体伤人。
②泵压过高易打裂、打掉油管,造成工程事故。
③压裂施工时井口易飞起伤人。
④开关阀门,丝杠易弹出伤人。
(2)削减措施:
①压裂施工时人员不准横跨管线,工作人员站在安全区内,非工作人员一律不能进入井场。
②泵压控制在施工设计要求允许范围内。
③管线必须拴保险绳或用地锚固定。
④压裂井口必须用地锚固定。
⑤开关阀门时必须慢开慢关,站在阀门一侧。
⑥压裂时各种车辆必须服从专人统一指挥。

7)诱喷作业风险削减及控制措施
(1)抽汲诱喷作业风险削减措施。
①风险:
a.抽汲作业易发生井喷事故。
b.地滑车固定不牢易拉倒井架。
c.抽汲钢丝绳易跳槽并伤人。
②削减措施:
a.抽汲施工前认典检查防喷盒、防喷胶皮和塑料橡胶球,保证完好防止造成井喷。
b.地滑车固定牢固,严禁拴在采油树或井架上,防止拉倒井架。
c.井口及钢丝绳附近不准站人,不准跨越钢丝绳。
(2)气举诱喷作业风险削减措施
①风险:
a.气举施工时高压管线易弹起伤人。
b.开关阀门丝杠易弹出伤人。
c.井内有天然气易发生爆炸事故。

②削减措施:

a.气举时施工人员不准横跨管线。

b.进气口必须用应管线,井口处安装但流阀,管线出口禁止使用活动弯头或90度死弯头。

c.施工中途发生故障必须先停泵放压,然后在进行处理。

d.进口管线必须拴保险绳,出口要用地锚固定。

e.开关阀门时应缓慢开启,严禁身体正对阀门丝杠。

f.为防止爆炸,井内有天然气时,推荐使用氮气气举。

8)替喷作业风险削减及控制措施

(1)风险:

①替喷施工时高压管线易弹起伤人。

②开关阀门丝杠易弹出伤人。

③替喷作业易发生井喷事故。

(2)削减措施:

①替喷时施工人员不准横跨管线。

②进出口必须用硬管线,进口处安装单流阀,管线出口禁止使用活动弯头或90°死弯头。

③施工中途发生故障必须先停泵放压,然后在进行处理。

④进口管线必须拴保险绳,出口要用地锚固定。

⑤开关阀门时应缓慢开启,严禁身体正对阀门丝杠。

⑥替喷施工时出口应有专人观察,当出口排量明显大于泵车排量时,应停止施工,防止发生井喷事故。

替喷施工,防止井喷事故发生。

2.井下作业重点工况风险与控制

井下作业重点工况风险与控制见表6-6。

表6-6 井下作业重点工况风险与控制

工况	潜在危害	削减和控制措施
起下作业	顿钻、大绳断落、管柱落井事故、伤人事故	按照作业指导书要求,检查刹车系统、提升系统,按规定速度起下作业
射孔作业	爆炸、井喷、井喷失控	装好防喷大阀门,法兰螺栓齐全,紧固均匀,阀门开关灵活好用,动力设备运转正常,射孔施工时,非操作人员不准在炮弹周围或井口停留,射孔施工完后,应有专人观察井,防止井喷
带砂作业	沉沙卡钻、砂卡管柱、落物事故、砂堵事故、伤人	正确执行操作规程
高压作业	管线刺漏、闸阀渗漏、卡阻、井喷、爆炸	施工监到位,正确执行操作规程
带酸作业	酸液伤人、设备破坏	戴好眼罩及劳用品;正确执行操作规程
打捞解卡	大绳断裂、井架倒塌、遇卡遇阻、管杆疲劳断裂	加强监护;正确执行操作规程
高空作业	坠落、落物伤人	系好安全带;工具、活动部件系好保险绳,不抛掷物品
防喷防爆	井喷、火灾、爆炸	配齐防喷工具配件;切实采取防喷防爆措施

3.井喷的预防措施

1)井喷的预防

(1)要加强安全教育,使全体施工人员都建立防喷意识,以便能应付突然发生的井喷事件。

(2)防止井喷,应以预防为主。其原则是保持压井液的静液柱压力略高于地层压力。关键是选好相应密度的压井液。不能为了安全,一味地加大压井液的密度,要坚持压而不死,轻而不溢的原则。

(3)起下钻时,应认真关注压井液,保持足够高的液面。

(4)坚持按《起下管柱操作规程》作业,控制起升速度,以免产生抽汲作用。

(5)在洗井或冲砂作业中,要认真观察油井返出量的变化及出口是否有气泡,应果断采取有效措施。

2)井喷的控制

(1)控制井喷的关键是井控装置。在作业中,井喷多发生在起下钻过程中。因此,安装灵活可靠的防喷器,是有效地对油井进行控制的最佳措施。

(2)起下钻前,要作好抢装井口的一切准备。

(3)对气井及高压井,套管两侧均应装双套双翼闸门。套管闸门靠近水池子一侧,应连接好二根油管备用,以便井喷时压井之用,尽量减少在井口工作时间。起下钻应连续作业,若因故停工应装好井口。

4.井场用电和照明风险削减及控制措施

(1)井场用电线路一律由供电单位负责架设,不许私自架设电路。线路布置整齐,不能横穿井场和妨碍交通,同时便于施工。

(2)必须用正规电线,禁用裸线、电话线或用照明线代替动力线。

(3)线路应绝缘良好,用木杆架设,高度不低于2.5m,禁止拖地或挂在绷绳、井架或其他铁器上。

(4)井架照明必须用防爆灯,电线保证绝缘、固定可靠。

(5)井场照明应有足够的亮度,防爆灯架起高度不小于2m;水银灯距井口至少5m,架起高度不少于4m;探照灯应有灯架,高1m,灯线必须用绝缘胶皮软线,并定期检查。

(6)电器开关应装在距井15m外的室内或开关盒内,必须装触电保护器。探照灯、爆灯闸刀应分开设置,发生井喷时应住即断开电源。

(7)电暖器和其他用电设备必须有接地线,防护措施可靠。

5.高空作业风险削减及控制措施

(1)凡患有高血压、心脏病者,严禁上井架进行高空作业。

(2)凡蹬高2m以上作业,必须系好安全带,安全带拴在牢固可靠位置后,才能工作。

(3)高空作业使用的工具、用具,上井架时必须用棕绳在身上拴牢靠,工作时拴在井架上。

(4)上、下梯子手要抓牢,脚要蹬稳,防止打滑或踩空。

(5)在高空作业时要防止掉落东西,作业完后严禁往下扔工具、用具。

(6)在二层平台工作时要遵守上下联系信号,起、下作业注意游车及钢丝绳,摘、扣吊卡时两脚站稳,缆绳兜紧,吊卡扣牢,保险销销紧。立柱摆放整齐,用绳子捆牢。

(7)高空作业处理故障时,下面严禁站人。

(8)天车与井口偏斜,不准用手拉、推游车、吊卡、吊环及钢丝绳,只许用游绳拉、拽扶位。

(9)夜间高空作业要有充足的照明设备。
(10)经常检查井架、二层平台、天车等各部件联结螺栓、绷绳和绳卡的紧固情况。

6. 井下作业职业健康危害因素防控措施

随着我国石油开采事业的不断发展与进步,安全开采问题也引起了社会的普遍关注,石油开采工作的科技含量较高,开采环境相对复杂。因此,开采工程的机械设备对员工的职业健康问题便引起了广泛的关注。

1）井下毒气防控

油田开采产生中常伴有毒气,而井下石油开采工作人员通常需要在井下密闭的环境中进行作业,因井下油气蒸发以及其他有毒有害气体在井下积聚,容易对作业工作人员造成毒气危害。

加强对生产过程中井内的通风设备的严格检查,确保通风设备的完好,避免毒气聚集侵害作业人员的人身安全。但往往因为通风设备在使用过程中出现故障,而未及时发现,导致有毒有害气体没有得到及时的排除,或是因为作业人员没有严格的依照安全生产造操作规程配备相应的防毒器具由此导致了中毒危害。由此可见石油开采作业人员在进行井下作业时,必须认真按照安全生产操作规程办事,提高全意识,做好防护工作,尽量避免有毒有害气体对自身所造成的侵害发生。

2）井下触电或灼伤事故防控

任何规模的油田勘测开采工作都需要大量的复杂的勘测开采设备的支持,而这些设备又必须在电力的带动下才能够进行正常的运转。当勘测设备与开采设备发生故障时,工作人员便需要进行井下作业,对故障设备进行维修与检测,此时则容易发生触电或是灼伤事故。通过对触电及灼伤事故的调查分析来看,导致这种事故发生主要是因为以下几方面原因所引起的,即：带电设备在安装过程中由于安装不够规范所导致的缺陷；工作人员进行井下作业所配备的工具不符合维修标准；维修工作不按正常的操作流程办事；雷雨天进行检修作业所导致的触电。

通过对引发触电伤害的原因来看,若想预防这种作业危害除了要规范工作人员的行为外,还需要设备安装人员的配合以及油田开采单位提供安全可靠的工作设备与维修工具,只有这样才能够尽量避免这种危害在石油开采当中的发生。

三、油气开采职业健康安全风险削减与控制

1. 油气开采风险控制措施

1）预防设备爆炸措施

(1)设计。

锅炉、分离器、场站管线等设备,要由有资质的单位按设计规范设计；材质和强度要保证使用要求；对高含硫油气田,集气管网设计在参照《输气管线设计规范》中管线地区等级划分要求同时降低管线强度设计系数,提高管线强度,保证系统安全；在井下、地面设置高、低压安全截断阀。

(2)安装。

要由有资质的专业队伍安装,焊口要探伤和照片并取样做金相分析。完工后要经试压验收,合格后方能投入使用。

(3)操作管理。

①操作人员要持证上岗,做到三懂四会,即:懂设备原理、懂设备性能、懂设备结构;一会操作、二会检查、三会维护保养、四会排除故障。

②按规定时间和内容对设备维护保养。做好清洁、润滑、调整、扭紧、防腐"十字作业",做到无脏、松、漏、缺;无跑、冒、漏。

③对分离器、锅炉要严格执行《压力容器安全技术监察规程》。

④严禁压力容器、管线超压,设备超负荷运行。

2)防火防爆措施

①油气田建设严格执行防火规定。油气田建设的设计,施工要严格执行防火规定,认真进行竣工验收,合格后方可投入使用。

②加强上岗前培训。安全技术既有管理知识,也有技术知识,对职工进行这两方面的培训至关重要。务必使职工对本岗位的事故隐患有深刻认识,经严格理论和操作考核,合格者持证上岗。

③加强防火防爆安全教育。井口装置、集油站、集配气站、低温站、增压站、输油气管道都是易燃易爆场所。要对职工进行这方面的系统教育,对防火防爆高度重视,认真执行防火防爆规章制度。

④搞好"三标班组"建设。生产的基础是班组,班组安全生产搞好了安全生产就有了保证,我国安全部门推行的"标准岗位、标准现场、标准班组"建设是工矿企业安全工作的宝贵经验,应大力推广。

⑤加强设备管理杜绝气、液泄漏。采气生产中使用的设备,有很多是通用机电设备。这些设备都有其使用管理制度,认真贯彻执行,就大大减少了火灾和爆炸的危险。

⑥易燃易爆场所不准带火种。易燃易爆场所不准带火种(火柴、打火机等)是防火防爆的硬措施,必须坚决执行。到油库罐区不得穿钉子鞋和化纤衣服。

⑦易燃易爆场所不得有明火。易燃易爆场所最好无明火,若因生产工艺需要有明火,则必须有足够的防火间距,配备足够的灭火设施。

⑧易燃易爆场所必须使用防爆电器:易燃易爆场所的照明、机电设备,必须使用防爆电器,以免因电火花引起火灾或爆炸。

⑨易燃易爆场所防静电:易燃易爆场所电器、机电设备、分离器、油罐等金属容器必须接地,接地电阻小于10n,以防静电放电造成火灾或爆炸。

⑩配备甲烷监测仪:易燃易爆场所配备甲烷监测仪,随时监测大气中甲烷浓度,若有危险,立即采取措施,这是防火防爆的一项重要措施。

⑪易燃易爆场所严格执行动火管理:

a. 易燃易爆场所维修动焊要由技安部门发动火证。

b. 要专人监测用火场所甲烷浓度。

c. 维修油罐等装过易燃易爆气体或液体的容器,要洗净并用空气或惰性气体置换干净,经仪器监测合格方能动焊。

d. 现场阀件挂开关牌,未经现场技安人员许可,不得动操作。

3)场站采取的风险控制措施

(1)为防止油气生产设施超压,在井下、地面设置高、低压安全截断阀;对水套加热炉进行监视,并且进行熄火保护。

(2)天然气集输生产过程为密闭流程,正常情况下不存在 H_2S 气体泄漏问题,事故状态偶然泄漏和停工检修时才可能产生有毒气体的危害问题。集输站场配置固定式 H_2S 监测仪,24h 连续监测现场空气中 H_2S 浓度,探头可以根据现场气样测定点的数量来确定;监测仪探头置于现场 H_2S 易泄漏区域,主机安装于远离现场的控制室。配备便携式 H_2S 监测仪,正压式呼吸器和检修时用的现场通风机,防毒面具等,以降低或消除含硫气体对操作人员健康危害。当现场 H_2S 浓度持续上升无法控制时,应立即疏散无关人员,实施应急方案。同时通知附近居民,迅速疏散到安全地区。

(3)站场工艺装置按 2 区防爆危险场所的电气装置设计、选型,其电气安装按 GB 50257—2014《电气装置安装工程 爆炸和火灾危险环境电气装置施工及验收规范》有关要求进行施工和验收。

(4)站场均设移动式灭火装置,作业区和矿部设水消防。

(5)站内设置静电接地装置和防雷接地装置。

(6)采用零泄漏阀门。

(7)采用监控与数据采集系统(SCADA 系统),对场站工艺过程、设备状态进行监控、检测、数据采集并设有安全联锁装置;

(8)天然气站场内设有安全检修置换口,在正常检修情况下,利用净化天然气可将检修管道、设备内的硫化氢气体通过放空管线燃烧后排放,达到安全检修的目的。

(9)站场从安全设置和防止硫化氢泄漏方面考虑,共设三级安全系统,即系统安全报警、系统安全截断和系统安全放空。通过站内设置的压力和硫化氢见浓度等监测信号,可实现站场安全报警和安全截断;当报警和井口截断仍未处理事故时,系统实现安全放空。

(10)与进站管道上设紧急切断系统(Emergency Shutdown System,ESD)截断阀,在管线发生事故或站场发生火灾时可紧急自动截断,以实现在事故状态下对站场的保护;

(11)工艺设备采用相应等级的防爆设备。站内的电气设计按防爆等级采用防爆电器,防雷和防静电以避免可能泄漏的油气遇火花而产生的爆炸。

(12)站场的总体布置按设计规范进行,保持各区的安全距离,综合值班室(含生活区)布置于前井场,并设有事故情况下的消防通道和疏散口。

(13)各站场根据所需实现的功能分区块设计。各装置区之间采用消防道路进行隔离。

(14)为确保站场安全,设有安全放空设施,在事故状态、检修等情况下可自动放空。

4)预防管道事故的控制措施

(1)从设计上提出了以零事故的设计原则,达到本质安全的指导思想。

(2)集气管网设计在参照《输气管线设计规范》、中管线地区等级划分要求同时降低管线强度设计系数,提高管线强度,保证系统安全。集油管按《输油管线设计规范》进行设计。

(3)提高管道设计强度,三类地区强度系数由 0.5 变为 0.4,二类地区由 0.6 变为 0.5。另外,采气管道另增加 3mm 厚度,集输气管道另增加 1mm 厚度。增大了管道壁厚,延长腐蚀减薄时间。

(4)对湿气管线采用缓蚀剂加注方案,并利用在线腐蚀系统评定系统腐蚀情况,作好腐蚀控制。

(5)借鉴国外含硫油气田安全设计方法,截断阀室设置距离根据管线沿线地区等级及管线内硫化氢的含量来确定;截断阀采用气液联动执行机构,可实现事故状况下的紧急截断。

(6)站场内设有安全检修置换口,在正常检修情况下,利用净化天然气可将检修管道、设备内的硫化氢气体通过放空管线燃烧后排放,达到安全检修的目的。可在超压或失压情况下自动快速截断,保护气井和地面措施。

(7)高含硫天然气集输时,在各单井进站的高压区、油气取样区、排污放空区、油水罐等易泄漏硫化氢的区域均应设置醒目的标志,并设置固定的 H_2S 监测探头,同时在探头附近设置报警喇叭。

(8)为确保试压安全,采用水进行 $100\%\sigma_s$ 强度试压。

(9)管线距离学校、加油站等人口密集区或危险区的距离大于1000m,管线避开四类地区。

(10)高含硫天然气集输生产管理与操作人员都应有严格的岗位责任制,定岗定员;必须要求每个上岗人员明确自己的管理与操作责任、违规将造成的严重后果等。各级人员都应有明确的权利、义务和责任。

(11)现场操作人员操作时应严格按操作手册执行,关键设备的操作步骤应挂牌到实际操作现场,并应有严格的操作记录,每日的操作记录应有档案可查并报送上级主管部门。

(12)应建立明确的奖惩制度,对工作责任心强、执行操作规程熟练、处理应急事故及时、安全的操作人员,应定期评比予以奖励。

(13)高含硫气井投产前应编制气井与管线事故状态时的应急预案,并对操作人员进行全面培训,必须熟练掌握。同时,还应对管线所经过一定范围的居民进行硫化氢防范教育,使他们在发生事故后,能正确、安全地保护自己并迅速撤离现场。

(14)高含硫设备检修前,必须编制检修和施工作业方案,同时实行许可证制度,必须在方案批复和获得许可后,方能进行检修和施工作业。在进行清管操作和容器内检修作业时,检修作业人员必须配戴正压式空气呼吸器。

(15)重点监测区应设醒目标志,供气装置的空气压缩机应置于上风侧(或使用压缩空气钢瓶)。在进入重点作业区时,应配带硫化氢监测仪和正压式空气呼吸器,至少两人同行,一人作业,一人监护。

(16)操作人员进入高含硫天然气站区、低洼区、污水区及其他硫化氢易于积聚的区域时,应配带便携式硫化氢监测报警仪。

(17)当硫化氢在空气中的浓度达到 $15mg/m^3$ 报警时,作业人员应检查泄漏点,准备防护用具;当在空气中的浓度达到 $30mg/m^3$ 报警时,迅速打开防爆排风扇,疏散下风向人员,作业人员应戴上防护用具,禁止动用电、气焊,抢救人员进入戒备状态,查明泄漏原因,迅速采取措施,控制泄漏,向上级报告情况。

(18)加强巡线频率,防止在管道附近施工破坏管道。

(19)强化作业人员的安全意识。

2.油气开采职业健康危害因素防控措施

1)噪声污染防治措施

(1)设计采输系统时充分考虑噪声影响。

①调压器、分离器、压缩机等产生噪声的设备应尽量远离民房和工人居住区。

②控制天然气流速。噪声随天然气流速的增加而增加。用管径和压降大小来控制采输系统流速。一般低压管线流速不大于5m/s,配气管网15m/s,中压管线20m/s。

③管线埋地。土壤能吸收噪声,环境噪声会大大下降。

④应用柔性连接。调压器和输气管线间采用钢丝橡胶管或弹性橡胶垫等柔性连接,可减

少震动,降低噪声。

(2)使用隔声罩或隔声套。这些东西用吸音性好的材料制成,能大大降低环境噪声。

(3)建隔声墙。有的产生噪声设备不便用隔声罩和隔声套。可用吸音性好的矿渣空心砖砌围墙降低环境噪声。

(4)设备置于地下。把分离器、调压器、压缩机、天然气发动机、高压多缸柱塞泵安装在地下会大大降低环境噪声。

(5)个人保护。操作工人必须操作管理高噪声设备时,要使用耳塞、护耳器、专用隔音头盔等个人防护用具。

2)防中毒措施

(1)防甲醇中毒。

采油气工程使用甲醇虽不多,但还是要留意尽量不直接接触甲醇,作业场所要通风,操作人员位于上风,以免吸入甲醇蒸汽。戴防毒面具操作。

(2)防铅中毒。

我们日常生活接触的物质中,很多是含铅的,采油气过程中常与含铅汽油、油漆、小炼厂的四乙基铅、铅印、蓄电池接触,尤其是四乙基铅有剧毒。作业时要戴好劳动保护用品,避免与它们直接接触。有铅车间通风良好。车间铅烟浓度$<0.03mg/m^3$,铅尘$<0.05mg/m^3$,四乙基铅在空气中浓度$<0.005mg/m^3$。

(3)防 H_2S 中毒。

在有 H_2S 危险场所作业,要做到:

①操作人员位于上风口;

②佩戴全面罩自给式正压空气呼吸器;

③用专用仪器检测硫化氢浓度;

④排空含硫化氢的油、气要烧掉;

⑤对设备勤检查,防止含硫化氢油气泄漏;

⑥救护车和医务人员现场值班;

⑦含 H_2S 天然气放空,必须点燃。

3)职业健康管理措施

建立 HSE 责任制及绩效考核。出海作业人员须持健康证、"硫化氢防护培训证"等跟踪卡方可出海,接触职业病危害岗位的作业人员还需确认无职业禁忌证和职业病。采取作业许可证制度及现场监督检查,对职业病防护设施进行日常检查、维护并定期举行安全会。还可以聘请心理学专家进行一对一访谈等心理健康服务,开展压力管理,必要时进行心理健康干预(有危机事件发生时),并保证每年在海上设施至少开展1次心理健康方面的活动。

生产中应加强施工过程、设备安装调试期和检维修时的职业病危害因素检测评价和职业卫生管理。加大海洋石油生产噪声危害治理,消除职业紧张,提升心理健康服务,加强海洋石油生产职业病防治监督检查。

企业应采购低噪声设备,设置隔声罩,采用隔声门窗,采取减振措施,采用降噪材料等进行综合降噪。并为作业人员备足合格的耳塞、耳罩等,加强个体防护用品配戴的监督检查,加强上岗前和在岗期间的职业健康检查,及早发现听力损伤。建议在平台上配备噪声测量仪,对噪声强度进行日常测量。

在对外委托作业的职业卫生管理方面,要严格执行企业的《承包商 HSE 管理办法》,在合同中明确职业病防治方面的要求。加强对外委承包商和外委作业人员的职业卫生管理。

用人单位要加强对建设项目施工过程、设备安装调试期、检维修期间的职业病危害因素检测评价和职业卫生管理及职业卫生监督检查。还要进一步完善检测点职业病危害因素浓度（强度）告知卡内容。企业应每年开展心理健康服务活动，进行面对面、一对一的心理健康疏导，并要提高电话咨询服务使用率，建立长效心理健康服务模式。海洋石油生产企业还应为平台作业人员提供在业余时间看电视、上网聊天的机会和锻炼身体的场所。作业人员应努力学习业务知识，加强与领导和同事的交流与沟通，消除职业紧张。企业领导要多观察、关心、理解下属，做到相互理解、相互包容。在工作之余要经常开展形式多样的团队建设活动。海洋石油生产企业的健康安全部门需要更加关注如何发现并控制海上作业人员心理健康的问题。

第三节　石油工程环境风险削减与控制

一、钻井作业现场环境保护措施

1. 水污染防治措施

（1）钻进中遇有浅层淡水或含水带，下套管时应注水泥封固。防止地下水层被地层其他流体及钻井液污染。

（2）井场周围应与毗邻的农田隔开，不让井场内的污水、污油、钻井液等流入田间或进入溪流，以防场外表层淡水源被污染。

（3）采用气冲洗钻台、钻具，最大限度地减少污水量。若用水冲洗钻台、钻具，清洗设备的废水已被油品、钻井液污染，不得直接排出井场，应引入污水贮存池，经净化处理后，可再供冲洗钻台或配制钻井液用。

（4）动力设备、水刹车等冷却水，要循环使用，节约用水。不能循环使用的，要避免被油品或钻井液污染。

（5）不得用渗井排放有毒污水，以免污染浅层地下水。

（6）加强对生活垃圾的管理，对排出的废水必须进行达标排放处理。

2. 大气污染防治措施

（1）钻进中发现地层可燃性气体或有害气体溢出，应立即采取有效措施防止气涌井喷，并把可能产生的气体引入燃烧装置烧掉。

（2）燃烧装置应安装在钻机主导风向的下侧，离钻机应有一定安全距离。

（3）如果井场靠近城市、村镇、人口稠密区建筑物，燃烧装置点火时应特别小心，要考虑当时的风向和其他因素，并经过演习，指定专人监视火情。

（4）井场内不得燃烧可能产生严重烟雾或刺鼻臭味的材料。

（5）对产生颗粒性粉尘污染的作业，如注水泥、配制加重钻井液等，应采用密闭下料系统，防止粉尘污染井场环境。

（6）柴油机排气管应及时清理，防止结炭。

3. 噪声污染防治措施

钻井作业场所的设备噪声应不超过90dB，特殊设备不得超过115dB。在城郊钻井，要考虑施工作业的噪声对周围环境的影响，一般不应超过60dB。通常采取以下减噪措施：

(1)内燃机应装消音装置或其他减噪措施。
(2)噪声大的动力设备应布置在井场主导风向的下侧,办公用房或员工宿舍应布置在主导风向的上侧,以减轻噪声的影响。

4. 钻井液、钻屑及废油污染防治措施

(1)井场应筑足够容量的废浆池,以便收集事故溢出的钻井液或被置换的废钻井液。在任何情况下,钻井液不得排出井场。
(2)应配备封闭式钻井液净化装置,钻井中钻井液循环使用,尽量避免用土池作钻井液循环池。
(3)一般钻井应使用水基钻井液,严格控制使用油基钻井液和毒性大的钻井液。若必须使用时,则应考虑适宜的安全和防污染措施。
(4)配制钻井液应优先选择低毒或无毒化学剂,严禁使用国际上已禁止使用的有毒化学处理剂。
(5)所有钻井液化学剂和材料,应有专人负责严格管理,防止破损和下雨而流失。
(6)凡是井场不用的钻井液及二、三次开钻替换的废钻井液,必须妥善储存,防止流失造成污染。
(7)井内返出的钻屑,应结合现场具体情况妥善处理,不得造成污染。
(8)井场使用的油料要建立保管制度,经常检查储油容器及其管线、阀门的工作状况,防止油料跑失污染环境。
(9)收油、发油作业时,要先检查,后输油。输完油后,要先扫线后撤管,消除跑、冒、滴、漏。
(10)设备更换的废机油和清洗用废油,应集中回收储存,严禁就地倾倒。

5. 完井后的环境保护措施

完井后的井场,由原施工单位移交有关单位管理,井场的环境必须达到接收单位的要求。移交前,应采取以下措施:
(1)清除井场内所有废料、废油和垃圾。
(2)拆除井场内所有地上和地下的障碍物。
(3)回收转运剩余材料、油料、钻井液,重新利用。
(4)捞尽污水池和隔油池内的浮油,处理完污水。
(5)将废弃钻井液、岩屑全部固化处理。
(6)清理生活区,填埋或焚烧生活垃圾;恢复工区周围自然排水通道。
(7)如果钻井中由于某种原因弃井时,则井眼内外要封堵,必须把油气层、水层封死。并将地下1m以上的套管头切除,以便复耕。同时,做好地下隐蔽工程资料档案。

二、井下作业现场环境保护措施

1. 水污染防治措施

(1)高压放喷使用半密闭罐。压裂放喷、射孔放喷、混气水排液、液氮排液、气举排液,应使用半密闭罐,确保返处液体不落地。
(2)在井下作业过程中,酸化液和压裂液宜集中配制,酸化残液、压裂残液和返排液应回收利用或进行无害化处置,压裂放喷返排入罐率应达到100%。
(3)酸化、压裂作业和试油(气)过程应采取防喷、地面管线防刺、防漏、防溢等措施。

(4)井下作业过程中,鼓励污油、污水进入生产流程循环利用,未进入生产流程的污油、污水应采用固液分离、废水处理一体化装置等处理后达标外排。

(5)水井溢流进回水流程。作业施工,先对水井控制放压,把井内污水排入回收管线进站;打开井口,溢流水做到进罐回收;大修作业安装简易井口,使套管溢流水进罐;起下油管安装溢流控制器进罐;其他溢流采取防渗措施后回收进罐。

(6)油水井冲砂(套铣、磨铣)安装单流阀,使用循环水冲砂罐。

(7)试油(气)后应立即封闭废弃钻井液池。

(8)刺洗油管杆时使用遮挡器,防止污油、污水乱流污染井场和农田。

(9)起油管时使用接水桶,防止污油、污水外漏乱流污染井场和农田。

(10)铺垫防渗薄布、使用井场围堰,可以有效地控制污水对现场的污染。

(11)管线应用地锚固定,出口处应装弯头,各部位无泄漏。

(12)施工有储液罐且干净,作业中所用液体一律进罐或进管网流程,如作业施工中洗井液、压井液液体进罐,不得向地面排放。

2.大气污染防治措施

(1)天然气放空管线应用钢质直管线连接至燃烧池,并固定牢靠。

(2)压井施工中,各种施工车辆应处于距井口20m的上风口,排气管应戴防火罩。

(3)使用原油、轻质油替喷时,井场50m以内严禁烟火,并配备消防设备和器材。

(4)使用油气分离器时应符合规定要求,安全阀压力表应定期校验,分离后的天然气应放空燃烧。

3.固体废弃物防治措施

(1)落地原油应及时回收,落地原油回收率应达到100%。

(2)井下作业过程中应配备泄油器、刮油器等。

(3)起下抽油杆使用自封器。利用橡胶制成的自封器,把抽油杆上提时带出的原油刮入井内,下抽油杆时可防止抽油杆上的污染物进入井内,做到"上提无外溢,入井无杂物"。

(4)新井作业施工和投产替出的钻井液应打入罐车拉到钻井液站回收利用或进行现场无害化处理。

(5)使用垃圾回收箱。将施工现场的生活垃圾、工业垃圾等污染物进行统一回收。

(6)铺垫防渗薄布、使用井场围堰,可以有效地控制落地原油对现场的污染。

4.其他

(1)在测井过程中,鼓励应用核磁共振测井技术,减少生态破坏;运输测井放射源车辆应加装定位装置。

(2)作业施工结束,立即组织回收井场器材、清理井场,做到无污染、无遗留物、恢复原地貌。

(3)高噪声区施工人员须佩戴防护耳罩。

(4)废油、废酸、废渣等有毒有害物质要回收后集中处理,不乱排。

三、采油作业现场环境保护措施

1.水污染防治措施

(1)油气田产出水回注是解决油气田水污染的好办法,适宜注水开采的油气田,应将采出水处理满足回注水质标准后进行回注。

(2)在油气开发过程中,未回注的油气田产出水在处理达标后进行排放。

(3)油气田产出水矿化度的范围一般是 $10^3 \sim 10^6$ mg/L。对于矿化度在 10^6 mg/L 以上,且其中含有钠、钾、硼、溴、碘等元素者,可考虑综合利用。综合利用的工艺方案之一是先制盐,然后用制盐余下的母液提取化工产品,另一种方案是先用空气吹除——离子交换,以提取化工产品,然后再制盐。

2. 大气污染防治措施

(1)减少天然气放空。在天然气生产过程中,有时迫不得已要放空。搞好场站管线设计,在大管线沿线合理设计截断阀,可以使每次放空量减少;放空前把管线余气输往低压系统或低压用气户,把管线压力降低,以减少放空气量。

(2)减少排污跑气。站场排污、管线放水器放水和通球清管作业应平稳操作,尽量减少排污过程中放入大气的气量。

(3)减少设备管线泄漏。搞好设备维护保养,加强输气干线监控,发现泄漏及时处理,以减少设备管线泄漏。

(4)放空的天然气要烧掉。

3. 噪声污染防治措施

(1)设计采输系统时充分考虑噪声影响。

①调压器、分离器、压缩机等产生噪声的设备应尽量远离民房和工人居住区。

②控制天然气流速。噪声随天然气流速的增加而增加。可用管径和压降大小来控制采输系统流速。一般低压管线天然气流速不大于 5m/s,配气管网天然气流速为 15m/s,中压管线天然气流速为 20m/s。

③管线埋地。土壤能吸收噪声,将管线埋地后,环境噪声会大大下降。

④应用柔性连接。调压器和输气管线间采用钢丝橡胶管或弹性橡胶垫等柔性连接,可减少振动,降低噪声。

(2)使用隔声罩或隔声套。这些设备由吸音性好的材料制成,能大大降低环境噪声。

(3)建隔声墙。有的产生噪声的设备不便用隔声罩和隔声套,可用吸音性好的矿渣空心砖砌围墙,降低环境噪声。

(4)将设备置于地下。把分离器、调压器、压缩机、天然气发动机、高压多缸柱塞泵安装在地下会大大降低环境噪声。

(5)穿戴好劳动保护用品。操作工人必须操作管理高噪声设备时,要使用耳塞、护耳器、专用隔音头盔等个人防护用具。

四、清洁生产

《中华人民共和国清洁生产促进法》对清洁生产的定义是指不断采取改进设计、使用清洁的能源和原料、采用先进的工艺技术与设备、改善管理、综合利用等措施,从源头削减污染,提高资源利用率,减少或者避免生产、服务和产品使用过程中污染物的产生和排放,以减轻或者消除对人类健康和环境的危害。实施清洁生产的主要方法是开展清洁生产审核。

石油企业开展清洁生产不仅是实现可持续发展战略的需要,同时也是控制环境污染的重要手段、提高市场竞争力的有效途径,是石油企业实现经济与环境协调发展的重要举措。清洁生产与 HSE 管理体系之间的关系是相辅相成的,清洁生产促进 HSE 管理体系的有效实施,HSE 管理体系规范化运作推进清洁生产的持续改进。

第四节　石油工程作业许可管理

作业许可(PTW)是一种在现场管理层与现场监督、作业人员之间的沟通交流手段。PTW 系统是最基本的安全管理工具,是风险控制措施的载体。

实施作业许可的目的在于通过危害识别,制定完善的工艺方案和作业安全、技术措施,明确相关人员职责和工作标准,强化沟通,有效控制直接作业环节风险,确保工艺安全。

一、作业许可的定义

作业许可是指在开展某项非常规作业或特殊作业前,必须获得的书面授权和指示说明。正确运用作用许可管理程序,可以控制工作现场潜在的隐患并将风险降低到可以接受的程度,能够提供危险工作控制、协调的方法,制定作业工作计划和界区衔接安全方案,防止事故发生。

二、现场作业许可的种类

一般在石油现场作业类型可分为三种情况,即常规作业、非常规作业和应急作业。常规作业是指在专属区域,按照常规工作程序或规程进行的日常作业;非常规作业是指临时性的、缺乏程序规定的作业活动。

常见的非常规作业主要包括动火作业、高处作业、吊装作业、受限空间作业、管线打开作业、临时用电作业、挖掘作业、放射性作业、爆破作业、潜水作业等危险作业,这些危险作业称为高危作业,极易造成人员伤亡和财产损失,其控制措施是实行作业许可管理。

非常规作业范围。非计划性维修工作包括:承包商作业(承包商完成的非常规作业);偏离安全标准、规则、程序要求的工作;(变更程序、规程的作业);交叉作业;在承包商区域进行的工作;缺乏安全程序的工作;屏蔽报警、中断联锁和安全应急设备;临时作业(放射性作业、爆破作业)。对不能确定是否需要办理许可证的其他工作,选择开许可证。

三、作业许可管理

1. 作业许可要求

《作业许可管理规范》(Q/SY 1240—2009);《高处作业安全管理规范》(Q/SY 1236—2009);《动火作业安全管理规范》(Q/SY 1241—2009);《进入受限空间安全管理规范》(Q/SY 1242—2009);《管线打开安全管理规范》(Q/SY 1243—2009);《临时用电安全管理规范》(Q/SY 1244—2009);《挖掘作业安全管理规范》(Q/SY 1247—2009);《移动式起重机吊装作业安全管理规范》(Q/SY 1248—2009)。

2. 作业许可管理职责

直线管理部门组织推行、培训、监督和审核;安全部门对程序的执行提供咨询、支持和审核;员工接受作业许可培训,执行作业许可程序,参与作业许可审核,并提出改进建议。

专业人员审批业务,安全人员审查安全,业务许可与安全许可相分离。一项作业统一由一名直线管理人审批完毕。

目前一般没有对作业许可进行分级,而是根据现场风险评估结果,由相应资源调动和协调权限的现场直线人员审批。企业可以根据具体情况进行分级管理。

直线责任是指谁主管谁负责、谁组织谁负责、谁执行谁负责,包括:
(1)各级主要负责人要对安全环保管理全面负责,做到一级对一级,层层抓落实。
(2)各分管领导、职能部门都要对其分管工作和负责领域的 HSE 工作负责。
(3)项目负责人要对自己承担的项目工作和负责领域的 HSE 工作负责。
(4)每名员工都要对所承担工作(任务、活动)的 HSE 负责。

属地管理是指各级经理、主管、班组长和员工对自己和其管辖区域的其他人员(包括承包商员工和访客)的安全负责。

通过明确的属地划分,确保每个生产区域、每台设备、每次作业都有明确的属地主管,保证了安全管理无空白。

3. 作业许可管理范围

作业许可适用于在生产或施工作业区域内工作程序(规程)未涵盖到的非常规作业,同时包括有专门程序规定的作业活动,如进入受限空间、挖掘、高处作业、吊装、管线打开、临时用电、动火及其他高风险的临时作业。

4. 作业许可管理流程

作业许可的管理流程涉及风险评估、工作方案制定、现场核查、确定作业期限、作业关闭等内容。包括:一事一议(议指工作安全分析)、一事一案(案指工作方案、施工方案)、一事一批(批指作业许可审批)。

作业许可管理流程如图 6-6 所示

1)作业申请

(1)风险评估(工作前安全分析)。

申请人应为每份许可证申请的作业进行一次风险评估,完成工作前安全分析;工作前安全分析由熟悉该方法的管理、技术、安全、操作人员组成的小组完成;工作前安全分析的内容应包括工作步骤、存在的风险及危害程度、相应的控制措施等。(具体执行《工作前安全分析管理规范》,填写工作前安全分析表格)

(2)工作前安全分析。

第一步:把工作分解成具体工作任务或步骤,针对主要步骤进行安全分析。

第二步:观察工作的流程,识别每一步骤相关的危害。危害=暴露频率×严重性。

第三步:认识可能的风险。风险=暴露频率×严重性×可能性。

第四步:确定预防风险的控制措施。

消除;减少/代替;工程控制;管理控制;个人防护设备。

(3)安全措施。

按照安全工作方案落实安全措施:系统隔离、吹扫、置换;交叉作业时区域隔离;气体检测(检测时间、频次);个人防护装备等。

2)作业批准

(1)批准人组织申请人和作业涉及相关方人员书面审查,包括以下内容:

①确认作业的详细内容;

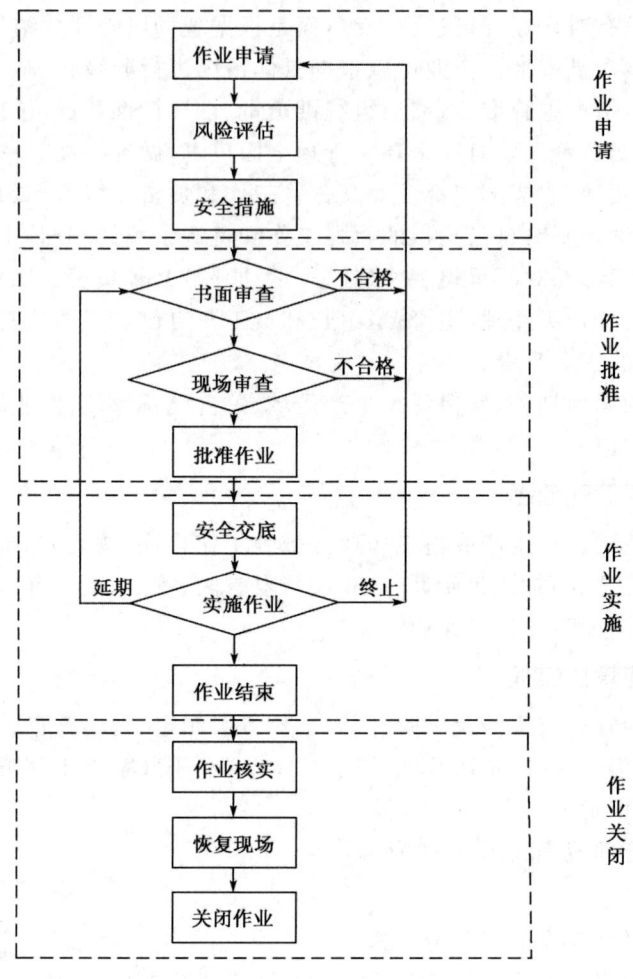

图 6-6 作业许可管理流程图

②确认申请人所有的相关支持文件；
③确认所涉及的其他相关规范；确认作业前后应采取的安全措施，包括应急措施；
④分析、评估周围环境或相邻区域间的相互影响；
⑤确认许可证期限及延期次数；
⑥其他。

(2)所有参加书面审查的人员应现场核查与作业有关的设备、工具、材料；现场作业人员资质及能力情况；系统隔离、置换、吹扫、检测；个人防护用品；安全消防设施、应急措施；培训、沟通；安全工作方案中提出的其他安全措施；现场核查确认合格，批准人方可签署作业许可证。

(3)许可证批准：确认通过书面审核和现场核查；批准人或其授权人、申请方和相关各方签字；许可证的期限一般不超过一个班次；如书面审查或现场核查未通过，申请人应重新申请；交接班或现场关键人员变更时，应经过审批。

3)作业实施

(1)作业实施前，应对参与此项工作的每个人，进行安全交底。交底内容包括：
①工作前安全分析。

②安全措施或工作方案。
③应急预案(措施)。
④作业中安全注意事项等。
(2)发生下列任何一种情况时,许可证取消:
①作业环境和条件发生变化。
②作业许可证规定的作业内容发生改变。
③实际作业与规范的要求发生重大偏离。
④发现有可能发生立即危及生命的违章行为。
⑤现场作业人员发现重大安全隐患。
(3)事故状态下许可证期限、延期应注意:
①许可证有一定的有效期限。
②作业许可证可延期,在书面审查和现场核查时确认期限和延期次数。
③延期只适用于安全措施有效、作业条件、作业环境没有变化的情况。
④申请人、批准人及相关方应重新核查工作区域。
4)许可证关闭
(1)当作业完成后,申请人与批准人确认:
①现场没有遗留任何安全隐患;
②现场已恢复到正常状态;
③验收合格。
(2)申请人和批准人签字,许可作业关闭。许可作业关闭时,收回相关方的许可证。
(3)作业许可票证管理。
(4)作业许可证一式四联,要有编号。第一联:悬挂在作业现场;第二联:张贴在控制室或公开处以示沟通;第三联:送交相关方,以示沟通;第四联:保留在批准人处。
(5)作业许可票证内容:综合信息;工作类型判定;危害识别;安全措施;作业前气体检测;许可证的签批;受影响相关方共同签署;许可证的延期;许可证的关闭;许可证的取消。

5.作业许可管理要点。
(1)作业涉及不同的部门,作业许可的审批是直线领导的责任,安全人员提供咨询指导;
(2)办专项作业许可证的同时,必须办理作业许可证(即大票和小票同时办);
(3)所有办理作业许可的都要做工作前安全分析;
(4)所有作业许可审批要现场一一核查;
(5)作业许可不是开工证,期限应根据作业的风险来确定;
(6)作业完毕后,要执行关闭程序,恢复现场,确认清除隐患。

第五节　HSE两书一表

所谓"HSE两书一表",就是岗位(专业)HSE作业指导书、项目(活动)HSE作业计划书以及HSE现场检查表。HSE指导书和HSE计划书在管理体系文件中同属于作业文件层次,是基层作业队伍在生产作业中,实施HSE管理,削减和控制HSE风险,预防事故最重要的操作指南。

"HSE两书一表"是HSE管理在施工作业现场的具体化要求的体现,它可以帮助或指导作业指挥者、操作者按照HSE风险管理要求管控施工作业。对于具体的作业、活动或服务,特别是一些独立的项目,为了有效地控制和削减作业风险,应编制项目的HSE作业计划书;对固定场所和风险相对固定的施工作业,应编制HSE指导书;对于一些特殊和关键的岗位,可编制岗位作业指导书,用来指导具体岗位的操作和作业,以达到HSE管理的要求。为了保证HSE管理体系的有效运行,督促施工作业活动按"两书"的要求来实施、规范人的行为,发现物的不安全状态,采用与HSE指导书、HSE计划书配套的HSE现场检查表来检查,形成了一套现场规范的HSE管理方式,该方式也称为"两书一表管理模式"。

一、HSE指导书和HSE计划书的作用与关系

HSE指导书根据工作范围,综合基层组织常见和常规作业的管理规定和岗位操作规程,重点解决HSE管理体系在基层落实的"人、机"管理问题;HSE计划书重点解决HSE管理体系的在基层落实时的"环"(环境变化)适应问题。通过在两书中明确作业HSE风险、岗位职责及风险削减和控制要求及方法,指导员工进行作业操作,防止事故发生。

HSE指导书是规范基层岗位员工常规操作行为的工作指南,是对与基层岗位员工操作行为相关作业文件的总称,是相对固定的作业文件,在一定时期内应保持相对稳定;HSE计划书是对指导书没有覆盖到的新增危害,特别是当人员、环境、工艺、技术、设备设施等发生变化(变更)时,针对基层岗位员工特定作业活动和操作行为的工作指南。HSE计划书在内容上是对指导书的补充,重点是满足基层组织实施动态风险管理。

HSE指导书的内容和要求一般不随项目变化而变化,是同类作业中相对固定的作业要求,是相对静态的。HSE计划书是在HSE指导书控制和削减常规共同风险要求的基础上,针对作业项目环境的变化和特殊性进行进一步风险识别和评估,通过补充、变更和细化有关控制、削减风险的关键措施内容,制定的更切合实际、更具个性化和约束力的供"现场"操作的HSE作业文件,也是指导书的补充和支持性文件,其属性为相对动态,随作业项目工艺、设备设施、环境风险等变化而变化。

在石油工程作业项目中,钻井、井下及修井等因其作业流动性、环境风险变化大,故需要编制指导书和计划书,而开采作业场所固定,其HSE风险也相对固定,故一般只需编制HSE指导书。

二、两书一表的内容简介

1. HSE指导书的内容

HSE指导书通常有两种形式,一种是立足于整个(工序)作业活动的指导书,一种是立足于岗位操作的指导书(卡)。

1)作业(工序)HSE指导书

立足于整个作业活动的指导书用于整个作业活动的HSE管理,包括相对固定风险及风险削减与控制措施等相关HSE管理要求等。内容通常应主要包括但不限于以下内容:

(1)HSE管理组织机构;
(2)岗位职责;
(3)作业及岗位风险、HSE危害、有害因素识别与评价;

(4)岗位风险源及分布;
(5)风险削减与控制措施;
(6)应急措施;
(7)HSE相关的标准、规章制度;
(8)作业安全操作规程/规定/指南等。

2)岗位作业HSE指导书(卡)

岗位作业HSE指导书(卡)是针对不同岗位制定的岗位操作指南,包括岗位条件、应知应会要求等,具有很强的针对性,特别是一些关键岗位,具有很好的指导性。在具体作业、活动或服务过程中,能起到非常积极的作用。岗位作业HSE指导书(卡)一般包括五个方面的内容:

(1)岗位的能力要求;
(2)岗位及HSE职责;
(3)岗位风险及控制程序;
(4)岗位关键任务;
(5)岗位应急处置程序;
(6)巡回检查及主要检查内容。

2. HSE计划书的内容

HSE计划书具有很强的针对性,它针对一项具体的作业、活动或服务项目开工前所制定的HSE作业文件,编制的主要依据包括:施工所在地(国)法律、法规及标准和相关方要求、项目施工设计、环境风险调查及踏勘资料等,重点是针对项目施工工艺、设备设施、环境等的变化而可能带来的新的风险及危害因素的辨识和防控措施及方案的制定,在此基础上制定针对性强的非常规风险管控的作业HSE计划书。

HSE计划书的主要内容由以下五部分组成:

(1)项目概况、作业现场及周边情况;
(2)项目作业人员能力及施工设备状况;
(3)项目新增危害因素辨识与主要风险提示;
(4)项目新增危害因素及风险控制措施;
(5)项目新增事故风险应急预案或应急处置程序。

3. HSE现场检查表

HSE现场检查表是依据相关法律法规、标准和HSE管理等要求而编制的检查表,它是监测现场HSE管理实施效果、评价HSE管理体系运行有效性的重要工具,通过检查表对监测检查结果的记录,有利于发现事故隐患,降低作业HSE风险,促进HSE管理体系的顺利运行。

HSE现场检查表根据检查的目的、作用和检查的对象不同,检查表的形式和内容不同,如开工前或重大施工作业前的安全检查表、设备设施及防护装置完整性检查、岗位巡回安全检查表、营房安全与卫生检查表等,涉及的类型和形式较多,在此不再赘述。

思 考 题

1. 风险控制的原则(3E原则、ALARP原则、4T原则)是什么?
2. 风险控制的措施包括哪些?

3. 风险控制的方法和种类包括哪些？
4. 钻井作业工程风险控制措施包括哪些？
5. 采油作业现场环境保护措施有哪些？
6. 什么是作业许可？画出作业许可流程。作业许可的实施要点是什么？
7. 什么是"两书一表"？"两书一表"的作用及特点是什么？

参 考 文 献

[1] 黄敏,王建军.石油天然气行业环境和职业健康安全管理体系建立与运行.北京:中国标准出版社,2004.
[2] 中国石油天然气集团公司安全环保部.HSE管理典型经验和有效做法汇编.北京:石油工业出版社,2010.
[3] 中国石油天然气集团公司HSE指导委员会.钻井作业HSE风险管理.北京:石油工业出版社,2001.
[4] 王登文,周长江.油田生产安全技术.北京:中国石化出版社,2003.
[5] 张树清.井下作业监督.北京:石油工业出版社,1997.
[6] 中国石油天然气集团公司安全环保部.HSE风险管理理论与实践.北京:石油工业出版社,2009.
[7] SY/T 6276—2014 石油天然气工业健康、安全与环境管理体系.
[8] 车荣昌.环境保护工作手册.成都:四川科学技术出版社,1987.

第七章　石油工程"三防"基础知识

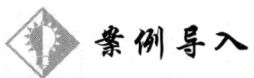案例导入

某石化分公司硫化氢中毒事故

1. 事故经过

2002年8月,某石化分公司决定对炼油厂1998年停产的旧烷基化装置进行拆除。炼油厂烷基化车间为了确保旧烷基化装置的拆除工作安全顺利进行,计划对该装置进行彻底工艺处理。在处理废酸沉降槽(容-7)内残存的反应产物过程中,因该沉降槽抽出线已拆除,无法将物料回抽处理,由装置所在分厂向公司生产处打出报告,申请联系收油单位对槽内的残留反应产物进行回收。

2002年8月27日15时左右,烷基化车间主任张某带领车间管理工程师程某、安全员锁某,协助三联公司污油回收队装车。由于从废酸沉降槽(容-7)人孔处用蒸汽往复泵不上量,张某等三人决定从废酸沉降槽(容-7)底部抽油。在废酸沉降槽(容-7)放空管线试通过程中,违反含硫污水系统严禁排放废酸性物料的规定,利用地下风压罐的顶部放空线将废酸沉降槽中的部分酸性废油排入含硫污水系统。酸性废油中的硫酸与含硫污水中的硫化钠反应产生了高浓度硫化氢气体,硫化氢气体通过与含硫污水系统相连的观察井口溢出。

8月27日17时10分,在某石化分公司炼油厂北围墙外西固区环形东路长约40m范围内,有行人和机动车司机共50人出现中毒现象。17时15分,某石化分公司总医院急救车到达现场将受伤人员送往医院抢救。其中4名受伤人员在送往医院途中死亡,1名受伤人员于9月1日经抢救无效死亡,45人不同程度的中毒,经济损失达250多万元。

2. 事故原因

烷基化车间在对废酸沉降槽进行工艺处理过程中,由于蒸汽往复泵不上量,决定从废酸沉降槽(容-7)底部抽油,在废酸沉降槽(容-7)放空管线试通过程中,违反含硫污水系统严禁排放废酸性物料的规定,将含酸废油直接排入含硫污水管线,酸性废油中的硫酸与含硫污水中的硫化钠反应产生了高浓度硫化氢气体,硫化氢气体通过与含硫污水系统相连的观察井口溢出。这是导致事故发生的直接原因。

石油天然气勘探开发是危险性较大的行业,由于所处理的介质、工艺过程和作业方式等的危险性,决定了石油天然气勘探开发过程中易发生火灾、爆炸、致人中毒等事故,可能造成众多人员伤亡、巨额财产损失和严重环境污染。

油气田勘探、开发、集输、处理等作业过程中主要介质是原油、天然气、凝析油及轻烃等。它们都具有易流失、易蒸发、易燃易爆等特性,部分油气田所产的天然气(石油伴生气)中还含

有毒性和腐蚀性很强的硫化氢等气体。在储存、转运、装卸等环节中，跑、冒、滴、漏现象时有发生，加之生产工艺往往伴随着高温、高压等环境，且生产过程中必须集中化、自动化、连续化，一旦发生故障或险情造成泄漏，极易引发火灾、爆炸、中毒等事故。

石油工程"三防"通常指防火、防爆、防中毒。

第一节　防火防爆基础知识

一、燃烧

1. 燃烧的概念

燃烧是指可燃物质与氧气或氧化剂化合时产生的伴有发光、发热的剧烈的氧化反应。

燃烧在本质上属于氧化—还原反应，参加燃烧反应的反应物必须包含有氧化剂和还原剂，也就是通常所说是助燃物和可燃物。燃烧反应的特征是放热、发光、生成新物质，这三个特征是区分燃烧和非燃烧现象的依据。

燃烧这种现象在日常生活中是经常可以看到和感觉到的，如木材的燃烧、蜡烛的燃烧、天然气燃烧、油品燃烧等。

2. 燃烧的条件

燃烧必须具备以下三个条件：有可燃物质存在（固体燃料如煤，液体燃料如汽油，气体燃料如甲烷）；有助燃物质的存在，通常的助燃物质有空气、氢、氯、氧等；有导致燃烧的能源，即点火源，如撞击、摩擦、明火、高温表面、发热自燃、绝热压缩、电火花、光和射线等。可燃物质、助燃物质和点火源也称为燃烧的三要素。三者只有同时存在，相互作用燃烧才有可能发生，缺少其中任一要素，燃烧都不能发生。

1）可燃物质

一般来说，不论固体、液体还是气体，凡能与空气中的氧或其他氧化剂起剧烈化学反应，同时发光放热的物质，都称为可燃物质。可燃物质的种类繁多，按其状态不同可分为固态、液态和气态三类。若按其分子结构分类，可分为无机可燃物质和有机可燃物质两类。

可燃固体或液体需先汽化再燃烧。如木材、煤炭等是在其受热分解出气体后才燃烧的；石蜡、沥青等受热溶化，产生表面蒸发而燃烧。可燃气体的周围的空气供给氧气，并由空气扩散而进行的燃烧称为扩散燃烧。由于扩散燃烧只能从周围空气中获得氧气，故易受气流影响，燃烧往往并不剧烈，气流一定时燃烧比较稳定。而混合燃烧则是可燃气体与空气充分混合后发生的。因此，这种燃烧是突发性的。

2）助燃物质

凡是和可燃物质发生氧化反应，并引起燃烧的物质，均可称为助燃物质。与可燃物不同，助燃物本身不会燃烧，它只是能帮助和支持可燃物燃烧的物质，如氧气、过氧化钠、过氧化氢、高锰酸钾等。

3）火源

凡能引起可燃物质与氧气或助燃物质发生燃烧反应的热源，称为火源。引起火灾的火源主要有以下两类：

（1）直接火源：如明火、电火花或摩擦、碰击火花、雷电等。

(2)间接火源:如加热自燃起火、本身放热自燃起火等。

燃烧的三要素只是燃烧的必要条件。要使燃烧能持续发生和蔓延,还必须达到另外两个条件:

(1)可燃物质和助燃物质达到一定的数量和浓度。对于一般可燃物质,空气中氧的浓度小于14%时,通常不会发生燃烧。甲烷在空气中的浓度小于1.4%或是空气中的氧浓度小于12%时,甲烷都不会燃烧。对于固体物质,通常用氧指数来评价其可燃性。氧指数,又称临界氧浓度(COC)或极限氧浓度(LOC)。

(2)点火源必须具备一定的强度。电焊火花的温度可达1200℃,能点燃可燃气体与空气的混合物、易燃液体和油面纱等,但却不能点燃木材、煤炭等,这说明了可燃物质不同,需要的引燃火源的强度也不同。引起一定浓度可燃物质燃烧的最小能量称为该物质的最小点火能量。如点火源的能量小于该物质的最小点火能量,就不能引燃该物质。最小点火能量是衡量可燃气体、蒸气或粉尘燃烧爆炸的主要危险参数。

可燃物质、助燃物质和点火源必须同时存在、相互作用燃烧才有可能发生的基本理论,是防火技术的根本依据。研究还表明,大部分燃烧的发生和发展除了具备上述三个必要条件之外,其燃烧过程中还存在着未受抑制的自由基作中间体,多数燃烧反应不是直接进行的,而是通过自由基团和原子这些中间产物瞬间进行的循环链式反应。自由基的链式反应是这些燃烧反应的实质,光和热是燃烧过程中的物理现象。一切防火技术措施都包括两个方面,一是防止燃烧必要条件的同时存在,二是避免其相互作用。而灭火技术措施除了控制燃烧的三个必要条件,最重要的是如何控制链式反应的自由基。

3.燃烧的过程

可燃物质的聚集状态不同,其受热后所发生的燃烧过程也不同。除结构简单的可燃气体(如氢气)外,大多数可燃物质的燃烧并非是物质本身在燃烧,而是物质受热分解出的气体或液体蒸气在气相中的燃烧。各种物质的燃烧过程如图7-1所示。

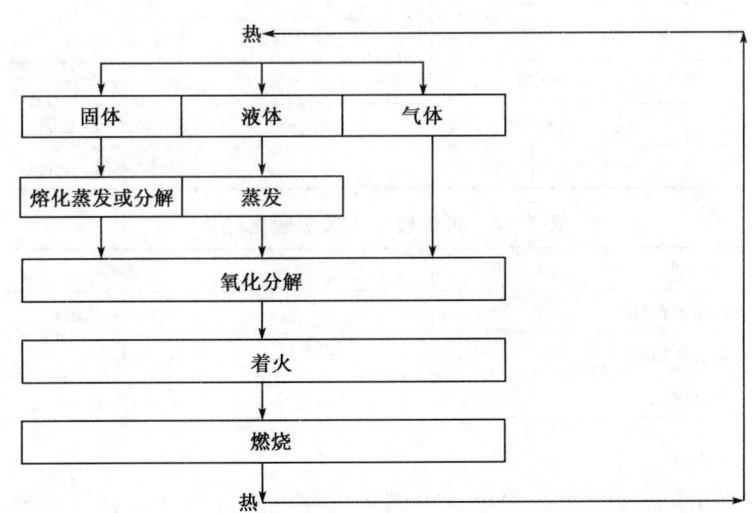

图7-1 物质燃烧过程

由可燃物质燃烧过程可以看出,任何可燃物的燃烧必须经过氧化、分解和燃烧等过程。从中可以看出,可燃气体最容易燃烧,其燃烧所需要热量只用于本身的氧化分解,并使其达到自燃点而燃烧;根据燃烧前可燃气体与氧混合状况不同,其燃烧方式可分为扩散燃烧和预混燃烧。可燃液体受热蒸发成蒸气,其蒸气被分解、氧化达到燃点而燃烧;可燃液体会产生闪燃现象,在含有水分、黏度比较大的重质石油产品中,如原油、重油、沥青油等发生燃烧时,有可能产生沸溢现象和喷溅现象。在固体燃烧中,如果是简单物质硫、磷等,受热后首先熔化,蒸发成蒸气进行燃烧,没有分解过程;如果是复杂物质,在受热时首先分解为气态和液态产物,其气态和液态产物的蒸气进行氧化分解着火燃烧;根据固体物质发生燃烧时的物理现象的不同,还可分为表面燃烧、阴燃和火焰型燃烧。

如木材在火源作用下,在110℃以下只放出水分,130℃开始分解,到150℃变色。在150~200℃时分解,其产物主要是水和二氧化碳,不能燃烧。在200℃以上分解出一氧化碳、氢和碳氢化合物,故木材的燃烧实际是从此时开始的。到300℃时分解出的气体产物最多,因此燃烧也最激烈。

4. 燃烧的种类

1）闪燃与闪点

当火焰或炽热物体接近易燃或可燃液体时,液面上的蒸气与空气混合物会发生瞬间火苗或闪光,此种现象称为闪燃。由于闪燃是在瞬间发生的,新的易燃或可燃液体的蒸气来不及补充,其与空气的混合浓度还不足以构成持续燃烧的条件,故闪燃瞬间即熄灭。

闪点是指易燃液体表面挥发出的蒸气足以引起闪燃时的最低温度。闪点与物质的饱和蒸气压有关,物质的饱和蒸气压越大,其闪点越低。如果易燃液体温度高于它的闪点,则随时都有触及火源而被点燃的危险。闪点是衡量可燃液体危险性的一个重要参数。可燃液体的闪点越低,其火灾危险性越大。一般称闪点小于或等于45℃的液体为易燃液体,闪点大于45℃的液体为可燃液体,而闪点低于28℃的可燃物称为一级火灾危险品。

表7-1 液体根据闪点分类分级

种类	级别	闪点,℃	举例
易燃液体	I	$T \leqslant 28$	汽油、甲醇、乙醇、乙醚、苯、甲苯、丙酮、二硫化碳等
易燃液体	II	$28 < T \leqslant 45$	煤油、丙醇等
可燃液体	III	$45 < T \leqslant 120$	戊醇、柴油、重油等
可燃液体	IV	$T > 120$	植物油、矿物油、甘油等

表7-2 可燃液体火灾危险性分类

分类	级别	闪点,℃	举例
甲类	一级易燃液体	$T < 28$	汽油、苯、乙醇
乙类	二级易燃液体	$28 \leqslant T \leqslant 60$	煤油、松节油
丙类	可燃液体	$T > 60$	柴油、润滑油

2）自燃与自燃点

自燃是指可燃物质自发着火的现象。可燃物质在没有外界火源的直接作用下,常温中自行发热,或由于物质内部的物理（如辐射、吸附等）、化学（如分解、化合）、生物（如细菌的腐败作用）反应过程所提供的热量聚积起来,使其达到自燃温度,从而发生自行燃烧。

可燃物质在没有外界火花或火焰的直接作用下能自行燃烧的最低温度称为该物质的自燃点。自燃点是衡量可燃性物质火灾危险性的又一个重要参数,可燃物的自燃点越低,越易引起自燃,其火灾危险性越大。

一般说来,液体密度越小,闪点越低,而自燃点越高;液体密度越大,闪点越高,而自燃点越低。例如汽油、煤油、轻柴油、重柴油、蜡油、渣油,其闪点逐渐升高,但自燃点逐渐降低,见表7-3和表7-4。

表7-3 几种液体燃料的自燃点和闪点比较

物质	闪点,℃	自燃点,℃	物质	闪点,℃	自燃点,℃	物质	闪点,℃	自燃点,℃
汽油	<28	510~530	轻柴油	45~120	350~380	蜡油	>120	300~380
煤油	28~45	380~425	重柴油	>120	300~330	渣油	>120	230~240

表7-4 几种物质在空气中的自燃点

物质	自燃点,℃	物质	自燃点,℃
甲烷	537	汽油	415
乙烷	510	苯	680
丙烷	446	石油醚	246
丁烷	408	乙二醇	378
戊烷	290	硫黄	260
己烷	248	沥青	250
硫化氢	260	木材	260

3)点燃与着火点

点燃也称强制着火,即可燃物质与明火直接接触引起燃烧,在火源移去后仍能保持继续燃烧的现象。物质被点燃后,先是局部(与明火接触处)被强烈加热,首先达到引燃温度,产生火焰,该局部燃烧产生的热量,足以把邻近部分加热到引燃温度,燃烧就得以蔓延开去。

在空气充足的条件下,可燃物质的蒸气与空气的混合物与火焰接触而能使燃烧持续5s以上的最低温度,称为燃点或着火点。对于闪点较低的液体来讲,其燃点只比闪点高1~5℃,而且闪点越低,二者的差别越小。通常闪点较高的液体的燃点比其闪点约高5~30℃,闪点在100℃以上的可燃液体的燃点要高出其闪点30℃以上。物质燃点的高低,反映了该物质火灾危险性的大小。燃点低,火灾危险性大,反之则小。控制可燃液体的温度在其着火点以下,是预防发生火灾的主要措施。几种物质的燃点见表7-5。

表7-5 几种物质的燃点

物质名称	燃点,℃	物质名称	燃点,℃	物质名称	燃点,℃
黄磷	34~60	纸张	130	豆油	220
松节油	53	漆布	165	烟叶	222
樟脑	70	蜡烛	190	松木	250
灯油	86	布匹	200	胶布	325
赛璐珞	100	麦草	200	涤纶纤维	390
橡胶	120	硫	207	棉花	210

二、爆炸

1.爆炸的概念

爆炸是指一种极为迅速的物理或化学的能量释放过程,在此过程中,系统的内在势能转变为机械功及光和热的辐射等。爆炸做功的根本原因,在于系统爆炸瞬间形成的高温、高压气体或蒸气的骤然膨胀。爆炸的一个最重要的特征是爆炸点周围介质中发生急剧的压力突变,而这种压力突跃变化是产生爆炸破坏作用的直接原因。

2.爆炸的分类

按爆炸形成的原因分,爆炸分为物理爆炸和化学爆炸。

(1)物理爆炸。由物理变化、物理过程引起的爆炸称为物理爆炸。物理爆炸的能量主要来自于压缩能、相变能、运动能、流体能、热能和电能等。气体的非化学过程的过压爆炸,液相的汽化爆炸,液化气体和过热液体的爆炸,溶解热、稀释热、吸附热,外来热引起的超压爆炸,流体运动引起的爆炸,过流爆炸以及放电区引起的空气爆炸等都属于物理爆炸。

(2)化学爆炸。物质发生高速放热化学反应,产生大量气体,并急剧膨胀做功而形成的爆炸现象称为化学爆炸。化学爆炸的能量主要来自于化学反应能。化学爆炸变化的过程和能力取决于反应的放热性、反应的快速性和生成的气体产物。

3.爆炸极限及其影响因素

1)爆炸极限

可燃气体、蒸气与空气的混合物,遇到火源后并不是在所有的浓度范围内都发生爆炸,而是有一个浓度范围,当可燃气体混合物的浓度高于某一浓度或低于某一浓度时,都不会发生爆炸。可燃气体、蒸气与空气或氧气的混合物遇火源能发生爆炸的最低浓度称为爆炸下限,发生爆炸的最高浓度称为爆炸上限。爆炸上限与下限之间的范围,称为爆炸极限范围。几种可燃液体的蒸气爆炸浓度极限见表7-6。

表7-6 几种可燃液体的蒸气爆炸浓度极限

液体名称	爆炸浓度极限,%		液体名称	爆炸浓度极限,%	
	上限	下限		上限	下限
酒精	18	3.3	苯	9.5	1.5
甲苯	7	1.5	甲烷	15	5.0
松节油	62	0.8	乙烷	15.5	3.0
车用汽油	7.2	1.7	丙烷	9.5	2.1
灯用煤油	7.5	1.4	汽油	7.6	1.4
乙醚	40	1.85	液化石油气	10	2

2)影响爆炸极限的因素

(1)初始温度。可燃气体混合物的初始温度越高,根据活化能理论,参加反应的分子的活性就越大,反应的速度就越快,反应时间缩短,放热速率增快,使爆炸下限降低,上限增高,爆炸极限范围增大,增加了火灾危险性。

(2)初始压力。压力对可燃气体混合物的爆炸极限有明显的影响。压力增大,一是可以降低气体混合物的自燃点,二是在高压下分子间距缩小,更易发生反应,加快了反应速度,因此爆炸上限明显增高,爆炸范围增大。在已知的可燃气体中,只有一氧化碳的爆炸极限范围随着压力的增大而减小。压力降低,爆炸极限范围会缩小,当压力降至一定数值时,爆炸的上限和下限可重合,气体混合物不会爆炸,此时的最低压力为临界压力。根据可燃物的临界压力,对于燃烧爆炸危险性特别大的物质的生产,采用密闭容器内的负压条件下进行,对安全就是有利的。

(3) 含氧量。当可燃气体的浓度为下限时,此时爆炸性混合物的体系内的氧含量是过量的,可燃物的浓度少,因此再增加体系的氧含量,对其爆炸下限影响不大;但当可燃气体的浓度在其上限时,爆炸性混合体系内的可燃气体的浓度充足,氧含量明显不足,此时增加体系内的氧含量,满足了体系爆炸对充足氧气的要求,因此使体系的爆炸上限明显增大,爆炸范围扩大。所以可燃气体混合物中含氧量增加,对爆炸下限的影响不大,爆炸上限显著增大。

(4) 惰性气体含量。氮、二氧化碳、水蒸气、氩、氦、四氯化碳等惰性气体加入到爆炸性混合物中,就会使其爆炸范围缩小,惰性气体的浓度达到一定的数值时,可使混合物不发生爆炸。这是由于惰性气体加入到混合体系后,一是使可燃物分子与氧分子分离,在它们之间形成不燃的障碍层;二是惰性气体分子与活化中心作用,使链锁反应中断,降低了反应速度;三是加入的惰性分子吸收了已反应气体分子放出的热量,阻止了火焰向未反应分子的蔓延。惰性气体浓度的加大,对爆炸上限的影响更为显著。因为惰性气体浓度的加大,使体系中的氧含量更加不足,使爆炸上限明显下降。

水等杂质对气体反应的影响也很大。无水、干燥的氯气没有氧化性能;干燥的空气不能完全氧化钠、磷;干燥的氢、氧混合物在 1000℃ 也不会自行爆炸;痕量水就会加速臭氧、氯氧化物等物质的分解;少量的硫化氢就会大大降低水煤气与空气混合物的燃点并增加其爆炸危险性。

(5) 容器的材质与大小。容器的材质和大小对气体混合物的爆炸极限均有影响,容器尺寸很小时影响更大,这主要是容器的器壁效应的原因。当气体分子在容器中进行链式反应时,随着管道直径的减小,自由基与管壁碰撞消失的概率增大,与反应分子碰撞的概率减小,降低了反应的速度,当管道尺寸减小到一定程度时,自由基与其壁碰撞消失的概率大于新自由基的生成,使反应不能再进行下去,火焰不能蔓延,燃烧停止。实验表明,容器管道的直径越小,其内可燃气体混合物的爆炸极限范围越小,当直径小到一定尺寸时,火焰便不能通过。火焰不能蔓延的最大通道尺寸,称为消焰距离。

(6) 点火能量。点火源能量强度高,热表面积大,与混合物接触的时间长,都会使可燃气体混合物的爆炸极限范围扩大,增加其爆炸危险性。能引起一定浓度可燃物燃烧或爆炸所需要的最小能量,称为可燃物的最小点火能量,或最小引燃能量。点火源的能量小于可燃物的最小点火能量,可燃物就不能着火爆炸。对于摩擦撞击火花、静电火花等,其释放能量是否大于可燃物的最小点火能量,是判断其是否能成为点火源引发火灾爆炸事故的一个重要条件。

三、防火防爆的基本技术措施

油气田企业防火防爆的重要性是由其生产的特点和火灾爆炸事故的危险性决定的。做好防火防爆工作,可以起到预防、控制、消除或减少火灾爆炸事故危害的作用。防火防爆的基本原则,就是依据火灾爆炸的基本原理,对火灾爆炸风险采取的预防、控制和削减技术。根据前面有关燃烧爆炸基本原理,对防止油气火灾爆炸的基本原则主要有三条:

1. 控制燃烧爆炸条件形成

1）根据物质的危险特性进行控制

首先在工艺上进行控制，以火灾爆炸危险性小的物质代替危险性大的物质；其次根据物质的理化性质，采取不同的防火防爆措施。

对本身具有自燃能力的物质，遇空气能自燃，遇水能燃烧、爆炸的物质，应分别采取隔绝空气、防水防潮或采取通风、散热、降温等措施，防止发生燃烧或爆炸。

两种相互接触能引起燃烧爆炸的物质不能混存，更不准相互接触；遇酸碱能分解、燃烧、爆炸的物质要严禁与酸碱接触；对机械作用比较敏感的物质要轻拿轻放。

对易燃、可燃气体或蒸气要根据它们对空气的相对密度采用相应的排空方法和防火防爆措施。密度轻于空气的可燃气体可直接向高空排放，而密度大于空气的丙烷（相对密度为1.51），就要采用火炬的方式排空。对可燃液体，要根据物质的沸点、饱和蒸气压考虑设备的耐压强度、储存温度、保温降温措施，根据它们的闪点、爆炸范围，扩散性采取相应的防火防爆措施。

对于不稳定的物质，在贮存中应添加稳定剂。异戊二烯、苯乙烯、氯乙烯、丙烯腈等有聚合放热自燃爆炸的危险，储存中要加入对苯二酚、苯醌等作为阻聚剂。对受到阳光作用能生成具有爆炸性过氧化物的某些液体，必须存放在金属桶内或暗色的玻璃瓶中。

物质的带电性能，直接关系到在生产、储运过程中是否能产生静电危险，对能产生静电的物质要采取防静电措施。

2）防止可燃物外溢泄漏

密闭设备系统是防止可燃气体、蒸气、粉尘与空气形成爆炸性混合物的最有力措施之一。对于有压设备，更需要保持其密闭性，防止可燃气体、蒸气、粉尘溢出到空气中。负压操作可有效地防止系统中的爆炸性气体、有毒气体向系统外的逸散，但在负压条件下，要防止系统的密闭性差，导致空气吸入到系统内。特别是在打开阀门时，外界空气通过缝隙进入负压系统，达到气体混合物的爆炸极限而导致爆炸。

实际生产过程中发生的可燃物泄漏，包括正常运转中的泄漏，停水、电、气等异常情况下的泄漏，以及检维修开停车时引起的泄漏。按泄漏时的压力情况可分为高压喷出、常压流出和真空吸入。造成可燃物泄漏的原因很多，而预防泄漏的关键则是防止误操作，加强设备的维修保养，严禁超量、超温、超压。防止设备管道的泄漏，必须在设备管道的运行过程中做好各种安全检查，定期检维修，并制定好制止突然泄漏的应急措施。对危险大的装置，应设置远距离遥控断路阀，以备装置异常时立即和其他装置隔离。为防止误操作，重要的阀门应采取两级控制，并采取挂标志、加锁等措施。各种管线应涂不同颜色，不同管线上的阀门相隔一定的距离。

3）通风置换

在有火灾爆炸危险的场所内，尽管采取很多措施使设备密闭，但总会有部分可燃气体、蒸气或粉尘泄漏出来。采用通风置换、除尘可以降低场所内可燃物的含量，是防止形成爆炸性混合物的一个重要措施。

4）安全监测及联锁

（1）信号报警。在化工生产中，出现危险状态时，信号报警装置可以警告操作人员并使其采取措施，消除事故隐患。通常发出的报警信号有声、光、颜色等形式，而报警装置一般都和测量仪表相联系，当有关测量参数超过控制指标时，该装置就会发出相应的报警信号。保险装置在信号装置发出危险信号时，能自动采取措施消除不正常状态或扑救危险状况。

(2)安全联锁。安全联锁是利用机械或电气控制依次接通各仪器或设备,并使之彼此发生联系,若不符合规定的程序,则仪器和设备便不能启动、运转或停车,以达到安全生产的目的。如当工艺控制参数达到某一危险值,立即启动紧急处理装置等。

(3)火灾爆炸监测装置。火灾爆炸监测装置主要是指火灾监测仪和爆炸监测仪。

火灾监测仪,是发现火灾苗头的设备,它能测出火灾初期陆续出现的火灾信息。主要有感温式、感烟式、感光式、感气式等多种类型。利用以上各种探测组装成的火灾报警器、报警网、自动灭火系统。

爆炸监测仪,主要是指在生产和使用爆炸性气体的场所使用的监控爆炸性气体的泄漏和其在空气中的含量的监测仪。在易泄漏可燃气体或蒸气的部位,设置固定式可燃气体报警器,以随时监测泄漏情况。

2. 消除和控制火源

油气场站防止火灾爆炸事故最简单有效的措施是消除和控制一切火源。引起燃烧和爆炸的火源一般有明火、摩擦与撞击产生的火花、电气设备或静电放电产生的电火花、设备维修施工时焊接、切割产生的火花、雷电产生的火源等。为消除这些引起燃烧和爆炸事故的火源,采取的措施如下:

(1)建立严格的动火审批制度,未经许可不得在生产区内使用明火或进行焊接作业。

(2)防止摩擦或敲击产生火花。在敲击设备和管道时应使用由铜、铝等材料制成的防爆工具;在倾倒易燃液体时,为防止铁桶与金属设备撞击产生火花,应在其接触部位垫上不发生火花的材料等。

(3)使用防爆的电气设备。根据不同的爆炸和火灾等级,选用不同防爆等级的电气设备,照明灯具应采用防爆型。

(4)按规定对设备,设施进行接地,使产生的静电能迅速导入大地。

(5)安装避雷装置,并定期检查防雷设备,以防止设备被雷击造成事故。

(6)将设备和介质温度严格控制在规定范围,防止油气自燃、闪燃等,特别是含硫油气田,必须注意预防硫化铁的自燃。对设备内排出的硫化铁应用水润湿后进行处理。

3. 控制助燃物

相比较而言,在油气集输场站控制助燃物比控制可燃物和控制火源难度要大许多,因为谁也没有办法将生产场所与空气完全隔绝。但在有些情况下,可以将某一局部与助燃物质彻底隔绝,或是把助燃物的浓度降至安全界限以下。如在某一容器内动火,可以在作业前用氮气或惰性气体(二氧化碳、水蒸气等)将容器内的空气置换一下,然后在容器内动火作业,便不可能发生火灾事故。

四、火灾扑救措施

1. 灭火的基本原理

根据物质燃烧的原理,燃烧必须同时具备三个条件:有可燃物质存在;有助燃物质存在;有能导致燃烧的能源即点火源的存在。在此基础之上,还应考虑到链式反应的自由基。对已经燃烧的过程,若消除其中任何一个条件,燃烧便会终止,这就是灭火的基本原理,可采用下列方法消除燃烧的基本条件。

1)冷却灭火法

冷却灭火法是根据可燃物质发生燃烧时必须达到一定温度这个条件,将灭火剂直接喷洒在燃烧的物体上,使可燃物的温度降低到燃点以下,从而使燃烧停止。

在火场上,除了用冷却的方法直接扑灭火灾外,还经常用水冷却尚未燃烧的可燃物和建筑物、构筑物,以防止可燃物燃烧或建筑物、构筑物变形损坏,防止火势扩大。

2)隔离灭火法

隔离灭火法是根据发生燃烧必须具备可燃物这一条件,将燃烧物与附近的可燃物隔离或疏散开,使燃烧停止。

采用隔离灭火法的具体措施很多,例如将火源附近的可燃物和助燃物移出燃烧区;关闭阀门,阻止可燃物(气体或液体)流入燃烧区;排除生产设备及容器内可燃物;阻拦流散的易燃、可燃液体或扩散的可燃气体;排除与火源相连的易燃建筑物;造成阻止火焰蔓延的空间地带。

3)窒息灭火法

窒息灭火法是根据可燃物需要足够的助燃物质(如氧气)这一条件,采取阻止助燃气体(如空气)进入燃烧区的措施;或用惰性气体降低燃烧区的氧气含量,使燃烧物因缺乏助燃物而熄灭。

在火场上可以使用石棉布、湿棉被、湿帆布等不燃或难燃材料覆盖燃烧物或封闭孔、洞;用水蒸气、二氧化碳、氮气等惰性气体充入燃烧区内;利用建筑物上原有的门、窗以及生产设备上的部件,封闭燃烧区,阻止新鲜空气进入。此外,在无法采用其他扑救办法而条件又允许的情况下(如燃烧物质不是遇水燃烧物),可以采用用水淹没的方法进行扑救。

采用窒息法灭火时应当注意,只有当燃烧区内无氧化剂存在,且燃烧部位较小,容易堵塞封闭时才能使用此法。在用惰性气体灭火时,一定要保证通入燃烧区内的惰性气体量充足以迅速降低空气中的氧含量。

采用窒息法灭火时,必须在确认火已经熄灭后,方可打开覆盖物或封闭的门、窗、孔、洞等,严防因过早打开封闭系统,使新鲜空气进入,造成复燃或爆炸。

4)抑制灭火法

在近代的燃烧研究中,有一种叫连锁反应的理论。根据连锁反应理论,气态分子间的作用不是两个分子直接作用得出最后产物,而是活性分子自由基与另一分子起作用,结果产生新的自由基,新自由基参加反应,如此延续下去,形成一系列的连锁反应。抑制灭火法就是以灭火剂参与燃烧的连锁反应,并使燃烧过程中产生的自由基消失,形成稳定的分子或低活性的游离基,从而使连锁反应中断,使燃烧停止。

2. 灭火剂的类型

1)水和水蒸气

水是常用的灭火剂,它资源丰富,取用方便。水的热容量大,1kg 水温度升高 1℃,需要 1kcal 的热量;1kg 100℃的水汽化成水蒸气则需要吸收 539 cal 的热量。因此水能从燃烧物中吸收很多的热量,使燃烧物的温度迅速下降,以致使燃烧终止。水在受热汽化时,体积增大 1700 多倍,当大量的水蒸气笼罩于燃烧物的周围时,可以阻止空气进入燃烧区,从而大大减少氧的含量,使燃烧因缺氧而窒息熄灭。在用水灭火时,加压水流能喷射到较远的地方,具有较大的冲击作用,能冲过燃烧表面而进入内部,从而使未着火的部分与燃烧区隔离开来,防止燃烧物继续分解而熄灭。

水能稀释或冲淡某些液体或气体,降低燃烧强度。水能浸湿未燃烧的物质,使之难以燃烧。水还能吸收某些气体、蒸汽和烟雾,有助于灭火。

不能用水扑灭下列物质和设备的火灾如下:

(1) 密度小于水和不溶于水的易燃液体,如汽油、煤油、柴油等油品。(密度大于水的可燃液体,如二硫化碳,可以用喷雾水扑救,或用水封阻止火势的蔓延。)

苯类、醇类、醚类、酮类、酯类及丙烯腈等大容量储罐,如用水扑救,则水会沉在液体下层,被加热后会引起爆沸形成可燃液体的飞溅和溢流,使火势扩大。

(2) 遇水燃烧物不能用水或含水的泡沫液灭火,而应用沙土灭火。如金属钾、钠及碳化钙等。

(3) 盐酸和硝酸不能用强大的水流冲击。因为强大的水流能使酸飞溅,流出后遇可燃物质,有引起爆炸的危险。酸溅在人身上,能烧伤人。

(4) 电气火灾未切断电源前不能用水扑救。因为水是良导体,容易造成触电。

(5) 高温状态下的化工设备不能用水扑救,防止遇冷水后骤冷引起变形或爆炸。

2) 泡沫灭火剂

凡能够与水相溶,并可通过化学反应或机械方法产生灭火泡沫的灭火药剂称为泡沫灭火剂。泡沫灭火剂是扑救可燃液体的有效灭火剂,它主要是在液体表面生成凝聚的泡沫漂浮层,起窒息和冷却作用。

3) 二氧化碳灭火剂

二氧化碳在通常状态下是无色无味的气体,相对密度1.529,比空气密度大,不燃烧也不助燃。经过压缩液化的二氧化碳灌入钢瓶内,制成二氧化碳灭火剂(MT)。从钢瓶里喷射出来的固体二氧化碳(干冰)温度可达$-78.5℃$,干冰汽化后,二氧化碳气体覆盖在燃烧区内,除了窒息作用之外,还有一定的冷却作用,火焰就会熄灭。

由于二氧化碳不含水、不导电,所以可以用来扑灭精密仪器和一般电气火灾,以及一些不能用水扑灭的火灾。

但是二氧化碳不宜用来扑灭金属钾、钠、镁、铝等及金属过氧化物(如过氧化钾、过氧化钠)、有机过氧化物、氯酸盐、硝酸盐、高锰酸盐、亚硝酸盐、重铬酸盐等氧化剂的火灾。

4) 干粉灭火剂

干粉灭火剂(MF)的主要成分是碳酸氢钠和少量的防潮剂硬脂酸镁及滑石粉等。用干燥的二氧化碳或氮气作动力,将干粉从容器中喷出,形成粉雾喷射到燃烧区,干粉中的碳酸氢钠受高温作用发生分解,放出大量二氧化碳和水,水受热变成水蒸气并吸收大量的热能,起到一定的冷却和稀释可燃气体的作用。

5) 卤代烷灭火剂

卤代烷的灭火原理主要是抑制燃烧的连锁反应,它们的分子中含有1个或多个卤素原子,在接触火焰时,受热产生的卤素离子与燃烧产生的活性氢基化合,使燃烧的连锁反应停止。此外,它们兼有一定的冷却、窒息作用。卤代烷灭火剂的灭火效率比二氧化碳和四氯化碳要高。

国内生产和使用较多的卤代烷灭火剂主要为1211(即二氟—氯—溴甲烷,CF_2ClBr),但由于该灭火剂对臭氧层破坏力强,我国已于2005年停止生产1211灭火剂。卤代烷灭火器在现阶段较为理想的替代产品是洁净气体灭火器(如七氟丙烷、三氟甲烷等),它们虽含氟,但对环境无害,在自然中存留期短,灭火效率高且低毒。

卤代烷灭火剂不宜扑灭自身能供氧的化学药品、化学活泼性大的金属、金属的氢化物和能自燃分解的化学药品的火灾。

6) 酸碱灭火剂

水型灭火剂（MS）也叫酸碱灭火剂，它是用碳酸氢钠与硫酸相互作用，生成二氧化碳和水。这种水型灭火剂用来扑救非忌水物质的火灾，它在低温下易结冰，天气寒冷的地区不适合使用。

7) 四氯化碳灭火剂

四氯化碳是无色透明液体，不自燃、不助燃、不导电、沸点低（76.8℃）。当它落入火区时迅速蒸发，由于其蒸气密度大（约为空气的5.5倍），很快密集在火源周围，起到隔绝空气的作用。当空气中含有10%的四氯化碳蒸气时，火焰就将迅速熄灭，故它是一种很好的灭火剂，特别适用于电气设备的灭火。

根据《建筑灭火器配置验收及检查规范》（GB 50444—2008）规定，酸碱型灭火器、化学泡沫灭火器、倒置使用型灭火器以及氯溴甲烷、四氯化碳灭火器应报废处理，即这几类灭火器现已淘汰。

3. 火灾类别与灭火剂的选用

1) 火灾分类

按照《火灾分类》（GB/T 4968—2008）的规定，根据物质及其燃烧特性，火灾分为以下几类：

（1）A类火灾：指含碳固体火灾，如木材、棉、毛、麻、纸张等燃烧的火灾；

（2）B类火灾：指甲、乙、丙类液体或可熔化固体物质火灾，如汽油、煤油、柴油、甲醇、乙醚、丙酮、石蜡等火灾；

（3）C类火灾：指可燃气体，如煤气、天然气、甲烷、乙炔、丙烷、氢气等火灾；

（4）D类火灾：指可燃金属，如钾、钠、镁、钛、锆、锂、铝镁合金等火灾；

（5）E类火灾：指带电物体燃烧的火灾；

（6）F类火灾：指烹饪器具内的烹饪物（如动物油脂或植物油脂）火灾。

2) 灭火剂的选用

（1）A类火灾：水型灭火剂、泡沫灭火剂、ABC干粉灭火剂；

（2）B类火灾：干粉灭火剂、二氧化碳灭火剂、泡沫灭火剂（油类可用，但水溶性可燃液体不能用）；

（3）C类火灾：干粉灭火剂、二氧化碳灭火剂；

（4）D类火灾：干粉灭火剂、二氧化碳灭火剂；

（5）E类火灾：金属专用灭火剂或干泥砂覆盖；

（6）F类火灾：隔离灭火。

第二节　防中毒基础知识

石油天然气勘探开发过程中常有一些有毒物质（硫化氢、醇类等），由于操作不当，设备管理不善或设备质量不合格，就会造成中毒事故发生，尤其是硫化氢中毒事故，在石油化工行业中占据各类中毒事故的榜首,本节重点介绍石油天然气勘探开发过程中防硫化氢中毒的基本知识。

一、硫化氢的基本知识

1. 硫化氢的来源

硫化氢是由硫和氢结合而成的气体。硫和氢都存在于动植物的机体中,在高温、高压及细菌的作用下,经分解可产生硫化氢。对油气井硫化氢的来源,可归结于以下几个方面:

(1)热作用于油层时,石油中的有机硫化物分解,产生出硫化氢。

因地层埋藏越深,地温越高,硫化氢含量将随地层埋深的增加而增加。

(2)石油中的烃类和有机质通过储集层水中的硫酸盐的高温还原作用而产生硫化氢。

(3)通过裂缝等通道,下部地层中硫酸盐层的硫化氢上窜,在非热采区,因底水运移,将含有硫化氢的地层水推入生产井而产生硫化氢。

(4)油气井钻井作业中,硫化氢的来源主要有:某些钻井液处理剂在高温热分解作用下,产生硫化氢;钻井液中细菌的作用;钻入含硫化氢地层等。

另外在石油天然气加工、集输场所,进行管线清洗、处理时,处理剂发生化学反应而产生硫化氢。

硫化氢气田在区域分布上,多存在于碳酸盐岩—蒸发岩地层中,尤其在与碳酸岩伴生的硫酸盐沉积环境中,硫化氢更为普遍。一般地讲,硫化氢含量随地层的增加而增大。在平面分布上,同一硫化氢气田,也差别很大。如四川卧龙河气田,在石炭统气藏硫化氢的含量在1500~4500mg/m³ 之间,而气田南部,硫化氢含量仅为 20 mg/m³,南北相差 100~200 倍。

根据天然气中硫化氢组含量,依据《天然气藏分类》(GB/T 26979—2011),将含硫化氢气藏分类见表 7-7。

表 7-7 含硫气藏分类表

序号	类别	硫化氢含量
1	微含硫气藏	<0.0013%
2	低含硫气藏	0.0013%~<0.3%
3	中含硫气藏	0.3%~<2.0%
4	高含硫气藏	2.0%~10.0%
5	特含硫气藏	10.0%~<50.0%
6	硫化氢气	>50.0%

华北油田冀中坳陷赵兰庄气田下第三系孔店组碳酸岩气藏硫化氢含量在10%~92%,四川卧龙河气田三叠系嘉陵江灰岩气藏硫化氢含量在 9.6%~10%,最高的是美国南得克萨斯气田,硫化氢含量高达98%。

2. 硫化氢的理化性质

硫化氢是一种无色、有臭鸡蛋气味、剧毒、可燃、易爆的气体,其主要物理化学性质如下:

(1)硫化氢属无机化合物,分子式为 H_2S,相对分子质量为 34.08。

(2)通常呈气态,沸点为 -60.2℃,熔点为 -82.9℃。

(3)有臭鸡蛋刺激气味,低浓度可闻臭鸡蛋味,高浓度可迅速麻痹嗅觉,致使人的嗅觉感觉不到,起不到警示作用。

(4)剧毒。毒性可与氰化钾相比,是一种致命气体。相对密度为 1.189,比空气密度大,易在低洼处聚集。

(5) 可燃。自燃温度260℃,燃烧时火焰呈蓝色,生成有毒物质二氧化硫(SO_2)。

(6) 易爆。与空气混合,占空气体积的4.3%~45.5%时,形成爆炸混合物。

(7) 易溶于水,也可溶于醇类、石油溶剂和原油中,溶解度随溶液温度升高而降低。

(8) 硫化氢水溶液对金属有强烈腐蚀性。尤其是溶液中含有CO_2或O_2时,腐蚀更快。

3. 硫化氢的暴露极限

(1) 15mg/m^3(10ppm),几乎所有工作人员长期暴露在此浓度以下工作都不会产生不利影响的上限值,即阈限值。

(2) 30mg/m^3(20ppm),工作人员暴露安全工作8h可接受的硫化氢最高浓度,即安全临界浓度。

(3) 150mg/m^3(100ppm),硫化氢浓度达到此浓度时,对生命和健康会产生不可逆转的或延迟性的影响,即危险临界浓度。

(4) 450mg/m^3(300ppm),硫化氢达到此浓度会立即对生命造成威胁,或对健康造成不可逆转的或滞后的不良影响,或将影响人员撤离危险环境的能力,即对生命或健康有即时危险的浓度。

(5) 750mg/m^3(500ppm),硫化氢致人死亡的浓度。

4. 硫化氢对人体的危害

1) 慢性中毒

人体暴露在低浓度硫化氢环境(如75~150mg/m^3)下,将会慢性中毒,症状是头痛、晕眩、兴奋、恶心、口干、昏睡、眼睛剧痛、连续咳嗽、胸闷及皮肤过敏等。长期在低浓度下工作会引起结膜炎和角膜损害,也可能造成人员窒息死亡。

2) 急性中毒

吸入高浓度的硫化氢气体会导致气喘,脸色苍白,肌肉痉挛;当硫化氢浓度大于10500mg/m^3时,人很快失去知觉,几秒钟后就会窒息,心脏停止,如果未及时抢救,会迅速死亡。浓度越高,全身性作用越明显,表现为中枢神经系统症状和窒息症状。当硫化氢浓度大于3000mg/m^3时,只要吸一口,就会立即死亡。不同浓度硫化氢对人体的危害见表7-8和表7-9。

表7-8 硫化氢对人体的危害

空气中浓度		生理影响及危害	空气中浓度		生理影响及危害
ppm	mg/m^3		ppm	mg/m^3	
0.027	0.04	感到臭味	200	300	暴露时间长则有中毒症状
0.333	0.5	感到明显臭味	200~300	300~450	暴露1h引起来急性中毒
3.33	5.0	有强烈臭味	250~350	375~525	4~8h内有生命危险
5.0	7.5	有不快感	350~400	525~600	1~4h内有生命危险
10	15	刺激眼睛	600	900	暴露30min会引起致命性中毒
23.3~30	35~45	强烈刺激眼睛	1000	1500	引起呼吸道麻痹,有生命危险
50~100	75~150	刺激呼吸道	1000~1500	1500~2250	在数分钟内死亡

表 7-9 我国对硫化氢危害的描述

序号	硫化氢在空气中的浓度 ppm	硫化氢在空气中的浓度 mg/m³	危害程度
1	0.13～4.6	0.195～6.9	可嗅到臭鸡蛋味,一般对人体不产生危害
2	4.6～10	6.9～15	刚接触有刺热感,但会很快消失
3	10～20	15～30	我国临界浓度规定为20ppm,超过此浓度必须佩戴防毒面具
4	50	75	允许直接接触10min
5	100	150	刺激咽喉,3～10min会损伤嗅觉和眼睛,轻微头痛,接触4h以上导致死亡
6	200	300	立即破坏嗅觉系统,时间稍长咽喉将灼伤,导致死亡
7	500	750	失去理智和平衡,2～15min内出现呼吸停止,如不及时抢救,将导致死亡
8	700	1050	很快失去知觉,停止呼吸,若不立即抢救将导致死亡
9	1000	1500	立即失去知觉,造成死亡,或永久性脑损,智力损残
10	2000	3000	吸上一口,将立即死亡,难于抢救

5. 硫化氢中毒机理

硫化氢是一种神经毒剂,亦为窒息性和刺激性气体。其毒作用的主要靶器官是中枢神经系统和呼吸系统,亦可伴有发胖心脏等多器官损害,对毒作用最敏感的是脑和黏膜接触部位。硫化氢对黏膜的局部刺激作用系由接触湿润黏膜后分解形成的硫化钠以及本身的酸性所引起。对机体的全身作用为硫化氢与机体的细胞色素氧化酶中的二硫键(—S—S—)作用后,影响细胞色素氧化过程,阻断细胞内呼吸,导致全身性缺氧。由于中枢神经系统对缺氧最敏感,因而首先受到损害。但硫化氢作用于血红蛋白,产生硫化血红蛋白而引起化学窒息,仍认为是主要的发病机理。急性中毒早期,实验观察脑组织细胞色素氧化酶的活性即受到抑制,谷胱甘肽含量增高,乙酰胆碱酯酶活性未见变化。

硫化氢对主要器官的致病机理如下:

(1)血中毒:血液中高浓度硫化氢可直接刺激颈动脉窦和主动脉区的化学感受器,致反射性呼吸抑制。

(2)脑中毒:硫化氢可直接作用于脑,低浓度起兴奋作用;高浓度起抑制作用,与血细胞中铁结合,抑制氧的利用,而引起细胞内缺氧,造成细胞内窒息引起昏迷、呼吸中枢和血管运动中枢麻痹。因脑组织对缺氧最敏感,故最易受损。

(3)肺、心中毒:由于硫化氢遇眼和呼吸道黏膜表面的水分后分解,并与组织中的碱性物质反应后的生成物对黏膜有强刺激和腐蚀作用,引起不同程度的化学性炎症反应,同时细胞内缺氧窒息,对较深的有组织损伤,可导致肺水肿、心肌损害。

(4)其他器官中毒:由于硫化氢引起呼吸暂停或肺水肿等因素所致血氧含量降低,继发性缺氧是可使病情加重,神经系统中毒症状持久及发生多器官功能衰竭。

血中毒和脑中毒作用发生快,均可引起呼吸骤停,造成电击样闪电式死亡。在发病初如能及时停止接触,则许多病例可迅速和完全恢复,可能因硫化氢在体内很快氧化失活之故。

6. 硫化氢对作业系统的影响

硫化氢不仅对人体有致命的危害,对油气田的生产设备、管材、工具也可以造成很大的破坏。硫化氢对其作业系统的影响主要有以下几种情况：

(1)硫化氢造成管材的电化学腐蚀、氢脆破坏。硫化氢溶于水形成酸性环境，对金属的腐蚀形式有电化学腐蚀，氢脆和硫化物应力腐蚀开裂，以后两种为主，一般统称为氢脆破坏，氢脆破坏往往造成油气田生产设备、管材的腐蚀、泄漏，甚至发生严重的火灾事故。

①电化学腐蚀：也称失重腐蚀。实际上是硫化氢在有水的条件下在金属表面产生的电化学反应。

$$Fe + H_2S \xrightarrow{H_2O} Fe_xS_y \downarrow + 2H^+$$

其中 Fe_xS_y 有几种形式，如 FeS_2、Fe_9S_8。这个反应要在有水的条件下才能成立，干燥无水的情况下，硫化氢不产生腐蚀，因为只有在有水的情况下，才有硫离子存在。生成物 Fe_xS_y 是一种疏松的物质，因此这种腐蚀对钢材产生破坏作用。失重腐蚀使钢材产生蚀坑、斑点和大面积脱落，造成设备变薄、穿孔、强度减弱等现象，甚至造成破裂。

②氢脆破坏：是指化学腐蚀能所产生的氢原子，在结合成氢分子时体积增大，致使低强度钢或软钢发生氢鼓泡，高强度钢产生裂纹，使钢材变脆。

③硫化物应力腐蚀开裂：是指钢材在足够大外加拉力或残余张力下，与氢脆裂纹同时作用下发生的破裂。

(2)硫化物应力腐蚀破坏机理。硫化氢在金属表面有水的条件下，先对金属产生失重腐蚀，使金属表面产生斑点、蚀坑，同时也使金属表面的水中存在大量氢原子，这些氢原子在一般条件下绝大部分会结合成氢分子，但在水中硫化氢和 HS^- 的浓度较大的情况下，就大大阻止了氢原子结合成分子的速度，使金属表面存在一定浓度的氢原子，这些氢原子中的一部分就渗入到金属的内部，在有缺陷的地方聚集起来，结合成氢分子。氢分子所占的空间比氢原子所占的空间要大20多倍，这使金属内部形成巨大内压，即在金属内部形成很大的内应力。如果金属是软钢(20号以下的低碳钢)，质地会变硬，表面会出现氢泡。如果是高硬度的钢就会变脆，延展性下降，出现破裂。

硫化物应力腐蚀破裂的五个特征：

①断口平整，不存在塑性变形，像陶瓷断口；

②主要发生在受拉应力时，断口主裂纹与拉力方向垂直；

③硫化氢应力腐蚀破裂多发生在设备使用不久，属于低应力下破裂；

④硫化物应力腐蚀破裂往往是突然性断裂，没有任何先兆；

⑤裂源多发生在应力集中点。

(3)硫化氢还能加速非金属材料的老化。在地面设备、井口装置、井下工具中，都有橡胶、浸油石墨、石棉填料等非金属材料制成的密封件，它们在硫化氢环境中使用一定时间后，橡胶会产生鼓脆胀大，失去弹性，浸油石墨及石棉绳上的油被溶解而导致密封件的失效。

(4)硫化氢主要是对水基钻井液具有较大的污染，它会使钻井液性能发生很大变化，如密度下降，pH值下降，黏度上升，以至形成流不动的冻胶，颜色变为瓦灰色、墨色或墨绿色。

(5)硫化氢腐蚀产物的危害——硫化铁自燃。硫化氢以及有机硫化物与金属设备、管道容器内壁止的铁和氧化铁长期腐蚀，会生产硫化铁(Fe_2S)。硫化铁是具有金属光泽的深棕色或黑色块状物，当其与空气中的氧接触后能自燃，对于粉末状的硫化铁来说，自燃点较低，大约为40℃，与空气接触后更易自燃，产生火灾和爆炸的危害。

硫化铁自燃现象在设备检修、清管等作业时最容易发生。因此，在含硫油气田生产及输送设备开、停、检修及清管等过程中,应采取有效措施,防止发生硫化铁自燃和引发火灾、爆炸事故发生。

(6)硫化氢排入大气造成的环境污染。这里所说的环境污染不单指井场空气的污染,对距井场 2km 内的居民、学校、机关、厂矿等都有污染的危险。

二、二氧化硫的基本知识

1. 二氧化硫的理化性质

(1)化学分类:无机物。

(2)化学分子式:SO_2。

(3)通常物理状态:无色气体,比空气密度大。

(4)沸点:$-10.0℃(14F)$。

(5)可燃性:不可燃,由硫化氢燃烧形成。

(6)溶解性:易溶于水和油,溶解性随溶液温度升高而降低。

(7)气味和警示特性:有硫燃烧的刺激性气味,具有窒息作用,在鼻和喉黏膜上形成亚硫酸。

2. 二氧化硫的暴露极限

我国石油天然气行业标准 SY/T 6610—2005《含硫化氢油气井井下作业推荐作法》中规定:二氧化硫的阈限值(工作人员长期暴露都不会产生不利影响的有毒物质在空气中的最大浓度)为 $5.4mg/m^3(2ppm)$;二氧化硫安全临界浓度(工作人员在露天安全工作 8h 可接受的最高浓度)为 $13.5mg/m^3(5ppm)$;启动立即行动计划(通知相关方)浓度为 $27mg/m^3(10ppm)$;即时危险浓度(对生命和健康有即时危险)的浓度为 $270mg/m^3(100ppm)$。

3. 二氧化硫的生理影响

1)急性中毒

吸入一定浓度的二氧化硫会引起人身伤害甚至死亡。暴露浓度低于 $54 mg/m^3(20ppm)$,会引起眼睛、喉、呼吸道的炎症,胸痉挛和恶心。暴露浓度超过 $54mg/m^3(20ppm)$,可引起明显的咳嗽、打喷嚏、眼部刺激和胸痉挛。暴露于 $135mg/m^3(50ppm)$ 中,会刺激鼻和喉,流鼻涕、咳嗽和反射性支气管缩小,使支气管黏液分泌增加,肺部空气呼吸难度立刻增加(呼吸受阻)。大多数人都不能在这种空气中承受 15min 以上。据报道,暴露于高浓度中产生的剧烈的反映不仅包括眼睛发炎、恶心、呕吐、腹痛和喉咙痛,随后还会发生支气管炎和肺炎,甚至几周内身体都很虚弱。

2)慢性中毒

有报告指出,长时间暴露于二氧化硫中可能导致鼻咽炎、嗅、味觉的改变、气短和呼吸道感染危险增加,有些人明显对二氧化硫过敏。肺功能检查发现在短期和长期暴露后功能有衰减。

3)暴露风险

尚不清楚多少浓度的低量暴露或多长时间的暴露会增加中毒风险,也不清楚风险会增加多少,宜尽量少暴露于二氧化硫中,宜坚决阻止暴露于二氧化硫环境中的人吸烟。

工作安排必须考虑任何原有的慢性呼吸疾病,因暴露于二氧化硫中能使其病情恶化。二氧化硫对人体的危害见表 7-10。

表 7-10 二氧化硫对人体的危害

二氧化硫在空气中的浓度		暴露于二氧化硫的典型特性
ppm	mg/m³	
1	2.71	具有刺激性气味,可能引起呼吸改变
2	5.42	ACGIH TLV 和 NIOSH REL
5	13.50	灼伤眼睛,刺激呼吸,对嗓子有较小的刺激
12	32.49	刺激嗓子咳嗽、胸腔收缩、流眼泪和恶心
100	271.00	立即对生命和健康产生危险的浓度
150	406.35	产生强烈的刺激,只能忍受几分钟
500	1354.50	即使吸入一口,就产生窒息感,应立即救治,提供人工呼吸或心肺复苏技术(CPR)
1000	2708.99	如不立即救治会导致死亡,应马上进行人工呼吸或心肺复苏(CPR)

资料来源:SY/T 6610—2005《含硫化氢油气井井下作业推荐作法》。

三、硫化氢的检测与防护

1. 硫化氢的检测方法

发觉硫化氢的气体的方法有几种。鼻子可以嗅到空气中含量百万分之一的硫化氢气体的存在。但当硫化氢浓度达到 4.6ppm,会使人的嗅觉钝化。如果硫化氢在空气中的含量达到 100ppm 以上,嗅觉会迅速钝化,而得出空气中不含硫化氢的不可靠的判断。因此,根据嗅觉器官测定硫化氢的存在是极不可靠的,十分危险的,应该采用测量仪器来确定硫化氢的存在及含量。

1) 用化学方法测定硫化氢的存在和含量

(1) 醋酸铅试纸法:将试液涂在白色试纸上,试纸仍为白色,当与硫化氢气体接触时,会变成棕色或黑色。让试纸与被测区空气接触 3~5min,根据色谱带对照试纸改变颜色的深度醋酸铅可判断硫化氢的浓度(在使用时注意将试纸沾上水)。醋酸铅试纸法是一种定性方法。

(2) 安培瓶法:安培瓶内装有白色醋酸铅固体颗粒,瓶口由海绵塞住,硫化氢气体可通过海绵侵入瓶内与反应,使醋酸铅颗粒变黑。安培瓶法是一种定性、半定量测量方法。

(3) 抽样检测管法:检测管由厂家专门生产的,管内装有浸过醋酸铅的固体颗粒。当含有硫化氢气体的空气通过检测管时,空气中硫化氢的含量越高,检测管变黑的长度就越长,可以在检测管上的刻度上读取数据,计算硫化氢的含量。这种测量方法检测精度高、成本低,但测量操作复杂,测量精度受检验人员熟练程度的影响。

2) 用电子探测仪测定硫化氢的存在和含量

电子探测仪类型很多,价格昂贵。一般电子探测仪都具有声光报警和硫化氢含量显示功能,有的还能实现远距离控测,可分为便携式和固定式两种。

3) 用生物监测硫化氢的存在

用生物监测硫化氢的存在是一种辅助监测方法,它不能测定毒气种类和含量,只能显示可能有毒气或窒息性气体的存在。由于硫化氢、二氧化硫比空气密度大,会在通风不良和低洼处位置聚集,将对硫化氢极为敏感的禽类放置于硫化氢可能泄漏和聚集的位置,当硫化氢发生泄漏、操作人员发现禽类被毒死时,应立即用监测仪器测定有害气体种类和含量。

2. 硫化氢的防护措施

(1)对员工进行硫化氢防护的技术培训,了解硫化氢的理化性质、中毒机理、主要危害和防护及现场急救方法,提高员工对硫化氢溢出的危害的认识及防护能力。

(2)油气管道和场站应有正确的设计、施工以及严格规范的管理,避免有毒物质的泄漏。

(3)如需进入密闭空间内施工作业,应事先对密闭空间进行通风、置换、吹扫等,并用硫化氢检测仪进行检测,当密闭空间内硫化氢含量小于 $10mg/m^3$ 时才允许进入。

(4)在可能产生硫化氢的场所设立防止硫化氢中毒的警示标志和风向标,作业员工尽可能在上风口位置作业。

(5)配备硫化氢自动监测报警器,或作业人员配备便携式硫化氢监测仪,并保证报警器和监测仪灵敏可靠。

(6)在可能产生硫化氢场所工作的员工每人应配备防毒面具或空气呼吸器,并保证有效使用。

(7)在有可能产生硫化氢场所作业时,应有人监护;一旦发生硫化氢急性中毒,在保证自身安全条件下,立即实施救护。

(8)必须对作业区周边的居民住宅、学校、厂矿等情况进行调查,并告之可能会遇到硫化氢溢出危害,当这种危害发生时,应有可行的通信联系方法,通知上述人员迅速撤离。

3. 硫化氢防护设备

当作业环境中硫化氢浓度有可能超过 $15mg/m^3$(10ppm)或二氧化硫浓度有可能超过 $5.4mg/m^3$(2ppm)时,作业人员皆应使用个人防护设备。

常用的硫化氢防护的呼吸保护设备主要分为隔离式和过滤式两大类。隔离呼吸保护设备有:自给式正压式空气呼吸器、逃生呼吸器、移动供气源、长管呼吸器;过滤式的有:全面罩式防毒面具、半面罩式防毒面具。

呼吸防护设备的使用前提:依据空气中硫化氢浓度加以判定,当然由于使用者的工作的特殊性,用户可以在相应标准下提升防护等级,选择更高级别的呼吸防护产品。

表 7-11 反映出不同浓度硫化氢对人体的危害及呼吸防护产品的选用等级。

表 7-11 呼吸设备选择对照表

硫化氢浓度,mg/m^3	接触时间	毒性反应	呼吸防护
0.035		嗅觉阈,开始闻到臭味	过滤式半面罩
0.4		臭味明显	过滤式半面罩
4~7		感到中等强度难闻的臭味	过滤式半面罩
30~40		臭味强烈,仍然忍受,是引起症状的阈浓度	过滤式全面罩
70~150	1~2h	呼吸道及眼刺激症状;吸入2~15min后嗅觉疲劳,不再闻到臭味	过滤式全面罩
300	1h	6~8min出现眼急性刺激性,长期接触引发肺气肿	隔离式防护
760	60~75min	发生肺水肿,支气管炎及肺炎。接触时间长引起头疼、头昏、步态不稳、恶心、呕吐、排尿困难症状	隔离式防护
1000	数秒	很快出现急性中毒,呼吸加快,麻痹死亡	隔离式防护
1400	立即	昏迷、呼吸麻痹死亡	隔离式防护

在实际使用过程中由于作业人员的长时间工作可适当提高呼吸防护等级,尤其是工作达 8h 以上的作业人员。

四、硫化氢中毒现场急救措施

1. 硫化氢中毒的早期抢救

(1)进入毒气区抢救中毒人员之前,自己应首先戴上防毒面具,否则,自己也会成为中毒者。

(2)立即将中毒者从硫化氢(H_2S)分布的现场抬到空气新鲜的地方。

(3)如果中毒者已经停止呼吸和心跳,应立即不停地进行人工呼吸和胸外心脏按压,直至呼吸和心跳恢复或者医生到达,有条件的可使用回生器(又称为恢复正常呼吸器)代替人工呼吸。

(4)如果中毒者没有停止呼吸,应保持中毒者处于休息状态,有条件的可给予输氧。在等待医生或运送医院抢救途中,应注意保持中毒者的体温,不能乱抬背,应将中毒者放于平坦干燥的地方就地抢救。

2. 硫化氢中毒的早期护理

(1)中毒者心跳停止之前,当其被转移到新鲜空气区能立即恢复正常呼吸者,可认为中毒者已迅速恢复正常。

(2)呼吸和心跳完全恢复后,可给中毒者饮用些兴奋性饮料,如浓茶或咖啡,而且要有专人护理。

(3)如果眼睛受到轻度伤害,可用干净水彻底清洗,也可进行冷敷。

(4)在轻微中毒的情况下,中毒人员经短暂休息后,本人要求回岗位继续工作时,医生一般不予同意,应休息 1~2 天。

思 考 题

1. 什么是燃烧?燃烧必须具备的三个条件是什么?
2. 简述爆炸极限的概念和影响爆炸极限的因素。
3. 简述灭火的基本原理和常用方法。
4. 根据物质及其燃烧特性,火灾可以分为哪几类?简述各火灾类别分别应该选用的灭火剂类型。
5. 阈限值、安全临界浓度和危险临界浓度是如何定义的?对应的硫化氢浓度分别是多少?
6. 简述硫化氢对人体的危害。
7. 简述硫化氢对油气田生产作业系统的影响。
8. 简述硫化氢中毒的早期抢救。

参 考 文 献

[1] 王丽琼.防火防爆技术基础.北京:北京理工大学出版社,2009.
[2] 李萌中.石油化工防火防爆手册.北京:中国石化出版社,2003.
[3] 汪东红,李宗宝.硫化氢中毒及预防.北京:中国石化出版社,2008.
[4] 易俊,王以朗,朱俊,等.天然气采输作业硫化氢防护.重庆:西南师范大学出版社,2010.

第八章 石油工程"三废"处理技术

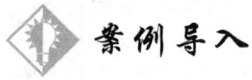

某石化分公司双苯厂爆炸事故

1. 基本情况

2005年11月13日,某石化分公司双苯厂硝基苯精馏塔发生爆炸,造成8人死亡,60人受伤,直接经济损失6908万元,大量苯、硝基苯等苯类物质流入松花江,引发松花江水污染事件,如图8-1所示。经事故及事件调查组经深入调查、取证和分析,认定此次爆炸事故和松花江水污染事件,是一起特大安全生产责任事故和特别重大水污染责任事件。

图8-1 事故现场及造成的河流污染

2. 事故原因

爆炸事故的直接原因是硝基苯精制岗位外操人员违反操作规程,在停止粗硝基苯进料后,未关闭预热器蒸气阀门,导致预热器内物料汽化。恢复硝基苯精制单元生产时,再次违反操作规程,先打开了预热器蒸气阀门加热,后启动粗硝基苯进料泵进料,引起进入预热器的物料突沸并发生剧烈振动,使预热器及管线的法兰松动、密封失效,空气吸入系统,由于摩擦、静电等原因,导致硝基苯精馏塔发生爆炸,并引发其他装置、设施连续爆炸。

污染事件的直接原因是双苯厂没有事故状态下防止受污染的"清净下水"流入松花江的措施。爆炸事故发生后,未能及时采取有效措施,防止泄漏出来的部分物料和循环水及抢救事故现场消防水与残余物料的混合物流入松花江。

污染事件的间接原因是石化分公司及双苯厂对可能发生的事故会引发松花江水污染问题没有进行深入研究，相关应急预案有重大缺失。事故应急救援指挥部对水污染估计不足、重视不够，未提出防控措施和要求。公司对环境保护工作重视不够，对分公司环保工作中存在的问题失察，未能及时督促采取措施。

3. 教训和启示

爆炸事故发生暴露出该石化分公司和双苯厂对安全生产管理重视不够，对存在的安全隐患整改不力，安全生产管理制度和劳动组织管理也存在问题。

第一节　废气处理

一、石油工程废气的来源及其分类

大气污染是由存在于大气中的一种或多种气体、气溶胶或颗粒状态的污染物引起的，当大气中污染物质的浓度达到有害程度，以至破坏生态系统和人类正常生存和发展的条件，对人或物造成危害的现象称为大气污染。

大气污染物的来源可分为自然污染源和人为污染源两类。自然污染源是指自然原因向环境释放的污染物，如火山喷发、森林火灾、飓风、岩石的风化及生物腐烂等自然现象形成的污染源。人为污染源是指人类生产和生活活动产生的污染源，是产生大气污染的主要原因。油田开发大气污染物的来源属于人为污染源。油田开发布局和作业的特点决定了污染源较多且具有分散性，除遍布整个油区的钻井井场、采油井外，原油接转站、联合站、注水站、油田开发辅助工程及运输车辆也都是油田开发大气污染源的组成部分。从污染源的空间分布看，可以将油田开发过程中的大气污染源分为点源和面源；从污染源的时间分布看，可分为连续源和间歇源；根据生产工况的不同，还可以分为正常污染源和事故污染源。

油田开发排放的大气污染物主要分为三类：第一类是各种设备运行，燃料燃烧产生的废气，包括油田钻井和生产工作中提供动力的内燃机排放的废气；地面施工、井下作业及油气运输等使用汽车产生的汽车尾气；采油、油气集输过程中的加热炉、锅炉、高压蒸汽炉等产生的废气。第二类是存在于整个油田开发过程的轻烃挥发，主要发生在开采、储存和运输环节中，自采油井场、计量站、中转站、联合站及油气管线等油气集输系统排放，以及放空、挥发、泄漏的烃类气体污染物。第三类是钻井过程中溢出、井下作业酸化施工排放的硫化氢气体和测井生产的放射性气体等。

二、石油工程废气对环境的危害

大气污染物可以污染物质材料表面，产生化学破坏，影响植物正常光合作用，还可以通过各种途径降到水体、土壤中，影响环境。部分污染物还会刺激和破坏人与动物的呼吸系统，甚至造成中毒，对人体健康和生态环境产生直接的近期或远期的伤害。此外，大气污染不仅影响其周围环境，而且对全球环境也带来影响，如温室效应、酸雨、臭氧层破坏，其结果是对全球气候、生态、农业、森林、冰川产生一系列影响。

油田开发中各种设备运行，燃料燃烧产生废气中的主要污染物是 SO_2、NO_x、CO、烟尘和部分燃烧碳氢化合物。放空、挥发、泄漏的烃类气体，主要成分包括甲烷烃和非甲烷烃，烃类气体（特别是非甲烷烃）的最大危害是造成二次污染，非甲烷烃与另一种污染物 NO_x 具有联合环境效应，产生光化学烟雾，伴生气体主要是 H_2S 气体。

1. 硫化物危害

油田开采废气中的硫化物主要以二氧化硫和硫化氢形式存在。二氧化硫是一种中强度刺激性气体，浓度较高时，对有呼吸系统疾病和心脏病的患者，将导致病情加重，甚至有生命危险。此外，在一定条件，二氧化硫可形成酸雨，对环境造成不良影响。硫化氢是一种有臭鸡蛋气味的剧毒气体，对人呼吸系统、心血管系统有影响，高浓度可使人中毒死亡，硫化氢还对设备和管路具有腐蚀作用，详见第七章第二节。

2. 氮氧化物危害

一氧化氮和二氧化氮是平衡共存于大气中的两种主要污染物。一氧化氮破坏血液的输氧功能，二氧化氮具有腐蚀性和生理刺激作用，也是形成光化学烟雾和酸雨的主要物质。

3. 碳氧化物危害

碳氧化物主要有一氧化碳和二氧化碳。一氧化碳可降低动物血液的输氧功能而引起窒息，二氧化碳能加剧温室效应。

4. 碳氢化合物（烷烃、烯烃、芳香烃）危害

碳氢化合物主要来源于石油燃料不充分燃烧和石油类蒸发过程。大量吸入高浓度烃类气体，由于窒息和麻醉作用可引起人和动物在短期内死亡，死因多为心脏停止搏动或呼吸麻痹。烯烃的麻醉作用要大于相同碳原子数的烷烃。大多数芳香烃对神经系统有致毒作用，少数可造成血液循环系统损害，高浓度的芳香烃对中枢神经起麻醉作用，其中以苯的毒性最大。烃类气体除了直接对人体健康有危害外，也是大气中形成光化学烟雾的主要物质。

5. 颗粒物污染物危害

颗粒物污染物是指空气中分散的液态或固态污染物，因对生物和人体健康会造成危害而称为颗粒物污染。大气中颗粒物可引起尘肺病，特别是飘尘（如 PM2.5）可长期漂浮于大气中，对人体组织造成伤害，对皮肤有刺激作用，引起炎症、中毒。部分颗粒物污染物具有腐蚀性，引起机电设备磨损。此外，还可降低大气能见度，影响气候。油田开发颗粒物主要来源于地面扬尘和大功率内燃机排放的烟尘，油田单位野外施工的地点一般比较偏僻，植被少，多风沙，地面扬尘产生较多。

三、石油工程废气的防治

1. 设备运行、燃料燃烧产生废气的防治措施

（1）使用优质燃料，如选用优质柴油。

（2）选用燃烧效率高、节能型设备，如钻井中采用燃烧效率高的柴油发电机。

（3）提高锅炉操作水平，以高效率的锅炉代替分散的低矮烟囱群。

（4）燃烧废气经过除尘后采用高空排放，采用高架烟囱排放来源于锅炉和加热炉排放的烟气。

（5）锅炉等设备加除尘装置，除尘装置主要有旋风除尘器、多管除尘器、水膜除尘器和静电除尘器等。

(6)改造锅炉、改进燃料的燃烧方法,如采用高效燃烧火嘴和进行炉膛拱等措施提高燃料燃烧率。

(7)改变燃料构成,推广使用油田常见的液化石油气低硫燃料。

(8)改装汽油车为液化天然气燃料车,液化天然气具有对大气污染少、符合国家规定排放标准等优点。

(9)运输车辆安装尾气净化装置。

此外,还可利用空地种植花草树木使城市绿化等以达到防治烟尘污染的目的。

2. 油田开发过程中挥发轻烃防治措施

采油、采气集输过程中挥发的烃类气体一般采用密闭集输、原油稳定、轻烃回收、放空及尾气燃烧的方法处理。

(1)加强井下作业和油井生产管理,减少烃类散失,修井作业前,做好油井的压力监测,并准备应急措施。

(2)油田开发采用密闭式集输流程,以减轻集输过程中烃类的损失。

(3)把原油中的轻质烃类如甲烷、乙烷、丙烷、丁烷等易挥发性组分分离出来,降低和减少原油储运和集输过程中的蒸发损失,分离出来的气体可回收利用。

(4)油田伴生气中轻烃回收,能使得天然气资源的利用率提高,轻烃回收方法主要有吸附法、吸收法和冷凝分离法,其中冷凝分离法是目前使用较为普遍的方法。

(5)原油储罐采用浮顶罐,并安装泄漏报警系统。

(6)井口设紧急切断阀。各站场进口、输气输油干线分段设置紧急切断阀,一旦发生事故,紧急切断油、气源,以减少油气集输过程中烃类和油的排放。

(7)在联合站内设置火炬系统,开停车及事故状态下排放的废气排入站外的火炬系统进行焚烧处理,放空天然气应充分燃烧,减轻对大气环境的危害。

(8)在站场设置可燃气体检测仪,及时发现油气泄漏并处理。

3. 硫化氢气体的防治措施

我国不少气田或油井伴生气中都含有酸性气体,主要是含有硫化氢。目前国内外净化硫化氢采用的方法,一般分为干法脱硫和湿法脱硫两大类。干法脱硫是用固体物质与硫化物进行反应而脱硫,如活性炭法、氢氧化铁法、氧化锌法等。干法脱硫只适用于处理气体中硫化氢含量较低或为了脱除有机硫。湿法脱硫是用液相物质吸收硫化物进行脱硫,是气液相化学吸收或物理吸收的过程,适用于含硫量较高的气体的净化。湿法脱硫按照硫的回收形态又可分为循环法和氧化法。循环法中硫化氢被脱硫剂吸收后,再生时放出的仍为硫化氢,如乙醇胺法、环丁砜法、氨水法等。氧化法是硫化氢被脱硫剂吸收后,再生时硫化氢被氧化而得到单质硫,如液相克劳斯法、蒽醌磺酸钠法、亚硝酸盐法等。

第二节 废水处理

一、石油工程废水来源及其分类

水污染是指水体因某种物质的介入,而导致其化学、物理、生物或者放射性等方面特性的改变,从而影响水的有效利用,危害人群健康或者破坏生态环境,造成水质恶化的现象。各类天然水都有一定的自净能力,污染物质进入天然水体后,通过一系列物理、化学和生物因素的共同作用,使水中污染物质的浓度降低,这种现象称为水体的自净。但在一定的时间和空间范围内,如果污染物质大量排入天然水体并超过了水体的自净能力,就会造成水体污染。水体被污染的程度可用水质指标来表示,水质指标涉及化学、物理、生物学性质等各方面,表征水污染的水质主要指标有悬浮物、重金属、各种阳离子、各种阴离子、有机物、酸碱度、化学需氧量(COD)、生化需氧量(BOD)、溶解氧(DO)、有害有毒物质、细菌等。其中化学需氧量(COD)和生化需氧量(BOD)是反映水中有机物质数量的重要指标,化学需氧量几乎可以表示出水中有机物的全部含量,而生化需氧量则反映了能被微生物氧化分解的那一部分有机物的含量。如果同一废水的$BOD_5/COD>0.3$,一般认为此种废水是适于采用生物化学方法处理的,且两者比值越大,可生物处理性越强。

水体的污染分为两类,一类是自然污染,主要是自然原因造成的;一类是人为污染,是人类生活和生产活动中产生的废物对水的污染,包括生活污水、工业废水、农田排水和矿山废水等,对水体造成较大危害的是人为污染。油田开发过程产生的废水主要有钻井废水、油田采出水、井下作业废水和洗井废水。

钻井废水是在钻井施工过程中产生的废水,由振动筛冲洗水、钻井泵冲洗水、钻台和钻具机械设备清洗水、废弃钻井液池清液、柴油机排出的冷却水及井场生活污水组成。钻井废水的产生是间歇的,其去向为蒸发、风干、渗透地下和处理达标排放。

洗井废水及作业废水主要来自压裂后洗井、酸化后洗井、注水井洗井、替喷和自喷液。洗井废水产生是不定期的,其去向为处理后部分回注地层,部分排入地表水。

油田采出水是从地层中随原油一起从地下采出,并同原油混合进入集输系统的集油站进行脱水分离,脱出的水仍含有一定浓度的油。油田采出水的产生是连续的,其去向为回注和处理后达标排放。

稠油开采注汽站废水来自于注气站,主要含有盐类、酸、碱,废水为间歇排放,去向为外排或深度处理后回用。

二、石油工程废水主要污染物及其危害

油田开发生产过程中产生的废水含有污染物是多种多样的,成分比较复杂,油田废水如不经处理合格后进行回注或排放,会导致油田地面设施不能正常运行和环境污染,不利于油田的安全生产。

钻井废水是钻井液、燃料油、润滑油或原油被水高倍稀释的产物,所含污染物主要是石油类、钻井液添加剂(如铁铬盐、褐煤、磺化酚醛)、可溶性重金属、岩屑,通常呈红褐色或黑褐色,具有高色度、高有机物、高矿物油、高固相含量等特点。我国钻井区域分布很广,部分地区地下水位较高,土壤渗透性强,农作物较敏感,钻井废水地下渗漏以及直接外排对地下水、地表水及井场周围农田产生环境污染。

含油废水主要污染物是石油类、COD、破乳剂、腐生菌、可溶性矿物质、有机质。大量石油烃类的有机物排入天然水体,会消耗溶解氧,影响鱼类生存环境。石油组分中的芳香烃对水生生物有致畸和致癌作用,鱼虾体内富集的石油烃类通过食物链进入人体,将影响人类健康。

井下作业废水污染主要是来源于酸化和压裂废水,两者具有有害的化学组成物质,其污染物包含了酸化压裂液体及反应物、原油等,主要含有石油类、悬浮物、压裂液溶入物(K_2CrO_7、三氯甲苯)、酸化液混入物(HCl、H_2SO_4、HNO_3)、表面活性剂等污染物。在井下施工作业的

时候，产生的酸化废水和压裂废水直接外排，将影响到井场周围土壤、水源以及动植物的正常生长，对生态环境具有很大的破坏作用。

三、石油工程废水处理

废水处理的目的就是利用某种方法将污水所含有的污染物分离出来，或者将其分解转化为无害稳定物质，从而使污水得到净化。根据废水处理作用原理的不同，可将废水处理方法分为物理法、化学法、物理化学法、生物处理法。

物理方法是通过物理作用，分离回收废水中的不溶解的悬浮态污染物，在处理过程中不改变污染物的化学性质，主要有沉淀、过滤、离心等方法。

化学方法是利用化学反应分离、回收废水中的某些污染物，或使其转化为无害物质。主要有混（絮）凝法、中和法、氧化还原法、化学沉淀法和电解法等方法。

物理化学法是利用物理和化学的综合作用去除废水中的污染物质。主要有吸附法、离子交换法、气浮（浮选）法、膜分离法、萃取法、气提法等方法。

生物处理法是利用微生物新陈代谢功能，使废水中呈溶解和胶体状态的有机物被降解并转化为无害的物质，使污水得到净化。生物处理法分为好氧生物处理法和厌氧生物处理法。

由于各油田的生产方式、环境要求以及处理水的用途不同，油田废水的去向有两种，一是经脱油、脱气、脱硫、过滤，加缓蚀阻垢剂、杀菌剂处理达标后回注地层，驱替油层中的原油和天然气。二是处理达标后外排。

1. 钻井废水

1）钻井废水来源

钻井废水是在油气田开发钻井作业过程产生的一种工业废水，钻井废水主要来源为：

(1) 钻井泵等设备的冷却水、钻井泵拉杆冲洗水、水刹车排出水。

(2) 冲洗振动筛用水、冲洗钻台和钻具用水、清洗设备用水。

(3) 废钻井液中的澄清液。

(4) 固井等大型作业产生的废水及生活废水。

2）絮凝法处理钻井废水

钻井废水的产生具有污染源分散、点多面广、水质成分复杂多变、间歇性排放等特点，井场一般将废水通过废水池收集起来，收集到一定量后再进行处理。目前，化学絮凝法是国内处理钻井废水的主要方法。

(1) 基本原理。

絮凝法是向废水中投加絮凝剂，改变胶体颗粒的表面特性，使悬浮微粒失去稳定性，凝聚成较大颗粒（絮状胶团）沉淀下来，从而去除了废液中各种悬浮物和其他可溶性物质，用于处理固体颗粒、乳状油及胶体物质。在钻井废水的处理中，絮凝剂的选择、投加量、pH值的控制、搅拌时间等对絮凝效果都有明显的影响，需要通过实验找出最佳条件。絮凝法使用的混（絮）凝剂一般可分为无机絮凝剂、有机絮凝剂、复合絮凝剂和微生物絮凝剂四大类。

(2) 工艺流程。

絮凝法处理钻井废水，对悬浮物质的去除有效，但不能有效地去除废水中的污油，因此在混凝沉降处理前，先要进行废水除油处理。除油常用的方法有重力除油、压力除油、旋流分离除油，其设备分别是隔油池、压力粗粒化除油罐、压力斜板沉降罐和除油旋流器。

钻井废水处理工艺最常见的是多级隔油和絮凝沉降,废水首先进入沉砂池,经一次沉降去除大的悬浮物,然后用隔油池去除钻井废水中的浮油,再进行絮凝沉降,处理后的水回用或者外排,选用絮凝剂为无机絮凝剂硫酸铝和有机阴离子型絮凝剂聚丙烯酰胺(PAM)。具体工艺流程是将钻井废水通过沉砂池引入隔油池,经除砂隔油后进蓄水池,然后用泵提升至废水处理罐,投加絮凝剂,进行搅拌分层,先用清液管排清液,然后油渣管排渣。该工艺流程称为间歇式絮凝法,该方法具有工艺简单、费用较低等优点,但也存在处理设备较庞大、处理装置自动化程度不高,采用自然沉降,其混凝和沉降过程均在同一个处理罐中进行,处理时间长,处理能力低的缺点,为解决以上问题,开展了钻井废水连续处理装置的研制,实现了钻井废水的连续处理。

连续式钻井废水处理首先是钻井废水进入污水调节池调整废水的 pH 值,使 pH 值在 7.5~8 之间,调整后的废水进入多级旋流反应器中,与絮凝剂发生反应,逐渐形成絮凝体,再进入斜板沉降池进一步沉降分层,经斜板沉降池处理后的上清液外排或进入集水槽做回用水,斜板沉降池下部排出的渣液进入渣液浓缩罐,浓缩脱水并成型堆放。钻井废水连续处理装置具有体积小、操作简单的特点,属于组合式撬装结构,可以根据运输需要灵活地进行拆装。

3) 钻井废水深度处理技术

钻井废水具有成分复杂、无机物含量高、稳定性强、可生化性差等特点,对于 COD 值高的钻井废水,仅用隔油-絮凝方法处理,则无法保证出水浓度满足国家排放要求,就需要采用两、三种水处理方法相结合的方式对废水进行进一步的深度处理,以弥补絮凝处理的不足。如用酸化中和、絮凝和 Fenton 试剂氧化工艺处理钻井废水,以达到国家排放标准;或在化学絮凝的基础上加上膜分离、活性炭吸附技术,通过化学絮凝去除水中大量的悬浮物和具有胶体性质的大分子物质后,再用膜分离和活性炭吸附作为深度处理,以去除小分子物质,以达到国家排放标准等。四川油气田环保工作者针对钻井作业废水处理难题,采用高效预处理和催化氧化处理技术处理废水,并在现场进行验证和应用,结果显示,通过此工艺装备的处理,钻井废水中 COD、色度、油类、SS 等指标基本达到现行污水综合排放一级标准要求,效果良好。该方法的处理工艺流程如图 8-2 所示。

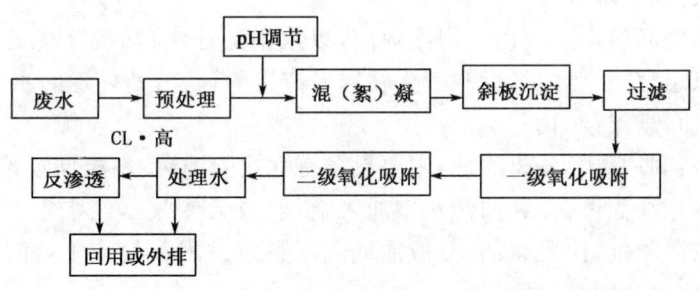

图 8-2　高效预处理和催化氧化处理工艺流程

4) 钻井废水生物处理法

生物处理法就是利用微生物的新陈代谢作用,使水中呈溶解、胶体状态的有机污染物转化为稳定的无害物质。生物法处理钻井废水的关键是要确定钻井废水的可生化性,如活性污泥法在钻井废水处理上,对于可生化性差、废水浓度高的情况处理效果不佳,通常和物理法、化学法相结合进行处理,工艺流程是先经过物理法、化学法处理后,再采用生物法处理。生物法处理钻井废水具有成本低、效果好、不会造成二次污染的优点,已越来越受到重视,是钻井废水处理技术的发展方向,对于生物法而言,对微生物的培养和改良是生物处理法的发展方向。

2. 油田含油废水

1) 含油废水来源

油田开发过程中含油废水主要来源于油田采出水和洗井水，油田采出水随原油一起从地下采出，在原油集输系统中经脱水分离出来的废水，洗井水是在油田注水井反冲洗产生的废水。废水中主要污染物为原油，同时又都是在原油生产过程中产生的，故也称含油废水。含油废水中的细小杂质可分为五大类。

(1) 悬浮固体。悬浮固体主要包括泥砂（黏土、粉砂、细砂）、各种腐蚀产物及垢（氧化镁、氧化钙、碳酸钙等）、细菌（硫酸盐还原菌、腐生菌）和有机物（胶质沥青质类和石蜡等重质油类）。

(2) 胶体。胶体主要是由泥砂、腐蚀结垢产物和微细有机物构成，物质组成与悬浮固体基本相似。

(3) 分散油及浮油。分散油以油粒形状分散在污水中，不稳定，经静置一段时间后往往变成浮油。

(4) 乳化油。乳化油是在污水中呈乳浊状，细小的油珠外边包着一层水化膜且具有一定量的负电荷，水中又含有一定量的表面活性剂，使乳化物呈稳定状态，油粒之间难以合并，长期保持稳定，难以分离。

(5) 溶解物质。溶解物质是在污水中处于溶解状态的低分子及离子物质，主要包括溶解在水中的无机盐类和溶解的气体，如钙离子、镁离子、二价铁离子、碳酸根离子、溶解氧、二氧化碳、硫化氢、烃类气体等。

2) 含油废水处理

国内的含油废水通常采用重力除油、粗粒化法、气浮法等方法去除石油类、悬浮物、铁和细菌等杂质，以满足《碎屑岩油藏注水水质指标及分析方法》(SY/T 5329—2012)、《气田水回注方法》(SY/T 6596—2004) 中的注水水质要求，然后用于油田注水。如果无条件回注时，不仅要达到国家污水综合排放标准，还要符合当地环保部门对排水水质的要求。一般达到油田注水水质标准，亦即可达到污水排放标准。

油田采出水处理后的水主要用于回注地层，以水中悬浮物、油的净化处理为主要对象，同时要控制水质的稳定，防止腐蚀结垢和微生物繁殖产生的危害，其处理的主要工艺方法有：

(1) 去除水中油、悬浮杂质。

①物理法除油：利用重力分离除油，主要设备有立式除油罐、斜板储油罐、粗粒化罐等。

②气浮除油除悬浮固体：在含油污水中通入空气（或天然气），使水中产生微细气泡，有时还需加入浮选剂或混凝剂，使乳化油、分散油或悬浮颗粒黏附在气泡上，随气体一起上浮到水面并加以回收，从而除油除悬浮物。

③絮凝除油除悬浮固体：投加絮凝剂去除乳化油及其他胶体物质。

④过滤和精滤：以去除絮凝后的悬浮固体为主，破乳后的油也相应去除。

(2) 加入防垢剂、缓蚀剂和杀菌剂。

为防止废水结垢、腐蚀和细菌大量繁殖，在水处理过程中需加入一定量的防垢剂、缓蚀剂和杀菌剂以使结垢、腐蚀、细菌三项指标合格。有的废水处理站还要加碱，以提高水的 pH 值，有的废水处理站根据油田开发的需要还要加抑制黏土膨胀的防膨剂。

(3) 化学脱氧和密闭隔氧。

高矿化度废水对水中氧的含量非常敏感，即使水中含有少量的氧也会引起严重的腐蚀。

废水在原油集输过程中本来不含氧,因此在废水处理及注水过程中要采取密闭隔氧措施。对于外加废水系统的水或污水站个别部位未全密闭有可能将氧带入时,还要根据需要适量投加除氧剂。

由于各油田或区块含油废水物理化学性质及油珠粒径分布不同,处理前要对含油废水进行物理化学性质分析、油珠粒径分布测试、小型试验、模拟试验及工业性试验,在满足注水水质标准的前提下合理选择处理工艺,力求工艺合理、管理方便、运行可靠。

3. 井下作业废水

1) 酸化废水处理技术

酸化中所用到的酸化液有盐酸液和土酸(盐酸+氢氟酸)液两种类型,酸化废水通常来说色度高、有强烈的刺激性气味,同时含有各种添加剂,使得其酸度和COD值高都相当高,导致酸化废水处理起来比较困难。由于各油气井场分散,酸化废水又是间歇产生,每口井的产生量变化大,连续处理和集中处理难度都非常大,通常的处理方法是在废水池中加入氨水或者石灰,使其发生中和反应,再根据其处理后的用途再进一步进行处理。酸化废水处理后作为回注用水时,可采用中和—化学氧化联合法处理方法。酸化废水处理后直接外排时,可采用中和—絮凝—Fenton试剂氧化—活性炭吸附多元组合的方法。由于酸化废水达标处理难度较高,且成本过高,还可采用固化法进行一次性无害化处理,常使用水泥、石灰、粉煤灰、炉渣等作为固化剂。

2) 压裂废水处理技术

压裂是油气井增产和水井增注重要措施之一。压裂液分为水基、油基和多相压裂液三大类,其中水基压裂液最常用。压裂液一般是由稠化剂、交联剂、缓冲剂、黏土稳定剂、杀菌剂和助排剂等组成,因此,压裂废水具有浊度高、黏度大和COD高等特点,在处理上有一定的难度,通常在油田现场中,将压裂废水和油污废水用1∶10的体积比混合,借助高级氧化和化学絮凝的方法,来实现去除水中油类物质和COD的目的,促使水质得到净化,如采用混凝—隔油法处理,再用次氯酸钠结合紫外光进行深度处理的工艺流程,以满足废水排放要求。此外,还可将压裂废水经采用混凝沉淀、精细过滤、杀菌防垢等水处理技术后后作为回注水进行使用,该处理方式主要用于常规瓜胶体系压裂废水,适合在井场集中处理或在废水产生量大的区块建立集中处理站进行处理。

4. 含硫气田废水处理技术

含硫气田废水除含硫化氢外,还含有石油类和悬浮物等污染物。气田废水中的硫化物主要以硫化氢形态存在,此外,还含有少量的有机硫化物(如甲硫醇),这些有机硫化物在一定条件下也能分解成硫化氢。硫化物能使水质变黑并放出硫化氢的臭鸡蛋味而不能饮用,用含硫气田废水灌溉农田,除气田废水中的氯化物会造成土地盐碱化和农作物减产外,硫化物能抑制作物根部的生长,使其根部发黑甚至腐烂,使作物枯萎减产。含硫气田废水进入地表水,因硫化物具有还原性,可消耗水中的溶解氧,对水生生物的生存产生威胁。

含硫气田废水常用的处理方法有水蒸气气提、化学混凝、化学氧化、吸附和电解等。处理方法的选择要根据气田水的含硫量、气田水产出量、气井产水方式、排放标准、气田水所含物质有无回收价值以及气井的地理位置等进行综合比较分析并进行试验研究,同时考虑技术可行和经济效益,选择最有效、最经济的处理方法。

随着石油工业的不断发展和环境保护要求的日趋严格,石油工程废水处理技术也在进步和完善,主要表现在不断出现的新设备、新的处理药剂和新的处理工艺三个方面。

第三节 固体废物处理

一、石油工程固体废弃物的来源及其分类

固体废物是指人类在生产建设、日常生活和其他活动中产生的污染环境的固体、半固态废弃物质。由于液态废物(排入水体的废水除外)和置于容器中的气态废物(排入大气的废物除外)的污染防治适用于《中华人民共和国固体废物污染环境防治法》,因此也把这些废物称为固体废物。

石油工程固体废弃物包括在生产过程中产生的固体、半固体以及容器盛装的液体、气体等危险性废物,油田开发中产生的固体废物主要来源是钻井过程中产生的钻井岩屑、废弃钻井液,采油过程中产生的落地原油、含油泥砂,污水处理产生的污泥,设备检修时产生的固体废物及测井过程中使用放射性辐射源和放射性核素导致放射性废物质等。

油田生产现场产生的固体废物主要是工业固体废物和危险废物。根据国家规定,石油开采和炼制产生的油泥和油脚、废弃钻井液处理产生的污泥均属于国家危险废物名录中的种类,直接排放到自然环境中,会对大气、地表水、土壤及地下水产生污染。随着人类环境保护意识的提高,油田开发固体废弃物的治理日益受到人们的重视,对油田开发作业中产生的废物要进行回收利用和处理,防止资源浪费和环境污染,对不能回收利用的废物要对其进行最终处置。

二、石油工程固体废物对环境的危害

固体废物对环境的危害主要体现在以下三个方面:

(1)侵占土地,破坏地貌和植被,导致垃圾围城。大量固体废物的产生和积累,大片土地被堆占,随着时间的推移,固体废物的堆积量将不断增加,将对我国耕地面积造成威胁。

(2)污染土壤、地表水和地下水,妨碍水生生物的生存和水资源的利用。固体废物是多种污染物的集合体,在露天堆置条件下,经过长期降水的淋溶、地表径流的渗沥,其中各类污染物,如重金属、盐类等随水流扩散至土壤、地表水、地下水中造成土壤和水体污染,最终通过食物链危害人体健康。

(3)污染大气。固体废物在自然环境中堆置,可通过气象作用产生飞尘、微生物、恶臭或通过化学反应产生有毒有害气体等污染物,造成大气污染。

油田开发产生的固体废物具有危险废物种类多、有机物含量高的特点,这些固体废弃物直接随意堆放,特别是危险固体废物不妥当处理处置时,在自然条件下,固体废物中的一些有害成分会进入水体、大气和土壤中,参与生态系统的物质循环,通过各种途径危害人体健康,具有潜在和长期的危害性。如页岩渣不仅含有残余焦油以及含硫、氧、氮等物质,而且含有毒性很大的3,4-苯并芘,若不及时处理,将其堆放在自然环境中受风吹雨淋,污染物便会通过雨水和大气到处流失,从而污染地下水、地表水和空气,可见固体废物对环境的危害是多方面的,具有多样性、长期性和潜在性的特征。

三、石油工程固体废物的处理和处置

固体废物处理与处置的基本思想是资源化、减量化、无害化。我国石油工程固体废物的处

理和综合利用技术有了较大发展,已开发出一批技术成熟、经济效益较高的处理和综合利用技术,目前主要采用的技术措施有化学反应、物理分离、焚烧和填埋。

物理处理是通过压缩或相变来改变固体废物的结构,使其转变为便于运输、储存、利用或处置的形态。常用的物理处理包括压实、破碎、分选、脱水干燥等。

化学处理是利用化学反应使固体废物中有害成分受到破坏,使其转化为无害或低毒物质,或适于进一步处理、处置的形态的方法。化学处理适用于成分单一的固体废弃物,化学处理方法有氧化还原、中和、化学沉淀和化学浸出等方法。

生物处理是利用微生物来分解固体废物中的有机物,以达到无害或可以被综合利用的方法。生物处理可将有机废物转化为能源、食品、肥料,是实现资源化的经济有效的方法。常用的方法有城市垃圾堆肥法、城市垃圾厌氧消化处理沼气化等。

热化学处理是利用高温来分解或转化有机物含量高的固体废物,采用热处理的方法可达到减容、消毒、减轻污染、回收能量等目的,实现无害化和减量化。常用的热处理方法有焚烧、热解和烧结等。

固化处理技术是利用物理或化学方法将有害废物与能聚结成固体的某些惰性基材混合,从而使固体废物固定或包容在惰性固体基材中,使之具有化学稳定性或密封性的一种无害化处理技术。固化所用的惰性材料称为固化剂,常用的固化剂有水泥、沥青、石蜡、聚乙烯、玻璃等。固体废弃物可固化以后再填埋,降低对环境的危害,该法主要用于有毒废物和放射性废物的处理。

1. 落地原油

落地原油指油井中产生的未进入集输管线而散落在地面的原油。落地原油中的轻烃挥发进入大气,造成大气污染,落地原油渗入土壤,造成土壤污染,落地原油被地面径流或雨水冲刷进入水体,造成水体污染,因此,要采取相关措施,确保落地油及时回收,不外排。

1)落地原油主要来源

(1)油井投产前,地面集输管网尚未建成,试喷时进入土油池的原油。

(2)探井试油或试采时进入土油池的原油。

(3)井下作业过程中散落在井场的原油。

(4)原油生产中因管理不善产生的滴漏原油。

(5)井喷或管线断裂等生产事故造成的落地原油。

2)落地原油的处理

(1)原油落到地面后,应立即采取措施加以回收,天然和人工合成吸附材料(泥煤、沙土、锯末和其他各种吸油材料)可作为收集陆地原油的辅助手段使用。

(2)为避免落地原油的产生,对于试油过程中产生的落地油,采取试油进罐的方式,即试油时将原油导入油池,并用罐车拉至联合站进行处理,油池内的油土进联合站的油土分离装置进行处理。

(3)在生产期修井作业采用在井场铺垫塑料布的清洁生产工艺回收修井落地油,对于洒落在井场的油土将运至联合站进行油土分离。

(4)对运油过程中运油车辆可能散落的原油,可在油罐下部的排放管处装置一个小型铁槽,以承接滴漏的原油,运至联合站后将铁槽内的原油回收,避免对沿途土壤环境的污染。

2. 含油污泥

石油开采和原油加工过程中都会产生含油污泥,含油污泥是一种含泥砂、原油、各种化学处理剂、污水等多相稳定胶态悬浮体系,其成分随地质条件、生产工艺的不同而异,还和污水水质、处理工艺、加药剂的种类等有关,其危害环境的主要成分是烃类、石油类、各类化学处理剂残留物等。

1)含油污泥主要来源

(1)原油开采过程中,随着地层中的泥、砂采出液进入地面系统,在地面系统中的罐、池、管线中沉积,形成含油污泥。

(2)设备及管道腐蚀产物和各种垢物、细菌(尸体)等也可形成含油污泥。

(3)油品储罐在储存油品时,油品中的少量机械杂质、沙粒、泥土、重金属盐类以及石蜡和沥青质等重油性组分沉积在油罐底部,形成罐底油泥。

(4)废水处理系统中形成的含油污泥。

2)含油污泥的处理

含油污泥给生态环境和油田生产带来极大危害,已被列入《国家危险废物目录》,《中华人民共和国清洁生产促进法》和《中华人民共和国固体废物环境污染防治法》要求必须对含油污泥进行无害化处理。我国大部分含油污泥都具有含水率高、成分复杂、含有较高的热值的特点,其处理的关键步骤是浓缩、除去油和存有的有害杂质、脱水干燥。

(1)浓缩技术。常用的浓缩技术是重力浓缩,靠水重于油沉到下层将部分水脱出。重力浓缩又分为自然浓缩和加药浓缩,加药浓缩可减少脱水时间,含油污泥浓缩后含水率降低,体积减少为原体积的1/10。

(2)除油和有害杂质技术。有害杂质主要是盐和微量有害元素,一般用淘洗法除去。除油的方法有浮选除油法、聚合电解质分离污泥中的油水技术、轻油清洗含油污泥技术。

(3)脱水和干燥技术。含油污泥浓缩调整后仍为液状物,须进一步脱水使之成为固态,达到减少体积,作进一步处理或利用。脱水方法有自然脱水和机械脱水法,我国多采用前者,主要设备是干化床和污泥池。

(4)综合利用技术

经过处理后的含油污泥一般填埋、焚烧处理,但也可以进行综合利用。综合利用是从经济和环境两个方面进行综合考虑,最终实现含油污泥无害化处理和综合利用,如用于水泥和砖瓦的生产。

3. 废弃钻井液

废弃钻井液是石油开发过程中产生的一种含黏土、加重材料、各种化学处理剂、污水、污油及钻屑等的多相稳定胶态悬浮体系,产生在钻井和完井过程中。废弃钻井液的主要成分是各种聚合物、重金属离子、烃类、盐类和沥青等改性物质,具有成分复杂、COD值高、矿化度高、色度深、悬浮物含量高、含有多种污染因子的特点。废弃钻井液还含有一定的毒性,在深井段钻井往往使用铁铬盐,有的还直接加入红矾,都含有铬元素的有毒物质,有机处理剂和表面活性剂有的也含有有毒物质。废钻井液中含有的有害物质对环境产生污染,影响动植物生长和人类健康。通常钻井井场都备有废钻井液池子,储存废钻井液,其容积的大小与所钻井的深度有关,一般钻井液的pH值较高,长期在废钻井液池储存,容易造成井场附近土地盐碱化。

1)废弃钻井液来源

(1)被更换的不适于钻井工程和地质要求的钻井液。

(2)在钻井过程中,因部分性能不合格而被排放的钻井液。

(3)完井时井筒内被清水替出的钻井液。
(4)由钻井液循环系统跑、冒、滴、漏而排出的钻井液。
(5)部分钻屑,钻出地层所携带出的岩屑。

2)废弃钻井液处理

(1)回收利用。通过回收利用以减少污染排放量的措施实现经济效益和环境效益的同步增长。

①老井钻井液用于新井钻井。
②老井钻井液用于新井压井。
③加大钻井液循环利用率。

(2)现场固化法。

对无利用价值的废弃钻井液则采用化学方法固化,然后覆土填埋。固化法能将废弃钻井液的有害物质封固起来,在其表面覆土后可复耕,不致因水浸流失而对环境造成危害,此外处理后的固结物可用于免烧砖制作或是修筑井场和道路、处理软土地基等钻前工程,固化分离产生的污水处理后可在现场循环利用,作为井场清洁设备、场地防尘和夏季场地降温用水,是油田环境保护和工业废弃物再次利用的一条有效途径。

常用的固化方法有以下几种:

①水泥固化,这是目前最常用的固化方法,使用广泛。
②石灰固化,应用较广泛。
③热塑性材料固化,新发展的固化方法。
④有机聚合物固化,适用于危险废物的处理。
⑤玻璃固化、陶瓷固化(特种固化方法)。

目前常用废弃钻井液固化工艺主要有两种形式:一种是在废钻井液池内一次性固化,该法是将固化剂等药剂定量加入到钻井液池内,然后搅拌均匀,让其在池内自然干化,由于加入固化剂后,体系基本上失去了流动性,一般采用挖掘机进行翻动搅拌,其优点是施工简单,施工时间短,缺点是固化过程中调整药剂较困难。另一种固化施工工艺主要针对废钻井液量大,其主要工艺流程如图8-3所示。该法主要优点是可以随时进行小范围药剂调整,总体固化质量较好,缺点是需要修建混合池,施工时间较长,劳动强度较大。

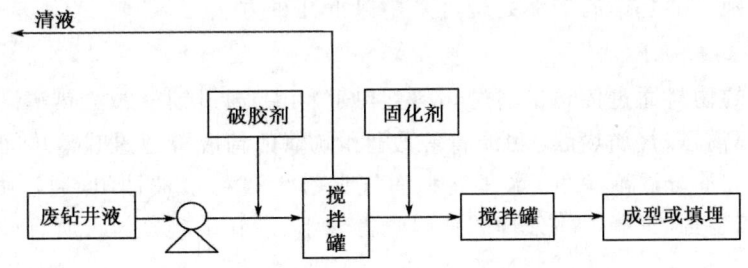

图8-3 废弃钻井液集中固化处理工艺流程

废弃钻井液固化工艺重点是对钻井液进行破胶处理。钻井液具有胶体体系的基本特征,污染物在其中呈稳定状态,其中的有机物具有较好的水溶性,若对其进行直接固化处理,有机物的分子形态未发生改变,固化体经水浸泡后,其中的有机物会从固相向水相转移,污染水体,特别是聚磺体系钻井液体系采用常规方法固化后,经水浸泡5min左右,水相即呈黄色,浸泡

24h后,水相呈棕红色,色度高达200倍以上。因此,需要加入化学药剂降低有机物的水溶性,使其固化后不容易从固相转移到水相。经破胶处理后的废钻井液,再进行固化,由于有机物溶解性已经大幅度降低,固化后很难从中渗漏出来。

现行废弃钻井液固化处理具有以下缺点:

①固化块内部废钻井液中的污染物只是被固化体包裹而没有得到较有效的降解,遇雨水长期浸泡有可能发生渗溢,而对固化池体及周边土壤造成一定程度侵蚀污染。

②固化后的土地将失去耕种价值,改变了土地结构。

③从对资源利用和可持续发展的角度来说,固化处理将消耗大量的资源和原材料,是一种不节能的处置方式。

(3)生物处理。

为了克服废钻井液固化处理的缺陷,各油田积极研发新的处理工艺技术,如钻井固废微生物—土壤联合处理,以实现钻井固废真正意义上的无害化处置,保护钻井井场周边生态环境,实现可持续发展。微生物处理的原理及工艺技术方法见图8-4。

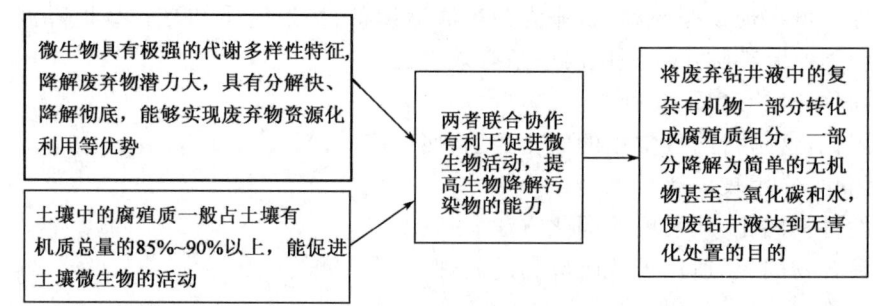

图8-4 微生物处理的原理及工艺技术方法

4. 油基钻屑渣泥

在页岩气开发中,因油基钻井液(柴油、白油或合成基油基钻井液)具有井壁稳定性强、润滑力强、防卡、降阻等优势得以广泛应用,这样就造成油基钻屑渣泥的产生,油基钻屑渣泥的含油量有差异,油基钻屑一般在3%~8%间,而油基渣泥(掏浆罐产生)一般在15%~20%左右。《国家危险废物名录》中将石油开采和炼制产生的油泥和油脚、废弃钻井液处理产生的污泥列入的危险废物类别。油基钻屑渣泥处理可采用以下几种方法。

1) 间接加热热解脱附法

将预处理后的物料通过传送带输送物料到热解料斗,通过锁气阀给热解设备均匀进料,利用燃气燃烧产生高温烟气加热热解腔体,在无氧和缺氧的情况下通过热传导间接对物料加热,使其所含的水分和油分逐渐蒸发;水蒸气和油气夹带少量粉尘被抽出,通过喷淋骤冷进行冷凝,通过油水分离装置、不凝气体处理装置回收得到水、油和不凝气体。所有设备为撬装设备,模块化。

2) 微波热解脱附法

含油钻屑微波热解吸装置通过使用高功率微波辐射钻屑,烃类极性分子吸收微波能量,迅速升温至160~250℃,其中的基础油等污染物快速挥发,并通过常压蒸发转化成为蒸汽,通过收集和冷凝使基础油回收,等到大部分基础油回收后,继续升温到700℃左右,通过高温分解和蓄热深度氧化的综合过程,使钻屑中的化学添加剂、大分子烃类等热解碳化,达到含油钻屑、含油污泥快速减量无害、最大限度的消除有毒有害物质的目标。含有挥发油蒸汽的尾气通过冷凝、过滤和吸附的过程回收基础油,净化的尾气达到国家环保排放标准。

3) 生物处理法

生物处理法处理油基钻屑是利用土壤修复的环保理念,利用微生物细菌对油基钻屑进行土壤可耕作式功能修复和改善,利用微生物将油基钻屑中的石油烃类降解为无害的土壤成分,该处理技术的关键是选择合适的微生物菌种和载体。经过降解处理过后的油基钻屑可达到现场绿化的标准,并可用作耕种土壤,是一种从根本上消除油基钻屑污染并不产生二次污染的绿色环保技术。国外对于油基钻井废弃物通常采用生物处理技术,并已大规模应用。国内如在川渝地区利用微生物对油等具有很强的降解特性的特点,直接将微生物加入油基钻屑渣泥中,混匀后加入2倍的土壤,建立生物处理体系,降解2个月后再对此体系进行固化处理,如图8-5所示。

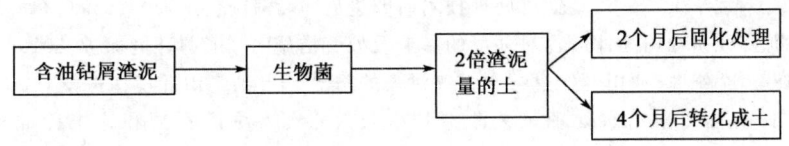

图 8-5 生物处理法处理工艺流程图

4) 固化法

在含油钻屑渣泥中加一种化学添加处理剂,使其转化为非油性钻屑渣泥,再采用固化处理方法对其进行固化处理处置,如图8-6所示。

图 8-6 化学转化固化法工艺流程图

油田开发是一项复杂、系统的工艺流程,它是包含地下、地上等多种工艺技术的系统工程,产生的污染物包括废水、废气、废渣(固体废物)和噪音四类,在油气生产作业结束后,也应采取相应环境保护措施:清除井场内所有废料、废油和垃圾,将施工现场的工业垃圾等污染物进行统一回收,回收转运剩余材料、油量、钻井液,以重新利用。拆除井场内所有地上和地下的障碍物,组织回收井场器材、清理井场,做到无污染、无遗留物、恢复原地貌,并做好地下隐蔽工程资料档案。清理生活区,填埋或焚烧生活垃圾,恢复工区周围自然排水通道。如果钻井中由于某种原因弃井时,则井眼内外要封堵,必须把油气层、水层封死并将地下1m以上的套管头切除,以便复耕。

思 考 题

1. 大气中颗粒物污染物是指什么?颗粒物污染物的危害主要有什么?
2. 水污染的概念是什么?钻井废水的来源有哪些?
3. 固体废物对环境的危害主要体现哪几个方面?
4. 简述油气开采作业中落地原油的来源和处理方法。

参 考 文 献

[1] 吴苏江.HSE风险管理理论与实践.北京:石油工业出版社,2009.
[2] 郑社教.石油HSE管理教程.北京:石油工业出版社,2008.
[3] 吴芳云,陈进富.石油环境工程.北京:石油工业出版社,2002.
[4] 袁建强,余乐成.钻井作业人员HSE培训教材.北京:中国石化出版社,2009.
[5] 陈安标.油田企业HSE管理人员培训教材.北京:中国石化出版社,2009.
[6] 张初阳.采油作业人员HSE培训教材.北京:中国石化出版社,2009.
[7] 张博廉,操卫平,赵继伟,王德龙.油基钻井岩屑处理技术展望[J].当代化工,2014,43(12):2603-2605.
[8] 蒋洪,朱聪.伴生气轻烃回收工艺技术[J].油气田地面工程,2000,19(1):4-5.
[9] 郑婷婷,涂妹,刘莎丽,等.含油钻屑热解析及焚烧处理技术研究[J].化工管理,2015(2):146-147.
[10] 张博廉,操卫平,赵继伟,等.油基钻井岩屑处理技术展望[J].当代化工,2014,43(12):2403-2405.
[11] 单海霞,何焕杰,袁华玉,等.油基钻屑处理技术研究进展[J].河南化工,2012(29):26-28.
[12] 孟繁萍,段丽杰.浅析油田固体废物对环境的影响及处置措施[J].能源环境保护,2010,24(5):37-38.
[13] 马卫东,陈晓慧,仝纪龙.油田开发过程中大气污染的防治[J].油气田环境保护,2014,24(2):1-3.
[14] 孙强,吴华.探析油田采出水处理工艺改造技术及效果[J].中国石油和化工标准与质量,2012,32(7):111.
[15] 刘刚,胡文胜.油气田污染物处理方法初探[J].天然气与石油,2000,18(2):47-50.
[16] 王翼川.川东北地区钻井废弃泥浆固化法处理技术及运用[J].科技创业,2007,11:185-187.
[17] 国务院对吉化爆炸事故及松花江水污染事件作处理.中国网,2006-11-24.http://www.china.com.cn/policy/txt/2006-11/24/content_7403189.htm.

第九章 海洋石油开发 HSE 风险管理

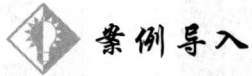

墨西哥湾某平台井涌事故

2012年5月29日,墨西哥湾某平台在某井接顶驱起钻至3806.15m位置,坐卡瓦,卸钻杆时发生井涌。

1. 事故经过

2012年5月29日,墨西哥湾某平台在某井接顶驱起钻至3806.15m位置,坐卡瓦。卸钻杆(由于从顶驱和钻杆连接的地方卸开有钻井液流出污染环境,接顶驱起钻卸立柱时须先用大钳将转盘面上面两个立柱连接的地方卸开放钻井液)时,上下立柱连接处卸开的瞬间,大量的钻井液从刚刚卸开的地方喷出,且越喷越大,以至于防喷盒都没能完全扣上。司钻见此情景,试图把刚刚卸开的地方回接,未能成功。司钻通知队长上钻台协助控井,当队长快速冲上钻台发现大量原油从钻杆连接处喷出已经封锁了楼道,喷黑了司钻房玻璃,钻台上有一层厚厚的油类混状物,且弥漫了大量的 H_2S 气体(瓦伦钻台检测仪显示300ppm),外籍队长已经晕倒在钻台。队长立即组织钻井班人员、第三方人员以及甲方人员穿戴空气呼吸器,通知急救队,组织救人。接着钻井队长组织钻台再次强接顶驱;顶驱接好,关防喷器,关井,记录压力;几乎同一时间,钻井总监亲自在监督办公室远程遥控台处,操作了剪切阀门,剪切BOP随之发生动作(当时高级队长和他一起在监督办公室)。作业者监督在监督办公室,将剪切闸板、上闸板($2\frac{7}{8}$in 变 5in 芯子)及万能防喷器全部关闭一次。

2. 原因分析

1)地质因素

地层压力异常。

2)工程因素

(1)起钻之前没有充分循环、排气;

(2)钻杆被切处有刀痕,无明显变形及裂纹;

(3)钻井液性能调整过于频繁,导致井内钻井液性能不均衡;

(4)起钻发现第55柱上单根离外螺纹接头处40cm的位置有2个被穿刺的孔,此钻杆已刺坏,如图9-1所示。

3)人为因素

(1)拆卸钻具接头之前,已发现有溢流,但没有引起足够重视,继续卸钻具,导致卸开后井涌无法回接。

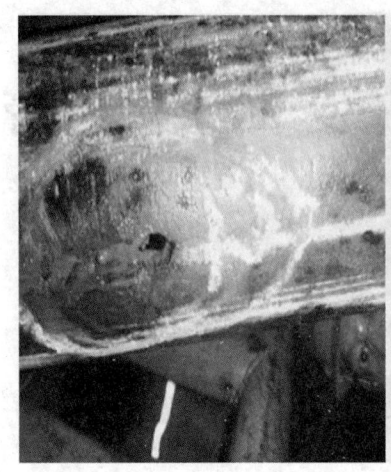 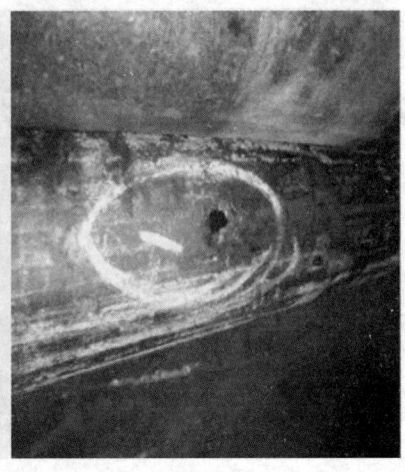

图 9-1 钻杆上被穿刺的孔

(2)井涌产生大量 H_2S 气体，人员在抢接钻具过程中没有带好呼吸器，导致司钻、PEMEX 值班监督等人员出现轻度中毒现象。

(3)本井在 2011 年 9 月钻井作业时，曾发生井涌及硫化氢。硫化氢含量为 23ppm。处理时间约 33 天。本次作业时没有重视这段历史。

3. 安全提示

(1)针对类似这样的诱喷作业之后，需要配制合适性能的钻井液体系，并充分循环排气；

(2)在高含硫井中使用防硫钻具，以免被产生出来的 H_2S 腐蚀钻具(钻具发现小孔)；

(3)防喷器剪切配应配有助推装置，监督办遥控操作控制盘加装 BY PASS(剪切钻具失败)；

(4)加强人员防 H_2S 的培训和演练，在司钻房增加直通压力瓶组的便携式呼吸器面罩；

(5)钻台增加一条直通甲板的应急逃生通道。

第一节 概 述

一、海洋石油开发作业特点

海洋石油开发是一个高技术、高风险、高投入的"三高"作业，是世界上公认的安全风险最高的行业之一。海洋石油开发涉及钻井、海上油气生产、油气储运、船舶及直升机运输和应急救援等多系统的联合作业。海洋石油开发与陆地石油开发的主要不同点是：海洋具有一层汹涌澎湃的海水，而随着水深的增加，开发难度、作业风险及投入骤增，海洋石油开发有以下主要特点。

1. 高技术

由于海上石油开发面临的海况、气象、地理、地貌及地下情况较为复杂，面临各种挑战，需要多学科的综合技术，涉及的技术面很宽。不仅要使用造船、卫星定位与电子计算机、海洋工程及现代机械制造等综合技术，还需要海上钻井、完井、油气水分离处理、废水排放和海上油气的储存和输送等专业技术。因此，必须采用当今世界最先进的技术与装备才能达到高效、安全、可靠、经济的目标,而且随着新技术、新工艺、新材料的涌现,要不断进行技术和装备的更新。这就要求我们随时跟踪世界先进技术的发展,不断提高油气勘探开发的先进技术含量,争取更好的经济效益。

海洋石油的勘探开发技术要远高于陆地油田。虽然我国在海上油田的常规技术和部分中高端技术上取得了长足的进步,但是目前的技术研发还主要以技术跟随、引进为主,缺少具有自主知识产权的核心技术。

2. 高投入

海上油气田的勘探开发投资巨大,往往是同等规模陆上油田的数倍。海上钻勘探井和开发井,必须采用专门的钻井平台(船)、大功率的海洋钻机、专用钻井水下与水面设备等,每口井的成本要比陆地钻井高 5~10 倍,一口井费用达千万美元;海上工程设施建造成本昂贵,一座中心平台建造费用达数亿美元,随着水深的增加,其投入骤增;海上钻井、采油作业者的作业器材和生活物资,都需要用船舶和直升机运送,受海况、气象影响大,运输费用高。

3. 高风险

海洋石油开发高风险特点体现在:除了人员、设备及恶劣海况条件的安全高风险之外,还体现在资金的巨额投入以及海洋环境污染的高风险。一旦发生事故,不仅能给企业造成巨额损失,更给脆弱的海洋生态环境造成灾难性的打击。海洋石油开发的风险远高于陆地石油开发,对于海上作业安全一定要做到零容忍,高标准、严要求,隐患排查全覆盖,坚决杜绝形式主义,对安全管理再严格也不过分。

因此,海洋石油开发是一项高技术、高投入、高风险的系统工程。

二、海洋石油开发特殊风险

海上油气田是通过海上油气生产设施来开发实现的。由于海洋的特殊性,海洋石油开发除具有陆上石油钻井、采油、修井等作业共有风险外,在海上石油设施的建造安装、平台的拖航、工作人员倒班的交通运输、作业过程中海上设施安全因素、作业环境及面临的各类自然灾害(海冰和台风等)等方面都有不同之处,具有以下特殊风险。

1. 环境条件恶劣

海上油气生产设施远离陆地或漂浮或固定于海床,面临着各类自然灾害的威胁,如台风、海冰、波浪以及海啸等对海上设施都有很大影响,甚至破坏作用,如图 9-2(a)、(b)所示。中国海域的海上石油作业南有台风,北有海冰,海上作业受环境因素影响大。

2. 火灾爆炸危险性

常年与油气打交道,处于高压、易燃易爆的危险生产环境中,易发生火灾爆炸事故;油气生产过程中需要工艺处理设备、电气设备及化学药剂等进行油气处理,稍有不慎,也易发生火灾爆炸、中毒等事故。

3. 作业远离陆地,事故救援困难

独立于海上的油气生产设施,一般远离陆地,孤立于海上,离岸少则几十海里,多则数百海里。一旦发生事故,很难迅速得到外援,施救困难,极易升级为恶性后果。

4. 人员与设备高度集中,作业空间狭小

海上油气开发的全过程全部集中在海上设施上,如钻井、采油、油气处理和集输、维修作业

及人员生活等,生产、作业设施空间狭小,危险源高度集中,如图 9-2(c)所示。一旦发生事故,易发生连锁反应,造成大量人员伤亡和巨大财产损失的重大事故。

(a)海水　　　　　　　　(b)台风　　　　　　(c)人员和设备高度集中

图 9-2　海洋石油开发作业风险

5. 海上船舶、直升机交通工具运输风险大

海上油气开发所使用的交通工具是船舶、直升机,海上交通运输风险高,发生事故后,以自救为主,很难及时得到外部救援。

6. 海上作业环保要求高,风险大,易发生海洋环境污染事故

海上油气开发过程易对海洋环境造成污染,使海洋生态系统遭受破坏,影响沿海地区人们的生产和健康。海洋生态系统遭受破坏后,恢复起来十分困难。我国的海洋生态环境面临着日益严重的污染威胁,国家对海上油气开发的环保要求越来越高,环保风险越来越大。

7. 大型油气设备设施拖航及拖带风险高

海上石油开发所需要的大型设备都是在陆地场地建造的,如导管架、钻井和采油平台及各种生产设备等,需要用拖船拖到目的地进行安装组对,而拖带作业受各种环境因素的制约,是一项高风险作业。

8. 地质条件复杂,易发生井下工程事故

目前勘探、开发的实践证明,海上油气田所遇到的地质条件是很复杂的,高温、高压、井下坍塌、H_2S 气体、浅层气体等不确定因素的影响多,作业难度大,井控技术难度高,极易发生井下各种工程事故。

中外海洋石油历史上发生过多次重大恶性事故,如 Piper Alpha 平台的火灾爆炸、渤海二号钻井平台的拖航事故及英国石油公司(BP)在墨西哥湾的漏油事故等,给社会、企业和个人造成巨大损失,海洋生态环境造成了极其严重的污染和破坏,留下了深刻经验教训。

三、海洋石油的风险管理模式

鉴于海洋石油作业风险的特殊性,决定了其风险必须有一套科学的、系统的控制方法,经过多年的探索和实践,海洋石油建立了以风险识别、风险评价和制定控制措施为主要内容的风险管理机制。海洋石油开发风险管理主要包括以下几点:

(1)建立了系统化的 HSE 管理体系。

(2)建立以作业者负责、第三方把关、政府监督的风险管理模式。

(3)建立以安全评价为基础的作业审批制度。

第二节 海洋石油开发 HSE 风险识别

海洋石油开发包含了海洋钻井、海洋采油、海上油气储运、海洋修井作业、船舶及直升机运输和应急救援等各个环节。由于海洋的特殊性,除具有陆上石油钻井、采油、修井等作业环节外,在海上石油设施的建造安装、平台的拖航、作业人员倒班的交通工具、作业过程中海上设施安全因素、作业环境及面临的各类自然灾害(海冰和台风等)等方面,都与陆地石油开发有较大差别。本章(节)主要介绍除了陆地石油钻井、采油、修井等作业环节之外的海洋石油开发特殊HSE风险管理。

一、海洋石油 HSE 危害识别管理

各所属单位采取分级管理、全员辨识、系统评价并监督实施的原则,辨识生产经营过程中所涉及的危险因素、作业过程中的风险因素,把风险找出来。采用风险矩阵法对辨识出的危害因素进行评价,根据发生的可能性和影响程度,从人身伤害(包括职业病危害)、财产损失、环境污染和声誉影响等方面,评价风险程度,确定风险等级,对辨识出的危险因素进行安全监控,并制定行之有效的防范措施,将风险控制在可以接受的程度。同时,各所属单位应按照国家有关标准,要求辨识并确定重大危险源,建立重大危险源档案,除依据国家有关要求登记外,还应在公司重大危险源管理系统上作重大危险源信息的登记。风险管理具体过程如图9-3所示。

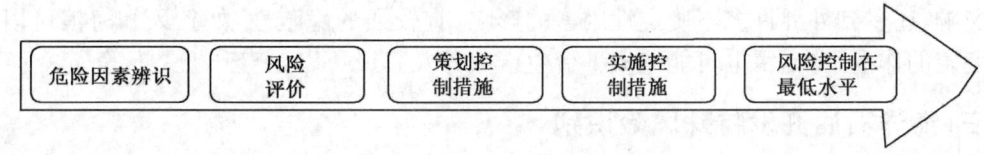

图 9-3 风险管理过程

二、海洋石油开发特殊 HSE 风险特征

由于海洋石油开发的特殊性,开发作业过程中存在的 HSE 风险具有以下特征。

1. 差异性

海洋石油开发除了正常的钻井、采油、井下作业以外,还包括拖航、锚泊定位、人员远距离的倒班交替,等等。不同的作业、不同的施工阶段、不同的工艺以及操作过程,对健康、安全与环境的影响不同,存在的危害和风险因素也不同。

2. 严重性

海洋石油开发由于作业平台的限制、运输工具的无可挑选性、设备的复杂性,都增加了海洋石油开发危险的严重性。往往由于运送倒班人员的直升机故障,就会造成机毁人亡的恶性事故。另外,井喷失控以及台风的突然来临都会使作业平台上的所有人员无路可逃。拖航过程中由于操作措施不当会使平台倾倒跌入大海。因此,海洋石油开发产生的后果往往是灾难性的。

3. 多样性

在海洋石油开发作业中,不仅存在着常规的火灾、爆炸、电击、有害材料和危险化学品、工

作环境(如噪声、滑倒、振动等)、设备伤害(如水压、气压、机械设备)、污水和钻井液以及 H_2S 等对健康、安全与环境的影响,还存在着工作人员由陆地到作业平台的运输工具(直升机、倒班船等)、倒班期内长时间受到作业平台活动环境的制约和噪声的不间断性、天气环境(如一年四季的交替、潮汐潮落对作业平台的冲击等)、拖航稳定性、抛锚定位的准确性及稳固性等因素对健康、安全与环境的影响。因此,海洋石油开发 HSE 风险是多种多样的。

4. 变化性

海洋石油开发作业中的风险具有多样性,同时,因措施或处理的合理性不同,事故发生的严重程度具有很大差异。在拖航过程中,如果及早发现各拖航固定作业平台的位置不平衡,调整拖航系点的位置,使各拖航船平衡拖力,作业平台就可以平稳前进,避免平台倾倒的危险;如若操作人员疏忽,不能及时注意被拖平台的状况,就可能会造成平台倾入海底,这样就由一般事故演变成了恶性事故。

5. 时间性

海洋石油开发作业中,有些对健康、安全与环境的危害是突发性的,如暴风雨、雷电等灾害天气的突然来临对作业平台造成的潜在危害;而有些危害的影响时间较长,如一直在海洋石油作业平台上工作的人员,只要不离开平台就会自始而终地暴露在噪声以及行动受限的环境下;有的影响可能是长久的,如海洋石油废弃物对海洋环境的污染。

6. 隐蔽性

海洋石油开发的安全事故的发生不仅受人为因素、设备状况因素、施工措施因素及环境因素等影响,还受到外界许多不确定性因素的影响,有较强的隐蔽性,如狂风和海浪可以倾翻固定不稳定的作业平台,雷电可能造成平台生产关停及狂风可以使直升机失事等。

三、海洋石油开发特殊风险识别

根据海洋石油作业中已发生的事故环节、作业区域环境调查结果以及日常管理经验等,从人为因素、环境因素、控制措施、设备因素等方面进行分析,对海洋石油开发作业的全过程进行风险识别,确定其危险有害因素及影响,有针对性地制定出有效的消减和控制风险的措施。

在海洋石油开发作业中,可采用隐患及事故识别方法来识别可能产生的事故危害因素,即通过假设,用图形表示危害如何产生、如何导致一系列后果的危险分析法。具体做法如下:首先确定出不希望发生的事故(如人员倒班直升机坠机、拖航时平台倾覆、风浪造成的作业平台倾倒等),然后对引起事故的原因进行分析,最后分析该事故可能产生的后果。根据后果的严重程度,制定预防事故产生的控制措施,即设置屏障,防止事故发生。

例如,人员倒班直升机坠机,分析应从人为因素、飞机设备故障、环境天气的影响等方面寻找原因,如图 9-4 所示。拖航造成的钻井作业平台的倾倒事故的识别树图如图 9-5 所示。

四、海洋石油开发特殊 HSE 风险

在海洋石油开发过程中,除了具有与陆地石油开发共同的风险外,如油气泄漏、火灾爆炸、高处坠落、中毒及触电等,还由于作业环境的特殊性,具有很多特殊的 HSE 风险,在作业前必须将此类风险识别出来,制定风险控制措施,以实现对风险的有效管控。

1. 直升机风险

(1)直升机故障不能正常起飞。

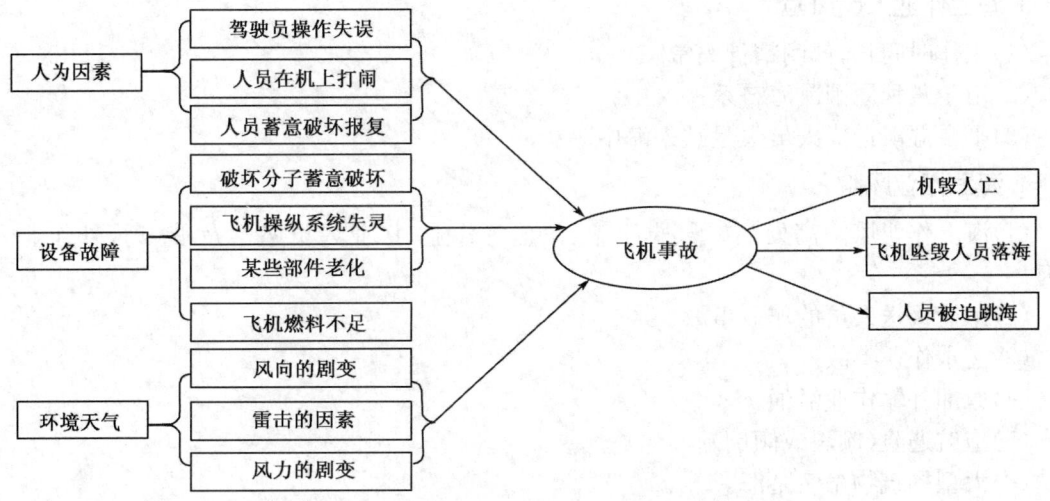

图 9-4　直升机坠机隐患及事故的识别树图

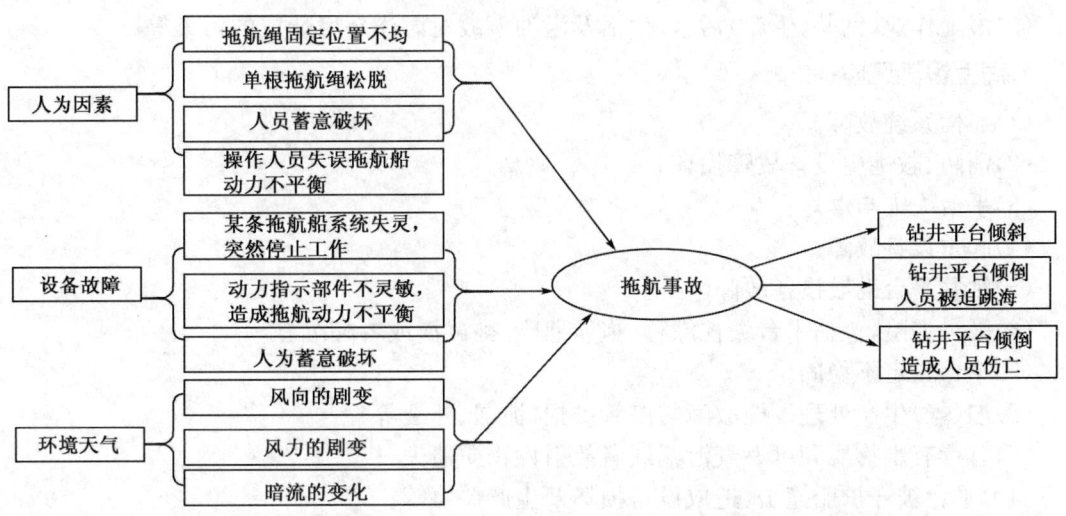

图 9-5　拖航船造成的钻井平台倾倒隐患及事故的隐患识别图

(2)直升机运输过程中不能高空飞行(超负荷运载,飞机的攀升系统设备故障)。
(3)直升机在海面发生故障迫降或坠海。
(4)直升机空中解体或爆炸。
(5)导航系统失灵,找不到目的地等。

2.船舶风险

(1)船舶故障中途抛锚。
(2)船舶遭遇海上大风浪,不能及时运送作业物资和后勤补给到平台。
(3)船舶与礁石、油气生产设施或其他船只相撞,造成船舶海损、沉没。
(4)船舶溢油。
(5)守护船故障,甚至沉没。
(6)船舶迷航,找不到目的地等。

3. 海上作业人员风险

(1) 工作时间长,郁闷精神失常。
(2) 由于某种原因跳海自杀。
(3) 平台湿滑造成人员失足跌入海中等。

4. 海上作业风险

(1) 海上作业风险高处(梯子、脚手架、吊篮等作业)作业人员坠落及舷(岛)外作业人员坠海。
(2) 吊篮接送人员的作业事故。
(3) 潜水作业事故。
(4) 原油外输作业溢油。
(5) 拖航遇险(倾斜或倾倒)。
(6) 大型构筑物吊装坠海。
(7) 作业船舶失控,撞击海上设施。
(8) 隔水套管水下腐蚀。
(9) 海上作业(钻井、生产)污水、生活及溢油事故对海洋环境造成的污染等。

5. 海上设施风险

(1) 通信系统故障。
(2) 消防、救逃生设备故障损坏。
(3) 平台失火与爆炸。
(4) 起重设备故障。
(5) 钻井平台助航设备故障。
(6) 平台遇险,包括平台失控漂移、拖航遇险、被碰撞或者翻沉。
(7) 平台锚定不稳固。
(8) 油(气)生产处理设施故障与海管破损(泄漏、断裂等)。
(9) 有毒有害物质和可燃气泄漏或者放射性物质遗失。
(10) 平台被守护船撞击,造成设备损坏及生产关停等。

6. 自然环境和作业环境风险

(1) 海上风浪、暗流造成平台倾斜或倾倒。
(2) 海上恶劣天气(如台风、海冰)对海上作业的影响。
(3) 台风和海冰造成平台、作业船舶的破坏等。

7. 后勤补给风险

(1) 平台食物、饮用水短缺等。
(2) 食物中毒。

8. 公共卫生风险

(1) 流行性传染病。
(2) 群体性不明原因疾病。

9. 职业健康危险

(1) 噪声伤害(噪声聋)。

(2)职业性化学中毒(化学品、油漆、H_2S 及甲醇中毒等)。

(3)尘肺病(石棉肺、电焊工尘肺)等。

五、海洋石油开发特殊危害因素的确定

尽管海洋石油开发作业具有多于陆地石油开发的特定风险,应该在开发项目风险评估调查的基础上,根据海洋石油开发的海洋环境、天气状况、特殊设备、特殊的工作环境、拖航、海上交通运输工具以及生活必需品的供应等与陆地不同的作业环节或环境因素,尽可能找出这些环节或作业环境中所潜在的 HSE 危害因素,分析 HSE 危害的可能性,确定危害程度和影响后果,制定有效的风险消减措施。

海洋石油开发特殊 HSE 风险主要有以下类型。

1. 海洋环境对海洋石油开发的危害和影响

海洋石油开发离不开海上石油作业平台,由于作业平台建设在远离陆地的海面上,作业地点在海上平台上,作业者工作和生活在海上平台,定期倒班交通工具是船舶和直升机,作业平台的拖航和安装依然在海上。因此,海洋石油开发受到海洋环境的严重影响。海洋环境因素主要包括风力、海浪、温度等。

1)风浪对海洋石油开发的危害和影响

风浪是发生在海洋中的一种波动现象,对海洋石油开发具有很强的破坏作用,其造成的危害和影响主要体现在以下几个方面:

(1)倒班人员乘坐的飞机未飞行或船舶未航行,则造成平台上倒班人员无法休整,精神疲惫,甚至精神抑郁。

(2)已结出港的倒班人员乘坐的直升机或船舶,若遇上大风、台风、大浪等,轻则会造成倒班交通工具难于到达指定地点、乘坐人员头晕目眩,重则飞机坠落、船只沉没,危及人员的生命安全。

(3)运送作业物资的船舶或飞机遇上大风浪,作业物资不能及时运送到平台,造成生产作业不能正常进行,生活补给困难。

(4)作业平台产生摆动,严重影响钻井井眼质量,生产平台控制不平稳,生产关停。

(5)引发船舶走锚、摇摆、颠簸等现象,影响海上安装工程作业,甚至与海上平台碰撞。

(6)拖航时,造成平台倾斜甚至倾倒。

(7)平台倾斜或倾覆,危及作业平台上人员的安全。

(8)平台上的燃料油罐倾入海中,污染海洋环境。

(9)造成巨大的经济损失。

例如:1979 年 11 月,渤海二号石油钻井平台受风浪袭击,在渤海拖航中翻沉,造成 72 人遇难。1980 年 8 月的 Allen 飓风,摧毁了墨西哥湾里的四座海洋石油钻井平台。1983 年 10 月 26 日,美国阿科石油公司租用的环球海洋钻井公司"爪哇海号"钻井船,在我国南海莺歌海域合同区钻井作业时,遭遇台风引起的 8.5m 的狂浪袭击而沉没,船上 81 人全部遇难,造成数亿元的经济损失。1989 年 11 月,美国的"海浪峰"号钻井船被巨大海浪掀翻。

2)温度对海洋石油开发的危害和影响

温度对海洋石油开发的影响主要体现在海冰的影响。我国渤海和黄海北部,每年冬季都有不同程度的海水结冰现象,一般冰期长达 2~3 个月,辽东湾冰期最长,可达 3~4 个月。最

大单个流冰冰块面积可达 60～70km² 。每次冰封或严重冰情都会造成不同程度的损失,如船只被冻在海上、港湾及航道被封冻等。

海冰对海洋石油开发作业造成危害和影响主要包括以下几个方面:

(1)流动的海冰撞击倒班船舶,造成倒班人员晕船,甚至船只毁坏、沉没,危及人员的生命。

(2)流动的海冰撞击作业平台,会使作业平台产生摆动,生产平台控制不平稳,生产关停。

(3)海冰形成的挤压力使平台桩基损坏,甚至倾覆。

(4)海冰造成航道堵塞,船舶不能通航,作业物资和后勤补给不能及时到达平台,造成作业停止和生产关停。

(5)引发船舶走锚,船舶与海上设施或船舶间相互碰撞,造成海上结构物严重受损或倒塌,严重影响海上安装工程的作业进度及质量。

(6)拖航时,危及拖航船舶的安全。

(7)危及平台人员的安全。

(8)使平台的燃料油倾入海中,污染海洋环境。

(9)造成巨大的经济损失。

2. 海上交通工具造成的危害和影响

海洋石油作业由于远离陆地,近则数十海里,远则数百海里,一般采用直升机或倒班船舶接送倒班的工作人员,利用船舶供应平台上的作业物资、生活用品。直升机、船舶这些交通工具存在着故障排除难、危及生命可能性大的不利因素。因此,必须了解交通工具造成的危害和影响,以便有的放矢,防患于未然。

(1)直升机爬高故障,不能高空飞行(超负荷运载,攀升系统设备故障),搭乘人员被迫跳海。

(2)直升机动力系统局部故障,不能飞行。

(3)直升机遇风飞行困难,不能按时到达飞行目的地。

(4)直升机操作失灵,飞机坠海,搭乘人员同时坠海,造成人员伤亡和财产损失。

(5)直升机空中解体或爆炸,造成机毁人亡。

(6)直升机导航系统失灵,找不到目的地,被迫在海面迫降。

(7)船舶上搭乘人员失足坠海。

(8)船舶燃料不足、动力系统故障、触礁等造成抛锚,甚至沉没。

(9)船舶迷失方向。

(10)船舶遭遇海上大风浪,不能及时运送作业物资和后勤补给到平台。

(11)船舶遇飓风或巨浪倾覆。

(12)运输过程中生活用品被污染。

(13)船舶溢油、机舱污水等造成海洋环境污染。

3. 拖航对平台的危害和影响

拖航是海洋石油作业设施的搬迁方式,是指用拖轮牵引各类非自航的钻井平台、生产/生活支持设施或大型构筑物在海上航行的作业,是一项高风险、操作难度大、技术性强的作业,全过程需多部门协调的联合作业。

在拖航过程中,受到海洋环境、船舶操控人员操作水平、拖航固定位置等因素的影响,会造成一些较严重的 HSE 风险。

(1)拖航绳崩断,造成设备毁坏、人员伤亡。
(2)拖航船在平台上的固定位置不平衡,造成平台倾斜。
(3)拖航绳用力不平衡,造成平台倾斜。
(4)拖航船失去动力,造成平台碰撞、搁浅、触礁及倾覆等。
(5)各条拖航船的动力不均衡,造成平台倾斜。
(6)在恶劣天气中拖航动力不足,造成碰撞、搁浅、触礁及倾覆。
(7)某条拖航船故障。

4.海上作业平台造成的危害和影响

作业平台是高出海面且具有水平台面的一种海洋工程结构,为在海上进行钻井、采油、储运、施工等作业活动提供生产和生活设施。海洋石油作业有钻井平台、采油平台等类型的平台。钻井作业平台分为固定式钻井平台、移动式钻井平台。采油平台又称为海上油气生产设施,分为固定式生产设施、浮式生产储油装置(FPSO)及水下生产设施。

由于成本问题,不管是哪种作业平台,其作业空间都会非常狭小,人员和设备高度集中。另外,作业平台受恶劣的海况和海洋环境影响,要经受各种恶劣气候和风浪的袭击,经受海水的腐蚀,因此作业平台也会造成危害和影响。

(1)平台桩基受海浪冲击而发生倾斜或人工岛的一侧被冲毁造成平台歪斜。
(2)移动式平台固定不稳定造成工作过程中的平台晃动影响井的质量和生产关断。
(3)平台空间狭小造成操作困难。
(4)平台设计不合理或甲板湿滑,作业人员易失足摔跤或坠海。
(5)平台狭小,作业生活活动空间受限,造成人员抑郁、精神失常。
(6)作业平台发生火灾爆炸,造成人员伤亡、财产损失及海洋溢油污染。
(7)人员在平台上散步失足跌伤或坠海。
(8)大型构筑物吊装失控,构筑物坠落造成人员伤亡和财产损失。
(9)移动式钻井平台和大型构筑物拖航,造成船舶倾覆、搁浅、碰撞,人员伤亡。
(10)移动式平台锚泊问题,发生走锚,造成船舶搁浅、碰撞等事故。
(11)导管受海水腐蚀损坏,导致钻井液循环漏失到海洋中,造成海洋环境污染。

5.作业设施锚泊过程中的危害和影响

锚泊是移动式作业平台的一种固定方式,锚泊定位是用锚及锚链、锚缆将船或浮式结构物系留于海上,限制外力引起的漂移,使其保持在预定位置上的定位方式。锚泊定位能限制被系留物的运动,以保证钻杆、立管等不会有过大的偏斜,减少由于过度运动所造成的停钻时间。锚泊定位主要用于钻井平台、船舶、采油平台及FPSO等,只有很好的锚泊系统,才能保证作业平台的稳固。

(1)起锚机失灵,不能正常下放和提起锚和锚缆,造成平台不能正常作业。
(2)制链器在布完锚及收好锚缆后不能缩紧锚链,造成锚机损坏,平台不稳定。
(3)动力锚抓力不够,不能提高平台足够的稳定力,易发生走锚,平台不稳。
(4)锚泊方式的选用不够合理,使得移动平台稳定性差,甚至造成平台的移动。
(5)锚泊的定位精度超出水深的5%~6%,不能满足平台作业的要求。
(6)锚缆受海水的侵蚀而腐蚀,在风浪作用下以至于断开,造成平台移动。
(7)拖缆船在锚缆和锚的布放过程中航行线路不合适,造成锚缆打结或成捆。

(8)在进行控制压载过程中,预张力不能加到有效设计值造成张力不够,平台不稳定。

6. 吊装作业的危害和影响

吊装作业是指在生产过程中利用各种吊装机具将设备、工件、器具、材料等吊起,使其发生位置变化的作业过程。在海上石油开发生产作业中,海上平台所需要的各类作业物资都需要用吊机从船舶上吊运到平台,或者平台内物资的转运也需要吊机作业。海上吊装作业不仅用于吊运作业物资,还用于吊篮运送作业人员到平台上。海上吊装作业具有很大的风险性,是中国海洋石油有限公司的十类高风险作业之一。在海上吊装作业的危害中,除与"八不吊"的规定相关外,还与气象、海况、吊运工具等有密切联系。任何吊装作业意外事故都有可能影响到海上作业进度及生产的正常进行,造成巨大的财产损失。

(1)起重机机械或控制故障,在作业过程中进行调整或维修,造成人员坠海。

(2)吊钩保险销失灵,钢丝绳或吊带从保险销中脱落,导致吊物坠海。

(3)吊物与平台结构物发生碰撞,造成平台作业设备损坏及生产关停。

(4)吊装过程中吊索具意外断裂,如钢丝绳有断股、吊带有破损等,造成吊物坠海。

(5)吊装作业过程中有高处交叉作业,分层作业中间无隔离措施,造成设备损坏及人员伤害。

(6)吊运危化品(化学药剂、燃油等),造成吊物坠落在平台或坠海,发生危险品泄漏或其他异常情况,造成设备损坏及海洋环境污染。

(7)气象、海况条件(如风力、海浪等)达不到吊装作业要求,强行吊装,造成设备损坏及人员伤害。

(8)气象、海况条件达不到吊装作业要求,平台急需作业物资和作业人员无法吊运到平台,影响平台正常生产作业。

(9)吊篮运送的人员未穿救生衣,人员坠海无救生设施,造成人员伤害。

(10)吊篮运送人员过程中,平台突然失电或吊机故障,将吊笼长时间悬挂,人员因疲惫、惊恐等原因坠海,造成人员伤害。

(11)乘坐吊篮的作业人员因自身身体原因(心脏病、高血压及恐高等),造成人员坠海。

(12)吊装过程中与现场联系不足,信号不明确,指挥混乱造成设备损坏及人员伤害。

7. 废弃物对海洋环境造成的危害和影响

海洋环境污染通常是指人类活动改变了海洋原来的状态,使海洋生态系统遭到破坏。海洋石油开发作业是在海上平台上进行的,由于作业空间狭小以及作业环境的限制,海上作业过程中产生的废弃物处理相对困难,在各作业过程都可能造成对海洋环境的污染。

海洋石油开发对海洋造成的环境污染主要由生产、生活及人为和自然过程中产生的废弃物、含油污水排入海洋,发生意外漏油、溢油、井喷等事故引起的。其最大危害是对海洋生物产生的影响。石油进入海水后,使海水中大量的溶解氧被石油吸收,油膜覆盖于水面,使海水与大气隔离,造成海水缺氧,导致海洋生物死亡,破坏海洋生态系统。油膜和油块能黏住大量的鱼卵和幼鱼,使鱼卵死亡、幼鱼畸形。还会使经济鱼类、贝类等海产品产生油臭味,成年鱼类、贝类长期生活在被污染的海水中其体内蓄积了某些有害物质,进入市场被人食用后危害人类健康。

(1)钻井时,岩石碎屑不慎入海。

(2)钻井时,导管漏失钻井液流入大海。

(3)井下溢流使得平台上的钻井液罐外溢,钻井液流入大海。
(4)固井过程中水泥浆密度过大,造成海底浅层的胶结层破裂。
(5)固井过程中导管或输送管漏失。
(6)生产过程开闭排系统控制故障,阀门漏失及污水罐冒罐等。
(7)井下作业清砂、除蜡时,由于疏忽或人为致使砂蜡进入海洋。
(8)平台生产和生活污水处理系统故障,污水处理不合格外排。
(9)钻井、生产、增产过程中突遇暴风雨,平台上的化学处理剂进入海洋。
(10)钻井、生产等作业过程中,生产和生活垃圾不规范存放、处理。

除了以上海洋石油开发作业过程造成海洋环境污染外,还有许多次要的因素也会造成海洋环境污染,如平台救逃生设备与系统,油(气)舱、罐、容器和管线清洗及惰化,油气输送设备的拆解,燃油和化学药剂加注及管线和容器的试压等。

第三节　海洋石油开发 HSE 风险控制

海洋石油开发 HSE 风险控制就是根据海洋石油开发的特点,利用科学技术手段,采取有效的预防措施,以最低、合理、可行的原则制定控制措施,将风险降低到最低合理可行的程度。

一、风险控制管理办法

风险控制是指风险管理者采取各种措施和方法,消灭或减少风险事件发生的各种可能性,或者减少风险事件发生时造成的损失。由于海洋石油开发的特殊性,海洋石油建立了适合自身特点的风险控制管理办法。

(1)根据风险评价结果及生产经营情况等,确定不可接受的风险。依据最低风险可行原则(ALARP),制定并落实评价措施,将风险控制在可以接受的程度。

(2)风险控制应首先从根本上消除风险,其次考虑风险降低措施(降低风险概率、降低伤害或财产损失的潜在严重度),然后考虑采用个体防护措施。

(3)风险控制措施分别落实到管理体系、管理制度、岗位职责、应急预案或应急计划中,以实现对风险的有效控制。

(4)根据实际需要,可将重大危险因素纳入目标和管理方案,或通过相应的运行过程控制、培训及应急计划加以控制。

(5)危险因素辨识中确认为事故隐患的,应按照《事故及隐患管理办法》的规定进行报告、评估、整改和记录统计。

二、海洋石油开发一般 HSE 风险管理措施

(1)建立健全海洋石油开发风险防范保障体系和运行机制,保证有关风险控制措施的有效实施。

(2)组织落实风险防范和控制措施所必备的人、财、设备等条件和手段。

(3)识别海洋石油开发过程中可能产生的 HSE 风险,制定相应的控制措施。

(4)制定海洋石油开发作业中的各种险情和危害发生的应急预案,尽量减少风险带来的危害和影响。

(5)制定海洋石油开发各作业的安全生产管理体系,以规定、制度或条例的形式让全体员工认识、学习,以便指导海洋石油开发的安全生产。

(6)制定海洋石油开发各作业的危害及其影响的恢复措施。

(7)反复识别和评估所提出的风险防范、消减和恢复措施,确定这些措施在风险控制目标中的作用。

(8)建立健全管理评审、监督措施,制定海洋石油开发各作业环节评审、监督、检查机制,定期进行 HSE 的监督检查。

通过 HSE 管理体系的有效运行,HSE 管理体系不断持续改进,风险防范及控制措施会越来越完善,可以有效地避免和减少事故的发生。

此外,海洋石油开发与陆上石油开发相比,存在不少独特的风险。因此,要求海上作业人员除具有陆地石油开发作业人员资质外,还必须具备"海上石油作业安全救生"知识技能,即"海上求生""海上平台消防""救生艇筏操纵""海上急救""直升机遇险水下逃生"共 5 项内容的培训,持证上岗。

三、屏障设置

防止事故发生的所有屏障和控制手段(包括管理程序、设备、检验、监督检查、人员培训等)同时失效时,事故就会发生,如图 9-6 所示。

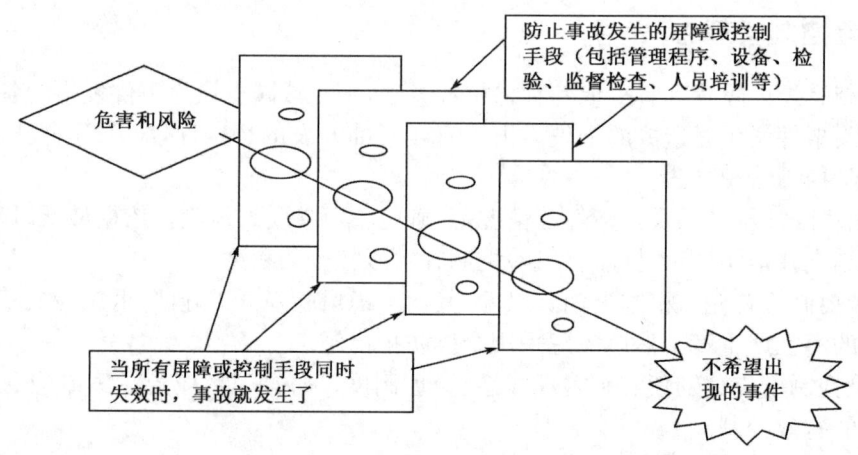

图 9-6 事故屏障示意图

在海洋石油开发作业中,除正常的石油开发作业风险外,其他特殊风险都会与环境条件、作业平台设施及海上交通工具等有很大关系。在对引起顶级事件的原因进行分析后,应采取相应的措施限制,预防顶级事故的发生及扩大化,也就是设置屏障、消减和控制风险。通常屏障包括安全教育、安全管理、应急计划、员工培训及技术素质等软件措施,以及设备能力、设备性能、设备安全防护及联锁装置等硬件措施等。

例如:海上浮式生产油轮(FPSO)原油外输作业,必须严格执行 HSE/WA《原油外输安全管理》规定。作业前必须严格执行作业风险分析(TRA 或 JSA)、作业计划、作业程序、应急响应程序等文件的审查。同时,还必须对生产流程、外输设备及安全措施等进行检查确认,作业期间应加强各环节的安全管理,加强原油外输后的检查确认与恢复,只有当这些屏障(控制措施)同时失效后,才能导致火灾爆炸、溢油及人员伤害等顶级事故的发生。

四、海洋石油特殊 HSE 风险管理措施

海洋石油开发作业人员行为限制管理、安全保护系统的有效运行以及特殊设备、设施的管理是控制风险的重要手段。

1. 人员行为限制管理

海因里希事故致因理论认为：事故的发生是由人的不安全行为和物的不安全状态引起的，但人的因素是首要的。由于海洋石油开发作业设施空间狭小，人员和设备高度集中，作业人员处在具有火灾爆炸的危险环境中，对人员素质及人员的行为安全有更高的要求。因此，为了保证海上石油安全生产，必须对员工的行为进行有效管理，控制人的不安全行为，减少事故的发生。

1) 所有人员必须遵守基本准则

(1) 遵守各油气生产设施的吸烟规定，只能在指定的区域吸烟。

(2) 外来人员不准随意进入重要场所，如中控室、电报房、化验室、厨房、仓库以及某些油(气)生产区域等。

(3) 在生产设施生活区域以外的地方严禁使用手机。

(4) 任何人不准随意触动各种设备、设施，不准随便动用消防、救生设施和设备。

(5) 防止污染事故的发生是每个人的职责，一切含油、有毒、有放射性等工业垃圾或生活垃圾、废料要按准许的方式消除掉，不得随意乱扔。

(6) 不准用海上生产设施钓鱼捕蟹、不准喝酒、不准下海游泳、不准赌博。

(7) 禁止将易燃、易爆物品及对人体有危害的化学物品带到宿舍和生活区，不准用汽油、轻质油、燃料及消油剂等擦洗衣服、设备或拖地，不允许用明火或电炉取暖，严禁用灯烘烤衣服。

(8) 任何人员登临海上设施必须持有效的人员跟踪(MTS)卡，卡内包含有效的"安全救生培训(五小证)""健康证"及所有的有效证书，符合 HSE/P《教育与培训管理程序》中生产设施岗位 HSE 取证要求，患有传染病者严禁出海。

(9) 医生安排登临人员住宿，并发给每人一张有编码的"T"卡，包含持卡人姓名、房号、救生艇号。持卡人确认后在 30min 之内将此卡放到指定救生艇旁的"T"卡箱内，逃生撤离时将"T"翻面。

(10) 未经许可，任何人不准在生产区进行摄像或拍照，不得携带火种带入生产区或危险区，严禁持有、使用各类危险化学品。

(11) 进入生产区或进行特殊作业时，必须穿戴符合工作性质和现场要求的劳保用品和防护器具。

(12) 未经设施总监许可，严禁将非防爆的电气设备带入危险区；在危险区作业时必须使用防爆工具。

(13) 严格遵守船舶、直升机和海上生产设施上的各项管理规定，服从指挥。

(14) 未经许可，不得在住房内私自接设电线插座、电源。

(15) 乘机与乘船前不得醉酒。

2) 对临时出海人员的教育

(1) 对于临时出海人员，自学了解《非海上倒班人员申请出海联络单》上的出海教育内容。

(2) 登临海上设施后，安全监督应对到达本单位的临时人员进行安全教育，安全教育后，应

在相应记录上签字。

3) 设施上人员行为安全管理

(1) 人员行为安全的要求。

①所有人员在进行行为安全教育后,必须严格遵守。

②登临设施后,应对现场的安全标志牌和警示标语认真阅读,理解后方可进入并严格遵守执行。

③当出现紧急情况时,应按应急预案中的应急部署表中职责执行。

(2) 监督与检查。

①所有进入设施的人员和设备必须接受设施上安全监督或其指定人员的安全检查。

②班组长及外来人员的领队负责监督和管理本班(队)的人员行为安全,发现问题应及时向安全监督报告。

③设施上任何人都有责任和义务监督和制止其他人的不安全行为。

2. 安全保护系统措施管理

海上石油开发设施是集人员居住与生产、作业及指挥系统于一体的综合性设施。人员及设备的安全风险是海洋石油开发主要的高风险之一,而火灾与爆炸又是其主要因素。一旦发生火灾或爆炸事故,只能利用自身的安全保护系统,立足于自救,很难及时得到外部救援。如果处理不及时,易发生连锁反应,造成大量人员伤亡和巨大财产损失。因此,为了确保海上平台及作业者的人身安全不受损害和海洋环境不受污染,设置了完善的适合海上石油开发特点的安全保护系统。下面重点介绍海上固定平台的安全保护系统。

1) 安全保护系统设计

(1) 执行有关海上安全和环境保护法规、国际通用的标准、规范及推荐作法。

(2) 设施的规划和布置合理,重点在于降低生产、作业的危险性。

2) 安全保护系统建立

由火气探测(F&G)系统、消防系统、紧急关断(ESD)系统、逃生及救生系统、通信系统和医疗系统等组成。安全保护系统应符合《海上固定平台安全规则》中第十四章"火灾与可燃气体探测报警系统及消防系统"、第十五章"逃生与救生装置"等章节的要求。

(1) 火气探测系统。

火气探测系统是全自动系统,能及时、准确地探测早期火灾/可燃气泄漏,通过火灾盘的逻辑分析、处理,实现报警、关断、消防的全过程,以消除事故,保护平台作业人员及生产设施的安全。同时,在现场及中控室的手动按钮,使作业人员可在自动系统未动作的情况下,手动实现系统功能。

①由火焰探测器、可燃气体探测器、烟雾探测器、感温探测器及易熔塞等组成。

②设置自动和手动火灾、可燃和有毒有害气体探测报警系统,总控制室内设总的报警和控制系统。

③火灾盘、火灾和可燃气体探测器报警时消防和各关断系统同步动作。

(2) 消防系统。

根据国家有关规定,针对设施可能发生的火灾性质和危险程度,分别设消防水系统、泡沫灭火系统、气体灭火系统和干粉灭火系统以及直升机甲板消防设备等固定灭火设备和装置,并经发证检验机构认可。

①平台至少配备两台由不同动力源驱动(柴油或电驱动)的消防泵。若设置柴油驱动的消防泵,应设柴油机的就地和遥控启动装置。

②每月定期检查、试运消防系统,确保其处于有效状态。

③按规定张贴防火控制图和应急部署表。

④直升机甲板消防设施按《民用直升机海上平台运行规定》(民航总局令第67号)执行外,还应考虑《海上固定平台安全规则》中14.4.2中所述要求。

(3) 紧急关断系统。

在发生事故的情况下,为确保人员和生产设施的安全,防止环境污染,将事故造成的影响限制到最小而设立 ESD 系统。其关断逻辑由安全监控系统来实现,紧急关断系统能确保某一级别的关断指令均不引起较高级别的关断,只能引起本级及所有较低级别的关断。

①可分为单元关断、生产关断、火灾关断、最终(弃平台)关断等。在遇有不可抗拒的情况时,人员撤离平台前,应执行最终(弃平台)关断。ESD 面板通过开关量信号触发广播系统信号。

②紧急关断系统设计为事故安全型,所有的关断只有手动复位后才能恢复生产。

(4) 逃生及救生系统。

为了保障作业人员的人身安全,设计了海上救逃生系统,以合理的布局、有效的逃生通道及充足的救生设施为平台作业人员提供逃避危险、安全撤离的手段。

①救生设备配备:包括救生艇、救助艇、救生筏、救生衣、保温救生服和救生圈及属具等。救生设备遵循国际海事组织(IMO)颁布的《国际海上人命安全公约》(简称 SOLAS 公约)的规定,并经海油安办认可的发证检验机构检验合格。海上石油设施配备救生设备的数量应满足《海洋石油安全管理细则》中第二十二条要求。

②逃生方式:平台一般有借助直升机、救生艇、救生筏、救援船只及辅助救生设备四种逃生方式。救生艇是最基本的逃生工具,它具备人员逃生所需的一切条件并且不需要依靠外界支援。

③逃生路线:是为作业人员设计的一条能迅速脱离危险区域,到达安全区域的通道,在平台上的任何一点,都可以从两个不同方向沿逃生路线到达安全救生设备。

平台上的逃生路线的方向都是通向救生艇附近的集合区。在接到紧急状况的报警后,人员首先到救生艇集合区集合待命,作好逃生准备。

所有通往救生艇(筏)、直升机平台的应急撤离通道和通往消防设备的通道应当设置明显标志,并保持畅通。

各平台都应有逃生路线及救生设施的布置图。

(5) 通信系统。

通信系统采用无线、有线通信系统相结合的方式,是海上作业必不可少的系统,由平台与外界、平台间、平台内部三大区域组成,应符合国际海事组织的有关规则,并应经发证检验机构检验。通信系统包括:平台对基地通信系统,平台对守护船、附属平台或海上其他装置的通信系统,平台对空通信系统,应急无线电设备,气象系统,海事卫星系统及广播系统等。

(6) 医护系统。

配备具有基本医疗抢救条件的医务室和值班医生,按平台总人数配备常用药品、简易医疗器械、急救药箱和一副能将伤员抬入直升机的担架等。医务室对伤员可进行急救处理和一般治疗,重伤员将由直升机送至陆地医院治疗。

3. 海上交通运输工具管理

海洋石油开发作业远离陆地,即使是近海作业,其距离也在数十海里至数百海里以外,随着海上钻探从近海向深海发展,这个距离还将往远处延伸。海上作业人员采取倒班工作制,采用船舶和直升机作为人员倒班的交通工具。无论哪一种交通工具都必须遵循 HSE 管理体系规定,即《直升机安全管理》、《守护船安全管理》等。下面以直升机为例,介绍直升机管理政策、直升机运行及对乘客的安全管理等相关规定,说明人员交通运输工具运营的各项安全规定。

1) 直升机管理政策

海洋石油开发作业过程中所使用的直升机都是租用专业公司的。海洋石油直升机管理政策共 18 条,分别从海洋石油作业直升机选择、机组人员要求、承包商管理、保险要求以及作业指导文件等方面对直升机的使用、监督和管理提出了基本要求,对促进直升机公司持续提高安全管理水平,确保海洋石油直升机飞行安全起到了至关重要的作用。

(1) 直升机承运人符合国家的法律法规、符合民航总局全部规章和标准及国际公约要求是直升机承包商的基本条件。

(2) 直升机承运人要满足公司对保险的要求。

(3) 应最大限度地限制直升机进行高风险的作业。

(4) 公司所有直升机飞行活动,应当使用有合同的直升机承运人。直升机作业合同方使用第三方的直升机或机组人员必须得到公司的批准。

(5) 直升机承运人必须具备运营和维护资格。驾驶员和技师资质应满足最低资质和经验要求。所有的直升机和机组人员必须持有仪表飞行证书。

(6) 正常飞行的空勤机组编制应为 2 名驾驶员,除非发生极端情况,公司不接受单驾驶员飞行。在合同中发生单驾驶员飞行,应得到公司批准。

(7) 不租用仅配备一台发动机的直升机。

(8) 优先选择具有良好飞行记录,尤其是事故率低的直升机承运人。

(9) 公司应建立航空顾问制度。

(10) 在选择驾驶员时,优先考虑定期参加飞行模拟器训练的驾驶员。

(11) 公司每年对直升机承运人进行一次审核。

(12) 公司认为必要时,应要求直升机承运人及时或预先对可能使用的机场、停机坪及其相应设备进行检查许可。

(13) 新建及在役的停机坪必须符合相应的法规要求。

(14) 公司应明确直升机管理的专职或兼职人员。

(15) 公司应要求直升机承运人编制 HSE 管理体系、应急程序,并与公司的 HSE 管理体系、应急程序相协调。

(16) 直升机承运人在各作业现场,应对每一种合同机型配备不少于一台的绞车装置。

(17) 直升机承运人应提供与合同相适应的资料、信息和统计数据。

(18) 将 OGP390《航空器管理指南》作为公司对直升机管理的指导性文件。

2) 直升机的运行管理

(1) 对直升机公司安全要求如下(但不限于以下内容):

① 承运人从事运营和维护资格要求。

② 直升机安全飞行要求。

③驾驶员和技师资质满足最低资质和经验要求。
④有应急预案、安全规定等切实可行的制度。
⑤详述双方的责任。

(2)协调部每年组织一次对直升机公司执行合同情况及相关内容进行监督检查,检查内容如下:直升机状况、飞行员资历、直升机维护情况、夜航飞行训练和特殊科目训练飞行情况、安全管理规定及执行情况、救生衣检验情况(无破损、易穿用)、每次登机前对乘客进行安全教育并有记录及应急预案的制定或修订情况。

(3)协调部负责与直升机公司的日常联络,及时通报双方发现的不安全因素,督促整改。

(4)生产作业设施安全监督负责对直升机运行相关的设备、人员乘机、接送机业务的管理。

(5)报务员按照协调部或机场的通知时间开关导航机,并用高频无线电话与直升机保持联系,随时掌握飞行动态。

3)对乘客的安全管理

(1)所有乘客按要求准时到达机场或指定的地点候机,乘机前不得饮酒,遵守机场或平台的安全规定。

(2)接机员应集合乘客并对乘客及其行李进行安全检查、称重并登记,乘客观看乘机《安全须知》录像并在"乘机安全教育登记表"上签名。

(3)不准携带危险物品登机,如生产特需,应报健康安全环保部审批,审批后由机场或海上石油作业设施安全监督承办。

(4)登机前,乘客在接机员的指挥下穿好救生衣,排队从其侧面或侧前方接近直升机,禁止从直升机的尾部接近直升机或在它的后边行走。

(5)上机后,乘客应系好安全带、戴上听觉保护用品、关闭便携式电子设备电源。

(6)上下直升机时,乘客不准自己开关舱门,由驾驶员负责开关,以防止发生意外。

(7)在直升机飞行期间,所有乘客必须服从驾驶员的统一指挥,同时遵守下列规定:全程系好安全带;禁止吸烟;不得随便换座;不得接触任何控制装置;不得擅自打开舱门;不得妨碍飞行员工作。

(8)直升机降落,待舱门打开之后,所有乘客在接机员的指引下有秩序地离开直升机。

4. 拖航作业管理

在拖航过程中,使用的动力设备是船舶,遇大风、船舶碰撞、主拖轮故障、搁浅、拖缆机故障等都可能影响到拖航的安全,因此必须建立相应的管理规定,对拖航风险进行有效控制。石油天然气行业标准 SY 6346—2016《浅海移动式平台拖带与系泊安全规定》对拖航有明确要求。

1)对拖船的要求

(1)主拖轮应满足《海上拖航法定检验技术规则》的要求,护航船应具有在适拖状态下操纵被拖物(平台)的能力。

(2)证书齐全有效,适航。拖船必须具有从事船舶运输以及相关业务的营业执照、船舶运输许可证、船舶财产和人员保险合同、国籍证书和船舶所有权证书、船舶技术证书、船员适任证书、海油安办签发的作业认可证书或登记证明等。

(3)遵从国家有关规定配备船员,并符合《船舶最低安全配员证书》要求。

2)拖航前拖船检查

(1)健康安全环保部对拖船进行安全检查,督促有关单位整改存在的问题。

(2)拖船和被拖物的船员应具有适任的资格证书。

(3)通信设备应符合拖航管理要求。

(4)对拖拽设备拖缆机、主备拖缆、卸扣等进行检查,并确认齐全、完好;

(5)锚泊系统进行全面检查和试动作,并处于良好状态,按实际需要配足锚浮标和浮标绳;按操作手册规定的规格和数量配足系泊缆绳。

(6)主机和推进系统应运转正常,有侧推系统的船舶侧推系统应运转正常。

(7)消防设施、救生设备处于良好状态并在检验有效期内,所有航行信号及安全应急设备、器材均应齐全完好。

(8)船舶结构、水密、稳性、主要设备和其他系统检查应符合《海上拖航法定检验技术规则》的有关要求。

(9)按海油安办的相关法规要求逐项检查确认。

3)拖航作业管理

(1)拖航前管理要求。

①作业主管部门组织委托、审查拖航小组,拖航小组应具备拖航资质要求。

②拖航小组编制拖航方案与计划,在拖航前组织相关单位召开技术交底会。应明确:拖航起点、终点位置坐标;拖航任务和要求;拖轮、钻井船、施工船、载货驳船准备;通信准备;气象准备;航警(告)与验船准备;应急准备等情况;识别拖航过程风险及措施,明确风险控制措施、责任人、完成时间。

③向船舶检验机构申请对主拖轮和被拖物(平台)进行试拖检验,获得"适拖证书"和检验报告。

④向当地海事部门报告:拖航计划、拖航日期、起点和终点地理坐标,并办理发布航行警告或航行通告手续。

⑤拖航小组应根据拖航性能要求和海洋气象、海况预报确定启拖时间,同时书面报告协调部。

⑥备足拖航用的柴油、食品、淡水等。

(2)拖航要求。

①拖航除应选择一条最安全的航线外,还应选择备用航线。对于远距离拖航,应选择一个或几个避风地。

②启拖加速要慢,待拖缆受力后再逐渐加速。

③拖航船的动力要均衡一致,禁止大角度转向。

④拖航系绳要求系点高度均衡,放出和收进拖缆时应减速,每隔一定时间放松或收进一次拖缆,避免局部过度磨损。

⑤在拖航过程中,参加拖航的船舶和平台都应坚持瞭望制度,进出狭窄航道,通过船舶密集区域、渔区和遇到能见度不良的天气时,应适当收短拖缆,以利避让。

⑥遇到能见度不良的天气时,除遵守避碰规则的一切规定外,值班驾驶员应定时用中英文发布航行警告。

⑦跟踪拖航所经海域的天气和海况预报,及时采取避风措施,如需在大风浪中掉头,应慎之又慎。

⑧突遇大风天气又无法采取避风措施时,应遵守"大风浪操纵须知",船首偏顶风,减速至能维持舵效。

⑨拖航重心位置较高的导管架、组块航行,风力大于蒲氏6级,必须避风,确无避风条件时,严禁横风拖带,并严禁掉头。

⑩拖缆长度应使被拖船目视可见,以便随时监控。

⑪拖航中如遇突发事件,应马上采取措施恢复,及时启动应急预案,同时报告公司应急中心值班室。

5.作业平台监管

海洋石油开发作业的平台分为移动式平台和固定式平台,它不仅是油气勘探、开发生产、油气储运及施工作业进行的场所,也是人员居住生活的场所,因此必须有支撑稳固、安全作为保证,才能避免由于平台问题造成的严重事故。

1)对作业平台的要求

(1)作业平台的导管架要稳固、位移量尽量小,满足规范要求。

(2)作业平台的导管架要耐腐蚀,保证能长时间在海洋中工作。

(3)作业平台面上必须保持清洁,避免湿滑造成人员损伤。

(4)作业平台出水高度合理,尽量减少海浪对平台的冲击。

(5)作业平台上所有设备和需用工具的摆放要规整,且保持平台面干净。

(6)平台上的生产操作系统及安全系统要易于控制。

(7)平台上的救生及逃生系统要完备,安全系统要可靠。

(8)平台上的设施规划和布置合理,设备易于操作、维修,可靠性好。

(9)作业平台的导管架支撑力要均衡,避免平台的歪斜。

2)监督检查

(1)锚泊时选择的锚泊方式是否合理。

(2)锚泊选用的锚的抓力是否符合平台稳定力的要求。

(3)锚泊的定位精度是否超过水深的5‰~6‰,能否满足平台作业的要求。

(4)锚缆受海水的腐蚀程度是否符合要求。

(5)作业平台导管架的耐腐蚀性能是否良好。

(6)作业平台的卫生状况是否好,设备工具是否正确摆放。

(7)平台上的救逃生系统是否完备,安全系统是否可靠。

(8)作业平台导管架的支撑力及平台出水高度是否合理。

(9)作业平台故障与应急系统是否完善,是否有日常检查及维修记录。

五、海洋石油开发特殊HSE风险系统措施

1.海洋石油作业特殊HSE事故的防范与处理

海洋石油开发作业与陆地的最大区别在于各项作业活动的交通运输工具、钻井平台转移作业地点及大型构筑物到安装目的地都必须使用拖航系统、平台的锚泊定位系统等。

1)海上交通事故的防范与处理

直升机作为海上石油作业人员接送的交通工具,具有航程远、机动灵活、使用范围广及飞行速度快等优点,但也具有一定的危险性。据统计,自1981年至1997年,海洋石油作业累计发生12起直升机事故,死亡39人。在人员交通风险控制上具有代表性,因此,交通事故的防范与处理再次以直升机进行说明。

(1)防范系统的建立。

直升机的防范措施主要是建立检查与预报系统。

①及时检查直升机的各部件,保证直升机不带故障飞行。

②选择飞行资历老练的飞行员机长。

③飞行前对各种仪表逐项检查,并记录。

④直升机绝不超员、超重飞行。

⑤直升机上的通信系统必须完好。

⑥上机后,乘客应系好安全带、戴上听觉保护用品,关闭便携式电子设备电源。

⑦直升机飞行期间,所有乘客必须服从驾驶员的统一指挥,同时遵守下列规定:全程系好安全带;禁止吸烟;不得随便换座;不得接触任何控制装置;不得擅自打开舱门;不得妨碍飞行员工作。

⑧健全天气预报系统,做到不满足直升机飞行的天气条件尽量不飞行。

(2)直升机故障、失事的应急措施。

直升机一旦发生故障或失事,现场要立即报告协调部或应急中心值班室,同时积极组织抢救。协调部立即向应急指挥中心报告并启动应急指挥系统,按照应急程序开展救援工作。

①直升机在海上发生故障迫降或坠海。

a. 直升机在飞行中发生故障迫降或坠海,报务员应立即报告协调部或应急中心值班室,并向该生产作业设施上的安全监督、船长、总监、钻井监督或测试监督报告,采取相应措施,同时通过无线电通信系统了解直升机迫降或坠海的大概方位。

b. 当与直升机联系不上时,报务员必须询问机场是否与直升机有联系。

c. 生产作业设施负责人应立即安排守护船前往救援,若条件允许释放救助艇配合营救人员,医生待命或到现场救助。

d. 报务员与直升机、机场、守护船应随时保持联系。

②直升机在海上迫降应急逃生。

a. 直升机在海上遇到意外事故迫降时,所有乘客应在驾驶员或其他指定人员的统一指挥下按应急逃生程序做好逃生准备。

b. 所有乘客必须坐在自己的座位上,等候驾驶员或其他指定人员的命令。

c. 在驾驶员下达全部打开舱门指令时,从最近的出口离开直升机,但当旋翼仍在转动时不要离开直升机;在未弄清紧急出口的位置或接近紧急出口时,先不要解开安全带,以免涌进机舱的激流将人员冲走。

d. 脱离机舱后,迅速拉开救生衣上的充气瓶手柄,给救生衣充气,如果浮力不够,可用嘴通过导管给救生衣充气(在未脱离机舱前,不要给救生衣充气,以免被困在机舱内)。

e. 在机组人员的指挥下打开直升机上的救生筏,要固定好首缆,这样在全部乘客进入之前,救生筏就不会漂走。

f. 离开直升机后,迅速观察附近有无可依托的救生物或岛屿、船只,若发现有可依托物应迅速游去,并且尽可能地将人员集中在一起。

g. 对于经常乘坐直升机的乘客,必须经过"直升机水下逃生"培训。

③直升机撞到平台(船)的甲板。

a. 如直升机撞到平台(船)甲板上,所有接送人员应在总监的统一指挥下展开营救活动,报务员应立即报告协调部或应急中心值班室。

b. 中控室立即启动消防泵,按消防部署进行灭火和抢救人员。
c. 若碰撞后爆炸着火或致使船、平台倾覆等严重后果,应分别按公司应急预案的火灾爆炸、弃平台应急程序处理。

2)拖航作业故障的防范与处理

在拖航过程中,由于海洋环境恶劣、船舶操控人员操作水平差、拖航设备性能不良等危险因素的原因,可能产生一些作业故障,因而必须建立防范措施,对这些作业故障进行控制。

(1)防范系统的建立。
①及时检查各条拖航船,保证拖航船不带故障拖航。
②合作的各拖航船的操作者的经验要丰富。
③拖航前对各条拖航船的仪表逐项检查、校准,使得配合的拖航船动力平衡,并记录。
④检查拖航船系绳的固定点是否均衡。
⑤检查同张力条件下各拖航船的动力系统的配合。
⑥仔细观察拖航过程中平台的状态,早发现,早处理。
⑦健全天气系统,做到坏天气时不拖航。

(2)拖航时平台倾斜事故的处理。
①一旦发现平台有倾斜的迹象,马上停止拖航。
②向倾斜的反方向稍用力拖动平台,使平台恢复正常状态。
③检查拖航系绳的系点是否平衡,调整系点使其达到平衡状态。
④检查所有拖航船是否处于正常状态。
⑤校准所有拖航仪表系统,使其统一。
⑥重新启动拖航船应进行试拖航。
⑦反复调整,使平台处于平衡状态,然后进行拖航作业。

3)平台锚泊定位系统作业故障的防范与处理

(1)防范系统的建立。
①检查起锚机下放、提升系统的灵敏程度。
②合理选择锚的形状。
③精确测定不同泥面条件下动力锚的抓紧力。
④精确合理地计算不同锚泊方式的合力。
⑤选择耐腐蚀的锚缆。
⑥事先研究合理的锚缆和锚的布放航行线路。
⑦反复试验得出预张力与实际张力值之间的关系,所有的锚达到设计张力值。

(2)平台在工作过程中失去稳定性的处理。
①检查工作平台失去稳定性的原因。
②重新选择适合于该泥面条件和需要张力值的锚的形状。
③精确合理地计算不同锚泊方式的合力,重新进行锚泊。

4)海底管道破裂事故的防范与处理

在海洋石油开发过程中,海上生产设施之间、生产设施至陆地终端处理厂之间的输油(气)、水管线都铺设在海底,因此人员及一般设备不能直观看到,所以一切船舶抛锚、船舶施工作业、渔船拖网捕捞、管线锈蚀或其他意外事故等都有可能造成海底管道破裂,造成油(气)大量泄漏,对海洋环境造成重大污染。

(1)防范系统建立。

①管道设计时严格按照设计规范进行设计,考虑海底管道路由、埋深、壁厚、管道防护覆盖层、水动力条件、泄漏检测系统等,并经第三方检验机构审查。

②编制《溢油应急计划》,报国家海洋局海区主管部门批准备案。

③海底管道开始投用前,必须经过海油安办认可的检验机构检验,获得检验证书;须获得海油安办颁发的《海底长输油(气)管线投用许可证》。

④海底管道开始投用前,工程项目组负责组织审查承包商的清管方案,将清管方案及有关技术资料移交生产主管部门。

⑤海底管道启动并正常运行前,开发生产部门会同现场单位按照正常的验收程序进行确认。

⑥操作人员应严格执行管道技术规程、操作规程和有关安全规章制度。

⑦操作人员应按时巡检,观察海底管道的压力、温度及流量等参数的变化情况,发现问题时应及时分析和向管道的另一端进行通报,同时采取措施并做好记录,现场无法处理时,要及时向主管部门上报。

⑧在海底管道运行过程中,操作人员应控制流体的流量,尽量避免生成水化物或发生水击现象损坏管道而影响生产。

⑨在海上生产设施投用前协调部向海事部门申请生产设施和海底管道的保护区,管道保护区内船舶必须了解海底管道和电缆的坐标和实际走向,必须了解抛锚注意事项,防止拉坏管线和电缆。

⑩协调部在租用船舶时,租船合同中写明有关对海底管道的保护责任条款,并将海底管道的完工图或电子海图交给被租船舶。

⑪该海域的各生产设施在巡检过程中如发现过往船只,派守护船与其联系,说明情况,禁止在该海域抛锚。

⑫开发生产部每年定期组织相关人员和船只沿海底管道走向检查一次海面状况,并进行记录。

⑬开发生产部负责对海底管道提出检验计划,委托有资质的检验机构依照 SY/T 10037—2002《海底管道系统规范》进行检验并出具检验报告。

⑭海底管道发生损坏、泄漏事故等情况时,主管部门应及时向海油安办海油分部和国家海洋局海区主管部门报告。

⑮登陆部分的海底管道的保护措施参见《石油天然气管道保护法》的要求。

(2)海底管道破裂事故的处理。

①及时跟踪海底管道上下游运行参数,温度、压力、流量等,发现异常,及时向管道的另一端进行通报。

②若发现海管压力下降或出液量减少,应立即查明原因,确定是否为海底管道破裂。

③一旦发现生产设施之间、生产设施至陆地终端处理厂之间海底管道的海面上出现原油,应立即查明原因,确定是否是海底管道破裂。

④若确定是海底管道破裂,应立即向应急中心值班室报告,尽量采取措施切断溢油源,制止泄漏,对泄漏出的原油参考《溢油应急处理程序》执行。

⑤生产设施与应急中心保持通信联系,听指令,决定是否关井和采取其他应急措施。

⑥值班室报告应急指挥中心主任,启动应急指挥系统,启动《海底管道破裂应急程序》。

2. 海洋石油作业环境保护管理措施

由于海洋环境的特殊性,海洋污染与陆地污染有很多不同,有其突出的特点:具有污染源广、持续性强、扩散范围广、防治难危害大等特点。在海上油气开发生产污染源中,对海洋环境产生影响的主要污染物是泄漏的油气、钻井液、钻屑、生活污水、生活及工业垃圾、含油生产水等。主要污染控制对象为排入海洋的含油生产水、钻屑、钻井液及事故性溢油等,其中最为关注的是石油类污染对海洋环境的影响。

为了控制海洋环境污染,海洋石油开发建立了科学化、系统化的环保管理措施,明确了海洋石油勘探、开发、正常生产及各种施工作业过程中的环保管理,对各种污染物的排放与控制实施严格的管理措施,达到在生产作业中有序操作,防止由于人为失误、设备故障等造成海洋环境污染而影响企业的正常生产、声誉及引起的财产损失,保持良好的作业环境。

海洋油气开发环境保护管理措施主要包括:船舶的管理;钻井作业过程中的管理;完井、地层测试作业的管理;油(气)田开发过程中的管理;油气田生产期间的管理;停产检修、酸化、修井等海上作业的管理;含油污水的管理;有毒残渣、含油垃圾、固体废弃物的管理;残油、废油以及有毒残液的管理等。

2011年6月,渤海蓬莱19-3油田溢油事故,给渤海海洋环境造成了严重污染,同时造成重大经济损失及严重损害公司的声誉。

1)环保通用管理要求

(1)任何污染物未经处理均不得排放入海,必须按照《海洋石油勘探开发环境保护管理条例实施办法》中的要求进行处理。

(2)全部设备必须保持良好的工作状态,无跑、冒、滴、漏现象。

(3)不准用柴油、汽油或轻质油冲、拖甲板或用水冲洗有油污的甲板,甲板上的含油污水要回收处理。

(4)施工过程中,作业现场必须保持清洁,各种污染物要及时进行清理,妥善放置。

(5)施工过程中产生的含油污水及废油等液体废弃物,应收集保存在有盖、不渗漏、不外溢的容器内,并及时运回陆地进行处理,吊装及运输过程中要采取措施,防止污染物外溢。

(6)工业垃圾、生活垃圾及固体废弃物要分别装箱运回陆地,由有处理能力和有资质单位进行处理,不准抛入和倒入海中。

2)作业环境保护管理

(1)船舶的管理。

在海洋石油开发生产作业中,船舶是使用最多的交通运输工具。由于多种原因(如火灾、爆炸、碰撞、触礁、恶劣天气等)可能造成船舶遇险事故,对人员和设备形成极大的危害,船舶溢油等海洋环境污染事故。为防止船舶污染海域,维护海域环境,必须执行《防止船舶污染海域管理条例》,船舶排放污染物即含油污水、生活污水及船舶垃圾必须符合《船舶污染物排放标准》(GB 3552—1983)。针对船舶的管理,有 HSE/WA《守护船安全管理规定》《拖船管理规定》等。

①所有工作船、守护船、物探船、起重作业船、挖泥船及其他作业船舶的防污染设备及证书、证件齐全。

②具备海事局要求配备和批准的《溢油污染应急计划》、《油类记录簿》、《垃圾记录簿》和防污染告示牌。

③所有船舶必须符合《海洋环境保护法》第八章的防治船舶及有关作业活动对海洋环境的污染损害要求。

④具备符合要求的机舱油水分离器和垃圾回收容器。

⑤船舶必须配置相应的防污设备和器材。

⑥所有垃圾必须交由有资质单位处理,并由接收单位提供接收证明,留存备查。

⑦所有船员必须熟悉《溢油污染应急计划》的内容。

⑧《油类记录簿》和《垃圾记录簿》要按要求填写清楚。

⑨在进行供、受油作业前必须认真检查各阀门、管线,并与平台联系做好充分的准备,正式供、受油时,双方现场应有人看守,并保持联络通畅,发现问题及时通知对方并采取相应的措施。

⑩输油软管应经常检查,发现问题及时更换。

⑪供、受油应在合适的气象、海况条件下进行作业,任何人不允许强行作业。

⑫在海洋作业的各种船舶机舱污水排放口必须铅封,不准排放。

⑬船舶在进行油类作业过程中,如发生跑油、漏油事故,应及时采取清除措施,防止扩大油污染,同时向地方海事局报告。查明原因后,应写出书面报告,并接受调查处理。

(2)钻井作业过程中的管理。

①钻井平台应具备溢油应急计划并经国家海洋局海区主管部门批准。

②钻井平台应具备国际防止油污染证书,并具有污染损害民事责任保险或其他财务保证。

③钻井平台应具备《海洋石油勘探开发环境保护管理条例》第七条规定的防污染设备(油水分离设备、排油监控装置、残油及废油回收设施、垃圾粉碎设备)并具有合格证书,以上设备需经船舶检验机构检验并具备检验证书。

④钻井平台应具备有关的环保法规、资料及相关文件。

⑤钻井平台拖航由专业公司负责,将拖航日期、始拖井位及到达井位、井号等上报政府主管部门并抄报协调部。

⑥钻井平台作业、拖航、移位、垃圾转运,须配备适量的溢油分散剂和吸油材料。

⑦钻井平台使用的钻井液应具备海洋主管部门核发的钻井液使用核准证,并由钻井部负责按钻井液、钻屑检验的要求送样检验并保存结果。

⑧钻井平台钻屑、钻井液的排放应符合《海洋石油勘探开发环境保护管理条例实施办法》第十五条的规定:含油量超过10%(质量)的水基钻井液,禁止向海中排放。含油量低于10%(质量)的水基钻井液,回收确有困难,经海区主管部门批准,可以向海中排放,但应交纳排污费。含油水基钻井液排放前不得加入消油剂进行处理。钻屑中的油含量超过15%(质量)时,禁止排放入海。含油量低于15%(质量)的钻屑,回收确有困难,经海区主管部门批准,可以向海中排放,但应交纳排污费。油基钻井液不准排放,必须回收。

⑨钻井液、钻屑在排放前应取样分析,报海区主管部门同意后排放,并取样送主管部门核验。

⑩作业者应将钻井液、钻屑的含油量、排放时间、排放量等情况记录在"防污记录簿"中。

⑪作业者必须备有"防污记录簿"和"季度防污报表",并按要求填写,按时报海区主管部门。

⑫机舱、机房和甲板含油污水的排放,应符合《海洋石油勘探开发环境保护管理条例实施办法》中第十三条的规定,含油量应≤15mg/L。

(3)完井、地层测试作业的管理。

①完井作业时,完井液和洗井液的排放执行 HSE/WB《钻完井液、洗井液及钻屑管理规定》。

②作业者应将进行完井或测试作业的钻井平台或采油平台的井位、作业时间、使用消油剂情况及采取的措施等上报健康安全环保部,健康安全环保部接到报告后及时上报政府主管部门,得到批复方可开始作业。

③进行完井、地层测试作业区域在较浅水域及鱼、贝类养殖区、近海区与渔民易发生争议的敏感区、国家海洋局规定不准使用消油剂的海域,无论作业地点距陆地远近,首先应考虑原油及污染物回收方案。

④参加完井、地层测试作业的各承包商必须制定出本次完井、地层测试作业各岗位的环境保护责任制度并具体落实到人,交给钻完井作业者代表、地层测试监督检查确认。

⑤钻完井作业者代表、地层测试监督在整个测试作业过程中是现场环保工作的管理者和执行者,负责整个作业过程中的环境保护管理,指挥各专业队伍按各自的环保措施搞好完井、测试作业的环境保护工作。

⑥各专业作业人员必须服从钻完井作业者代表、测试监督的领导,严格按操作规程操作。

⑦在测试作业期间,放喷燃烧设备应保持良好状态,油气充分燃烧,油和油性混合物不得排放入海。在含水、含钻完井液等非燃烧物质影响燃烧的情况下,应采取回收的方法处理残油。

⑧拆装完井、测试管线时,必须将管线中的油污清扫干净,防止油类流入海中。

⑨油、气分离的设备应保持完好,保证其油、气分离完全。无论是设备漏油还是井口带出的油,必须用吸油材料擦掉后回收处理,禁止使用消油剂处理后用水冲入海中或冲入平台的污水排放系统。

⑩化学消油剂的使用按国海管发〔1992〕479 号《海洋石油勘探开发化学消油剂使用规定》,公司 HSE‐WA《消油剂使用管理规定》要求执行。

⑪平台上的黑水必须经处理合格后方可排放入海。

(4)油气田开发过程中的管理。

①编制《油(气)田开发工程环境影响报告书》,并经国家海洋局审批。

②工程项目的详细设计时应按公司批准的基本设计文件和环境保护篇(章)所确定的各种措施和要求进行。

③防污设备的采办工作应能满足建造、安装工作进度的要求,保证能够与油(气)处理设备同时施工和同时投产使用。溢油回收设施的采办工作应能满足在油田试运转时可投入使用的要求。

④向建造或施工单位委托任务时,应同时提出有关的环境保护工作要求,并在项目月报和年报中将环保工程进度情况报告给健康安全环保部。

⑤要确保环保工程与油(气)田主体工程同时投入试运行,并做好试运转记录。试运行中有污染物排放的,应由环境监测部门进行监测,并提出监测报告。

⑥防污染设备应经船舶检验机构检验合格,并获得有效证书;油田的溢油回收和含油污水处理设备应按基本设计环境保护篇(章)确定的要求。

⑦在海底电缆管道铺设、固定平台导管架安装、人工岛施工以及需进行爆破作业的海洋施工作业开始前,作业者应会同施工单位按基本设计环境保护篇(章)的要求,制定施工过程中的

环境保护措施,其内容应符合国家海洋局《铺设海底电缆管道管理规定》的要求。

⑧在进行海底电缆、管道的路由调查、勘测实施 60 天前,须向主管部门提出书面申请并得到批复。

(5)油气田生产期间的环保管理。

①油(气)田投产前的管理。

a. 投产前应具备的环保资料:溢油应急计划;国际防止油污染证书和海上设施防止油污染证书;污染损害民事责任保险或其他财务保证;具备《海洋石油勘探开发环境保护管理条例》第七条中规定的防污染设备,并具有合格证书,且需经船舶检验机构检验并有检验证书;备有有关的环保法规、资料及有关文件。上述资料留存、备查,并将上述各项资料报健康安全环保部备案。

b. 编制《溢油应急计划》报健康安全环保部审查,报国家海洋局海区主管部门审批。

c. 环保设施"三同时"经国家海洋局环保检查,得到批复后方可投产。

d. 将国际防止油污染证书或海上设施防止油污染证书、污染损害民事责任保险或其他财务保证、防污染设备检验证书等备齐,报国家海洋局验证并得到批复认可。

②油(气)田环保设施竣工验收的管理。

a. 投入试运行后,在规定时间内(试生产之日起 3 个月内,最长不得超过 12 个月)向国家海洋局提出环保设施竣工验收的申请。

b. 填写环保设施竣工验收申请表,并委托国家海洋局认可的监测单位进行环保设施运行监测,编写监测报告。

c. 将防污染设备试运转记录、污染物质分析化验数据、各种环保材料等资料准备齐全,配合国家海洋局的检查。

d. 现场单位应具备的各种环保资料、文件、设备证书及公司、油(气)田的管理制度等应分类保存。

以上工作由生产管理部门负责实施,健康安全环保部组织并负责与政府部门的协调。

③正常生产期间的管理。

a. 保证防污染设备的完好和正常运转。

b. 防污染设备按设备设计规范定期检修、保养,严格按操作规程操作,并采取各种措施提高防污设施的处理效果。

c. 对外单位作业人员进行环保宣传,对违反规定或造成环境污染的行为进行监督、检查,并督促其清理。

d. 作业者接受主管部门及政府部门对生产设施进行的各种环保检查,各生产设施应配合检查。

e. 作业者按《海洋石油勘探开发环境保护管理条例》第二十一条规定,为国家海洋局赴现场检查和事故调查提供方便。

f. 健康安全环保部负责与政府国家海洋局的协调工作,并配合作业者做好国家海洋局的环保检查及调查工作。

(6)井下作业(酸化、修井)和停产检修等海上作业的环保管理。

①签订作业合同前,对出海作业的承包商的资格进行审查。

②参加海上施工作业的承包商必须制定出该项作业各岗位的环保措施,并交生产主管部门。

③生产主管部门应根据情况组织环保措施审查会,负责对环保措施的审核。

④健康安全环保部提出审查意见后,生产主管部门对各项环保措施进行修改,将修改后的防污染措施报健康安全环保部备案。

⑤生产主管部门负责组织环保措施的落实工作,健康安全环保部负责督促、检查。

⑥防污设备、设施进行更新改造时,应写出报告,进行可行性分析,制定更新改造计划报健康安全环保部审查,上报政府主管部门认可后再实施。

⑦对污水处理设备等进行各种试验及改造时,要将其试验、改造项目方案及防污措施一同报健康安全环保部,在试验及改造过程中不能对海洋环境造成污染。

⑧生产设施应审查环保措施的可行性,有不适用的,要求修改,并将其保存备案。

⑨安全监督应对施工作业中的环保措施进行监督、检查。作业后,在"施工项目环保措施表"上填写对施工单位的作业评价、环保措施执行情况及是否造成环境污染等内容并保存备案。

3) 污染物管理

(1) 含油污水的管理。

①生产设施的含油污水必须经含油污水处理设备处理并符合《海洋石油勘探开发污染物排放浓度限值》(GB 4914—2008)。

②不允许将超标污水稀释后排放入海。

③凡进行海洋石油开发作业的平台及设施,都必须备有"防污记录簿"和"季度防污报表",并按要求填写,按时报国家海洋局海区主管部门。

④陆岸终端含油污水的管理要求如下:

a. 禁止向污水井及下水道内倾倒含油污水及污油。

b. 禁止在下水道口处设置废油回收及含油污水存放的容器等。

c. 禁止在下水道口及其附近冲洗带有油污的设备和物件,冲洗含油设备的污水要使用容器回收处理,不许排入下水道。

d. 禁止将消油剂倒入盛有油类混合物的容器内作为处理油的措施并将其混合物排入下水道;收集后的含油污水要尽快返回污水处理流程处理,或委托有处理能力的单位进行处理。

(2) 其他污染物的管理。

①有毒残渣、含油垃圾、固体废弃物的管理。

a. 海上生产设施上的有毒残渣、含油垃圾、固体废弃物应收集在专门的容器里保存,并及时运回陆地交有资质的单位处理。陆岸终端的这类污染物,禁止就地掩埋,应按照地方政府有关规定妥善处理。

b. 运送这些物品前,总监应视其危险程度及数量而决定是否派专人押运,并将数量、运输方式、运回时间通知接受单位,由接受单位负责安排接收。

②残油、废油及有毒残液的管理。

a. 残油、废油应排入闭式排放罐或污油罐,以便由泵打回原油处理流程重新处理。

b. 有毒残液应收集在有盖、不渗漏、不外溢的容器内,并及时运回陆地交有资质单位处理。

c. 掺入大量消油剂的混合物原则上不能进入生产工艺流程,应按照相关的规定采取可行的办法进行处理。

③生活污水、生活垃圾、工业垃圾和固体废弃物的管理。

a. 生活污水中的黑水应经生活污水处理装置处理后排入海中。

b. 剩饭菜等食品废弃物在排放入海之前,应使其粒径小于 25mm 并确认其中无任何禁止排海物品。

4) 溢油回收设备的管理

(1) 具有溢油回收设备的油气生产设施要根据操作说明书的规定,对设备进行维修、保养及试运转,并保存其记录。

(2) 保证溢油回收设备的正常运转及使用。

(3) 生产主管部门负责将每套溢油回收设备的维修、保养及运转记录每半年收集一次,整理后报健康安全环保部备案。

5) 大型作业环保措施要求

(1) 在进行大型施工作业前,生产主管部门应组织安全环保措施审查会,对承包商编写的环保措施进行讨论、审查,并将安全环保措施报健康安全环保部审查,然后报公司领导批准。

(2) 环保措施应包括(但不限于)以下内容:

a. 海上作业计划概要(作业时间、地点、工作内容及简要工作流程等)。

b. 作业负责人,应急组织、应急联络表及联系方式(包括陆地应急人员及措施编写上报人员的姓名及电话)。

c. 本次作业可能造成环境污染的环节及相应的防治措施。

d. 本次作业单位所具备的溢油应急能力。

e. 参加本次作业各岗位人员在溢油应急中的职责。

f. 对参加作业的人员进行环保措施的培训,使其了解在本次施工中应承担的责任和任务。

g. 在作业期间,此环保措施作为海上生产设施溢油应急计划的一部分。

3. 恶劣天气危害的预防措施

解决恶劣天气对海洋石油开发的危害最好的方式是适应环境。因此,准确、及时的天气预报在海洋石油作业中起着重要的作用。同时,完善的预防措施也是必不可少的。

海冰和台风是影响中国海域海上石油作业最严重的自然灾害,因此对台风和海冰必须建立相应的防范措施,减少海冰和台风造成的损失。

1) 海冰灾害预防措施

海冰是一种正常的自然现象,在渤海和黄海北部每年冬季都有不同程度的海水结冰现象。渤海海域冬季冰期较长,尤以辽东湾海冰范围广、冰层厚,冰情最严重,其次是渤海湾和莱州湾。渤海油田是国内最大的海洋石油生产基地,海冰对海上油气生产设施威胁巨大,可以推倒海上石油平台,破坏海洋工程设施和船舶,阻碍船舶航行,因此必须做好海冰对海上石油设施的安全防范和紧急情况下的应急处理工作,减少海冰造成的灾害损失。

例如:1969 年 2—3 月,渤海发生百年不遇的大冰封灾害,整个渤海被几十厘米至一两米、甚至 9m 厚的坚冰封堵了 50 天之久。海洋石油 1 号钻井平台支座拉筋被海冰割断而倒塌,2 号钻井平台也被海冰推倒,造成巨大的经济损失,因此,为了防止海冰灾害的影响,渤海油田建立了《海冰灾害应急处理程序》。

①海上石油设施设计按照相应海域的冰情做抗冰防护设计。

②与国家海洋环境监测预报中心签订海冰监测预报合同,加强对海冰冰情的监测预报。

③建立海冰监测信息网络,及时跟踪海冰冰情。

④建立海冰灾害应急程序。所有在海冰区域作业的船舶、采油平台、钻井平台冰期必须按照海冰应急计划的要求做好应急准备工作。

⑤海冰期间,通知机场和码头高度戒备,随时赴现场施救。

⑥根据冰情情况和现场要求,及时增派破冰船破冰;冰情达到平台极限前,应尽早撤离非主要岗位人员。

⑦破冰船无法保证平台安全时,应立即停产,做撤离前的准备,做好平台的溢油防范工作,并及时撤人。

⑧强化对水的使用管理,防止设备和管线被冻坏;完善对作业人员的保护,防止冻伤或滑倒。

⑨根据需要,向中国海上搜救中心请求支援。

2) 台风灾害预防措施

台风是发生在热带海洋上强烈的气旋性涡旋,是一种破坏性极强的恶劣天气过程,它具有突发性强、破坏力大、路径多变的特点,是世界上最严重的自然灾害之一。台风带来的强风、暴雨和风暴潮严重威胁海上石油作业设施安全,若处理不当,将造成极大的人员伤亡和海上石油设施、设备的损失。经过多年海上作业实践,海洋石油已经建立了完善的防台风应急程序和良好的防台实践。中国南海北部、东海西部和黄海均为台风通过的高频区,也是海洋石油的重点生产海域,每年约有10个以上的台风直接影响中国海油海上作业。

由于近年来全球气候变暖对海洋气候的影响,海洋石油作业海域超强台风频发。海上台风至今还无法抗拒,只能要求加强气象预报的准确性,做好台风防范工作。防台工作原则是"十防九空也要防",只要预报的台风存在影响油田的可能,就会启动防台预案。

1991 年 8 月 15 日,麦克德莫特公司 DB-29 大型铺管船,在珠江口铺设海底管道时,遭 9111 号强台风袭击翻沉,船上 195 人弃船、跳海,死亡 17 人,失踪 5 人。

①海上石油设施根据具体情况制定《防台应急程序》,应急程序应注明人员的组织分工、各自的责任、人员撤离顺序及向公司报告程序等。防台风警戒区由三个同心圆圈组成,由外向内分别是绿色警戒区、黄色警戒区和红色警戒区,具体划分如图 9-7 所示。

②接到台风预警后,各现场按照《防台应急程序》做好防台准备工作,及时跟踪台风动态。

③第一阶段:台风到达绿色警戒区。

a. 台风继续向海上石油设施方向移动时,应急办公室应密切注视台风动向。

b. 应急办公室通知直升机公司、船舶以及作业现场做好防台风撤离准备工作。

c. 生产作业现场根据生产设施的具体位置,对撤离顺序做出初步安排。

④第二阶段:台风到达黄色警戒区,$M=(S+E+C) \times V$ 为半径的范围。

a. 台风继续向海上石油设施方向移动时,应急指挥中心进入应急状态。

b. 应急指挥中心总指挥主持召开防台风应急会议,部署防台风撤离工作。

c. 作业现场根据实际生产情况进行安全关井、捆绑和固定相关设备,检查工艺流程等。

d. 安全处置工作应在 S 小时内完成。

⑤第三阶段:台风到达红色警戒区,$M=(E+C) \times V$ 为半径的范围。

a. 台风继续向石油设施方向移动时,应急指挥中心总指挥下达撤离命令,撤离完全部生产人员。

b. 平台人员撤离前,仪表、中控人员应检查确认 ESD 信号、火气信号处于正常状态,确保在异常情况下能够实现自动逻辑关停。

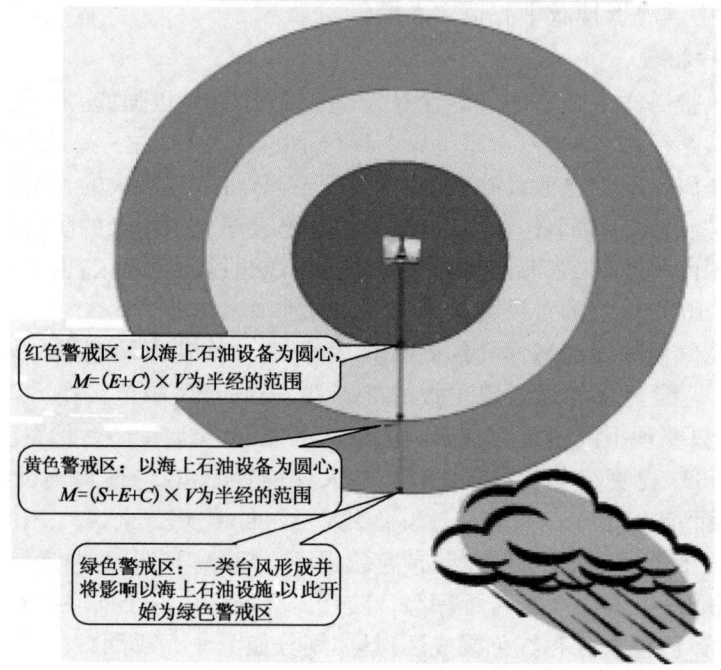

图9-7 防台风警戒区划分

c. 平台人员撤离前,中控人员应将关断控制选择开关 ON SHORE/OFF SHORE 选择为 ON SHORE(台风控制模式)。

d. 平台生产转为台风模式生产。生产平台与陆地控制中心的通信中断时间达到规定时间,生产平台自动执行 ESD 0 级关断;若工艺参数发生重大生产异常时,在无法实现远程控制的情况下,可对生产平台实施遥控关停。

e. 第三阶段的撤离工作应在 E 小时内完成。

⑥第四阶段:台风到来时。

应按照应急指挥中心的防台风应急部署做好本职工作,特别是不在台风影响区没有撤人的海上石油设施以及相应的守护船,要加强值班,坚守岗位,保证通信联络,及时向应急中心汇报情况。

⑦第五阶段:台风过后。

a. 按应急指挥中心指令,作业人员分批返回作业现场后,应进行安全检查,消除一切不安全因素,恢复生产。

b. 作业船舶按照正常工作程序尽快返回施工现场。

c. 作业现场应及时将检查情况和恢复生产的情况报告应急指挥中心。

d. 防台风应急处理工作结束后,应急中心下达解除应急状态的命令,恢复正常生产。

思 考 题

1. 海洋石油开发面临的主要 HSE 风险有哪些?
2. 海洋石油开发特殊 HSE 风险识别特征有哪些?
3. 倒班直升机坠毁隐患及事故的原因主要有哪些?
4. 海洋石油开发特殊 HSE 风险有哪些?
5. 简述海洋石油 HSE 危害识别管理办法。
6. 海浪对海洋石油开发的危害和影响主要有哪些?
7. 海洋石油风险控制管理办法有哪些?
8. 海洋石油开发一般 HSE 风险管理措施?
9. 简述海洋石油开发的安全保护系统有哪些?
10. 海洋环境保护管理措施主要包括哪些内容?
11. 大型作业环保措施要求有哪些?
12. 简述防台风的预防措施有哪些?

参 考 文 献

[1] 张钧. 海上采油工程手册. 北京:石油工业出版社,2001.
[2] 王伟. 海洋石油作业直升机安全管理. 东营:中国石油大学出版社,2008.

第十章 应急管理与应急预案

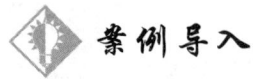
案例导入

11.22 某公司输油管道爆炸事故

2013年11月22日凌晨2时40分,位于某市经济技术开发区的秦皇岛路和斋堂岛街交汇处,某管道公司输油管线破裂,造成原油泄漏。处置过程中,当日上午10点30分许,某区沿海河路和斋堂岛街交汇处发生爆燃,同时在入海口被油污染海面上发生爆燃,如图10-1所示。初步原因分析是管线油进入市政管网导致爆燃发生,事故排除恐怖破坏原因。

图10-1 某公司输油管道爆炸事故现场

经调查,事故发生的原因如下:

(1)事故发生的直接原因是输油管道与排水暗渠交汇处管道腐蚀减薄、管道破裂、原油泄漏,流入排水暗渠及反冲到路面。原油泄漏后,现场处置人员采用液压破碎锤在暗渠盖板上打孔破碎,产生撞击火花,引发暗渠内油气爆炸。

(2)隐患排查整治不彻底。中石化管道分公司潍坊输油处对管道隐患排查整治不彻底。2009年、2011年、2013年先后3次对东黄输油管道外防腐层及局部管体进行检测,均未能发现事故段管道严重腐蚀等重大隐患,导致隐患得不到及时、彻底整改;从2011年起安排实施东黄输油管道外防腐层大修,截至2013年10月仍未对包括事故泄漏点所在的15km管道进行大修。同时,管道保护工作主管部门安全隐患排查治理不深入。调查报告指出,青岛市经济和信息化委员会、油区工作办公室对管道保护的监督检查不彻底,2013年开展了6次管道保护的专项整治检查,但都没有发现秦皇岛路道路施工对管道安全的影响。

第一节 应 急 管 理

一、突发公共事件

1. 突发公共事件的概念

突发事件及突发公共事件有着不同的含义,以前人们对"突发事件"词语都有不同的表达方式,有很多近似的说法。英语中,对突发事件的单词更容易混淆,比如有 Event,Accident,Desaster,Crisis,Emergency 等。

美国人对突发公共事件的定义是:一种特别的、迫在眉睫的危机,影响全体公民,并对整个社会的正常生活构成威胁。

国务院发布的《国家突发公共事件总体应急预案》中对突发公共事件定义是指突然发生,造成生态环境破坏和严重社会危害,造成或者可能造成重大人员伤亡、财产损失,危及公共安全的紧急事件。

2. 突发公共事件的特征

1) 突发性

突发性是指事件发生的时候征兆不明显,很难预警。事物从量变到质变时间很短,使受伤害的人和事物来不及反应,所以使人措手不及,无法迅速采取应对措施,从而导致人员和财产的损失扩大。

2) 多范畴性

多范畴性是指突发公共事件发生时,它会衍生出其他性质的灾害。因此在处理突发事件时不能拘泥于一种事件,要面向于多方面的情况。它涉及多个部门、领域和行业,因此突发事件的处理属于多个范畴,它们之间是有连带关系的。例如,灭火这一消防工作范畴的事件就是与房屋的结构安全联系在一起的。而火灾现场如果有爆炸或化学毒品,则此事件又与社区安全联系在一起。如果是故意纵火则又与刑事案件联系在一起,就应该有公安部门提早介入,保护现场和提取证据等。当然,对应灭火这一事件更经常的情况是:消防与救人紧密联系。而灭火是一个范畴,救人则属于另一范畴,甚至可以分别由不同的人来执行这两个不同的任务。遇事按照上文的分析,在火灾这一突发事件中,救火是一个中心任务,它可以分解成多个具体目标,但同时还应注意房屋倒塌等危险,而这却是一个与消防不同但又处于一个共同事件背景下的建设安全。

3) 不确定性

由于信息的不对称性,人的能力有限性以及环境的不确定性,这些综合外在因素使得对突发公共事件的征兆难以发现;对突发事件的发生机理难以全面掌握;对突发公共事件的结果和发展态势难以做出正确的分析和判断。即使是相类似的突发事件发生在不同时候,不同地点产生的衍生灾害也会不同,因此没有详细的经验可寻,所以突发事件的高度不确定性增加了对处理突发事件的难度。

4) 危害性

无论是什么性质的突发事件,都会带来危害,不同程度给国家带来经济和政治上伤害,带来的负面影响远远大于正面影响,而且这种危害还会蔓延,衍生出其他的危害。这种危害有财产的损失、局部的混乱、经济的退步和心理的恐慌等。例如,2003年的SARS卫生突发事件导致了大量人员死亡,给人们心理造成了很大的负面影响的危害;2008年4月28日胶济铁路周村至王村之间火车与火车相撞导致火车脱轨,导致70多人死亡,400多人受伤。

3. 突发事件的分级分类

突发公共事件种类很多,但可根据不同特征进行分类。我国是按照《突发事件应对法》把突发公共事件划分为以下四种:自然灾害(如海啸、洪水、地震、飓风)、事故灾难(车祸、井喷、化学品泄漏)、公共卫生事件(霍乱、多人食物中毒、非典)和社会安全事件(战争、恐怖活动、暴乱)。当然这种分类项不是绝对的,他们四个之间会存在相互交叉的现象。例如,事故灾难也可以表达为社会安全事件,公共卫生事件也有可能是一场自然灾害带来的,如水灾后的瘟疫流行等。当然,不同类型的是会表现出不同的外在形象。

根据突发事件的发生过程、性质和机理,我国将突发公共事件分为四类。

1) 自然灾害类

主要包括水旱灾害、气象灾害、地震灾害、地质灾害、海洋灾害、生物灾害和森林草原火灾等,如图10-2(a)所示。

2) 事故灾难类

主要包括工矿商贸企业事故、交通运输事故、公共设施和设备事故、核辐射事故、环境污染事故和生态破坏事故等,如图10-2(b)所示。

3) 公共卫生事件类

主要包括传染病疫情、群体性不明原因疾病、食品安全、职业危害、动物疫情以及其他严重影响公众健康和生命安全的事件,如图10-2(c)所示。

4) 社会安全事件类

主要包括恐怖袭击事件、民族宗教事件、经济安全事件、涉外事件、群体性事件以及其他刑事案件等,如图10-2(d)所示。

(a) 自然灾害　　(b) 事故灾难　　(c) 公共卫生事件　　(d) 社会安全事件

图10-2　突发公共事件分类

突发公共事件爆发时,为了有效地应对,就应该有个初步的判断,明确它的级别,以此来选择救助预案。根据影响范围、损失程度、扩散要素、时间要素、认知程度、社会影响程度、公众心理承受度和资源保障度将突发事件的预警级别分为四级:Ⅰ级(特别重大)、Ⅱ级(重大)、Ⅲ级(较大)、Ⅳ级(一般),并依次采用红色、橙色、黄色、蓝色来加以表示。突发公共事件级别是依照《国家突发公共事件总体应急预案》制定的,如图10-3所示。

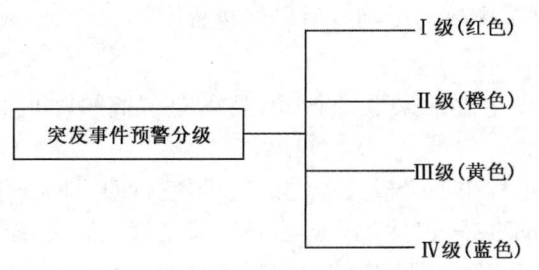

图 10-3 突发事件预警分级

二、应急管理

1. 应急管理的概念

应急管理是针对可能或已经发生的突发事件,为了减少突发事件发生或控制突发事件扩大,尽可能降低突发事件的后果和影响,基于事件情景分析和风险管理过程及后果进行的一系列有计划、有组织的管理活动。

应急管理是在应对突发事件全过程管理,贯穿于事故发生的前、中、后的整个过程。体现了"预防为主,常备不懈"的应急思想。

事故应急管理的内涵,包括预防、预备、响应和恢复四个阶段。尽管在实际情况中,这些阶段往往是重叠的,但他们中的每一部分都有自己单独的目标,并且成为下个阶段内容的一部分,如图 10-4 所示。

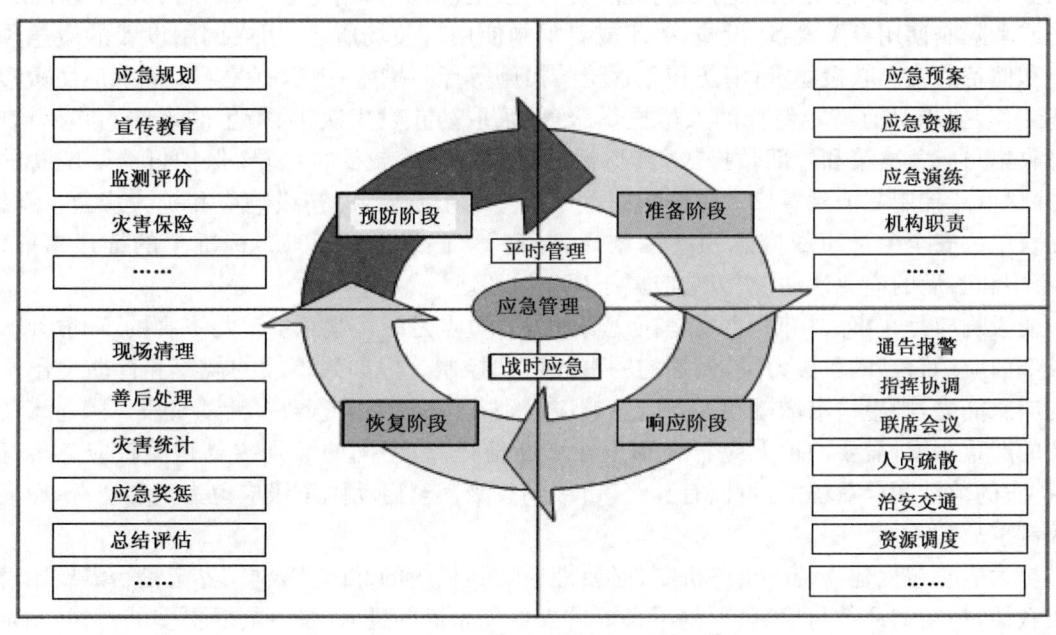

图 10-4 应急管理循环过程图

1) 预防阶段

无论突发事件是否发生,企业和社会都处于风险之中,为预防、控制和消除突发事件对人类生命、财产、环境等的长期危害所采取的行动,目的是减少突发事件的发生。

在应急管理中预防的含义:一是事故的预防工作即通过安全管理和安全技术等手段,来尽可能地防止事故的发生,实现本质安全;二是在假定事故必然发生的前提下,通过预先采取的预防措施,来达到降低或减缓事故的影响或后果严重程度。

2)准备阶段

准备阶段是突发事件发生之前采取的行动,目的是提高事故应急行动能力并提高响应效果。

应急准备是应急管理过程中一个极其关键的过程,它针对可能发生的事故,为迅速有效地开展应急行动而预先所做的准备,包括建立健全各项安全管理制度,根据本单位可能发生事故特点和危害程度,建立事故应急管理工作的组织指挥体系、有关部门和人员职责的落实、应急预案的编制、应急队伍的建设、应急设备(施)、物资的准备和维护、预案的演习与外部应急力量的衔接等。

企业应当建立健全事故监测与预警制度,提供必要的设备、设施,配备专职或者兼职人员,对可能发生的突发事件进行监督,通过多种途径收集突发事件信息。组织相关部门、专业技术人员、专家学者进行会商,对发生突发事件的可能性及其可能造成影响进行评估;认为可能发生重大或特别重大突发事件的,或在获悉突发事件信息后,及时客观、真实地向所在地人民政府、有关主管部门或者指定的专业机构报告,向消防机构和可能受到危害的毗邻或者相关地区的人民政府通报,不得迟报、谎报、瞒报、漏报。

3)响应阶段

应急处置与救援是在事故发生后,针对事故的性质、特点和危害立即组织人员采取的应急与救援行动。应急处置与救援包括组织营救和救治受害人员,紧急疏散并妥善安置受到威胁的人员,以及采取其他救助措施;控制危险源,封锁危险场所,划定警戒区以及其他控制措施;禁止或者限制使用有关设备、设施,关闭或者限制使用有关场所;启用或调用设置的应急预案资金和储备的应急救援物资;消防和工程抢险措施等保障措施;组织有关人员参加应急救援和处置工作,要求具有特定专长的人员提供服务;采取防止发生次生、衍生的事件的必要措施。信息收集与应急决策和外部救援等,其目标是尽可能地抢救受害人员、保护可能受威胁的人群,并尽可能控制并消除事故。应急响应也可划分两个阶段,即初级响应和扩大应急。在《生产经营单位安全生产事故应急预案编制导则》(GB/T 29639—2013)标准中的描述事前、事发、事中和事后的应急活动,初级响应属于事发阶段。

初级响应是在事故初期,主要是在现场开展。重点是减轻紧急情况与灾害的不利影响,企业或部门应用自己的救援力量,使最初的事故得到控制。但如果事故的规模和性质超出本单位的应急能力,则应请求增援和提高应急响应级别,进入扩大应急救援活动阶段。随着事态的进展的严重程度,需要的扩大应急级别也在不断地提高,不同的级别主要是反映应急事件发展、扩大的范围和严重程度,可以有县级、市级到省级甚至启动国家级应急力量和资源,以便最终控制事故。

扩大应急包括建立统一指挥机制、必要地通知到相应的部门及人员、界定是否需要紧急疏散或救援、最初的评估与检测、限制不必要的人员和车辆的进入、是否需要更多的协作、制定并实施事故救援行动方案等措施。扩大应急行动可在现场或在一些指挥中心进行,扩大应急的范围行动应包括尽可能多的应急救援的部门、单位的人员,如市政的消防、安全、医疗卫生、特种设备管理、公安、交通等,以及其他部门的设备和资源的调配与协调。在指挥中心的指挥领导下,必须以最大限度地支持现场人员救灾为主要目标。

扩大应急阶段,每个不同层次的人员按照标准应急管理系统原则与要求下,在指挥中心的领导下履行不同的职责,分工互助协作。

4)恢复阶段

恢复阶段的主要工作是使生产、生活恢复到正常状态或进一步改善。需要立即进行的恢复工作包括事故损失评估、原因调查、清理废墟等,在短期恢复中应注意的是避免出现新的紧急情况;长期恢复包括厂区重建和受影响区域重新规划和发展。在长期恢复工作中,应汲取事故和应急救援的经验教训,制定改进措施,以开展进一步的预防工作和减灾行动。长期恢复包括中间公众服务的功能与受灾区,基本设施如水、电、通信、交通等。

2. 应急管理的作用

1)减少损失

突发事件的应急管理在实施过程中,通过对突发事件的早预警、早做准备,能够避免一些事件的发生,或者极大限度降低事件带来的危害性,从而达到保障生命、环境、财产、声誉等目的。

2)突出事故预防

从事故金字塔理论和事故分析的结果来看,一切事故都是可以预防和避免的。通过加强应急管理,减少事故和控制事态的能力逐步强化,使安全管理的关口逐步从事后事故管理逐步向控制和预防前移,在重大突发事件、险情出现时不会茫然不知所措,使应急管理过程得到加强,安全的重要性也越来越被大家所认识。

3)体现社会责任

应急管理体现了企业对安全工作的重视,实现了管理工作的主动性,体现的是一种企业责任。由于突发事件的危害性和扩散性,影响的范围会从发生地点迅速扩展到其他地区,引起次发生灾害或造成社会的不稳定。如果突发事件的保障措施得当,能够把事件的影响及时限定在一个局部区域,就不会对社会的其他区域带来消极影响,从而保障社会的稳定性。

4)提升企业文化

应急管理体现的是企业的一种能力,反映企业控制和处置突发事件的能力,体现企业的社会责任。应急管理是从领导意识、企业价值观念、企业使命以及与之配套的规范行为,以至包括企业的外在表现公共感受等一套系统的管理过程,是企业文化的体现。能够对生命、社会、公众、环境负责任的公司,必将通过企业的综合应急能力建设来实现企业的社会责任。

3. 应急管理原则

从应急管理体系建设的要求来分析,应当遵循系统规划、以人为本、科学实用、落实责任四项工作原则。

1)系统规划

应急管理是一项系统工作,是与日常管理密不可分的。1963年美国气象学家爱德华·罗伦兹(Edward Lorenz)在一篇提交纽约科学院的论文中提出:"一个气象学家提及,如果理论被证明正确,一个海鸥扇动翅膀足以永远改变天气变化。"在以后的演讲和论文中他用了更加有诗意的蝴蝶来代替海鸥,成为大家公认的"蝴蝶效应"。对于这个效应最常见的阐述是:"一只蝴蝶在巴西轻拍翅膀,也许两周后就会引起美国得克萨斯州的一场龙卷风。"由此分析,看似平常的天气变化、日常工作中的一些细微问题、不经意间的一起社会事件,甚至是一个起始看似严重的疾病流行,都会引发意想不到的严重后果。

应急管理也是一个系统工程。应急管理工作的思维方式必须是系统的思维,工作的方式和要求也必须是按照体系的方法去开展。应急管理的思路首先应清楚,要分类管理、分级负责。应对突发事件的类型也要把握准,应急预案的分级要与管理的层次相结合。总之,应急管理要做到应急工作有预案、制度为依据,应急处置、响应有程序作指导,应急救援有组织、资源、队伍为保障,应急恢复有措施抓落实,应急联动有机制来补充,应急方案有专家、技术作支持。

2)以人为本

人是社会的主宰,一切活动目的和出发点都应该是人。应急管理首先应把关心人、爱护人放在工作首位。应急工作的主要目的就是为了保护人,最大限度地把对人的危害降低到最低限度。救灾先救人、抢险先抢人,维护社会安定以及处置公共卫生也都要先保护人。

3)科学实用

应急管理体系是一门科学。应急工作首先要有一个科学态度,以科技保安全、向科技要安全,以科学的方法抓预防和应急准备。同时,还应掌握和使用科学技术及方法,以科学的手段做好预警预报和传递信息,以科学的方法分析模拟事故影响及后果,以科学的判断作为应急处置、救援方案的决策依据,以科学和技术的研究提升应急工作的水平。加强应急管理,不应再抱有"天无绝人之路,车到山前必有路"等陈旧的幻想,不应是再消极地被动应对,不应在危急时刻、紧要关头再凭某个人自己的经验,或是某个级别拍脑袋式的行政命令去判断采取何种措施。

4)落实责任

应急管理是一项比较新的和极其富有挑战力的工作。由于突发事件是一种概率事件,预防、控制和应对工作做好了,一般不会发生严重事态。如果没有严重事态发生或是虽然一些事件发生没有造成影响,通常就不会引起人们应有的重视,甚至认为抓住这些小事件是小题大做。所以,要针对这种可能,提前强化各相关方的责任,开展系统应急预防、控制、处置。从组织分工和管理幅度来看,应急工作不再像一些传统管理工作那样责任分明、界限清楚,而是一项关联性很强的工作。一个部门在自己业务范围内可能认为不会有什么问题的事情,但可能会对其他部门的正常工作业务造成影响,甚至带来严重的危害(事实上,保密工作就是基于这种考虑)。应急不再是安全环保部门或是生产运行部门单一部门管理的全部业务。例如,自然灾害造成的装置破坏会直接影响生产工艺的安全,生产工艺的安全发生问题也直接波及人员的生命、环境和财产安全;同样,社会事件、公共卫生事件会在局部引起恐慌,人们的心里、生活活动就会受到影响,受到影响的员工在工作中就可能会给安全生产带来危害。危机在看似强大但内在却十分脆弱的社会系统中,就像"蝴蝶效应"一样,不知哪一环节上的小事情可能会引发意想不到的恶果。所以,各部门、各级管理人员在应急工作中都有责任,都要有顾全大局的危机感。

4. 应急管理工作内容

应急管理工作内容概括为"一案三制"。"一案"是指应急预案,"三制"是指应急工作的管理体制、运行机制和法制。

第二节 应 急 预 案

一、应急预案的含义

应急预案,又名"预防和应急处理预案""应急处理预案""应急计划"或"应急救援预案",是事先针对可能发生的事故(件)或灾害进行预测,而预先制定的应急与救援行动、降低事故损失的有关救援措施、计划或方案。它是在辨识和评估潜在的重大危险、事故类型、发生的可能性、发生过程、事故后果及影响严重程度的基础上，对应急机构与职责、人员、技术、装备、设施（备）、物资、救援行动及其指挥与协调等方面预先做出的具体安排。应急预案有以下三方面的含义。

1. 事故预防

通过危险辨识、事故后果分析，采用技术和管理手段降低事故发生的可能性且使可能发生的事故控制在局部，防止事故蔓延。

2. 应急处理

一旦发生事故（或故障）有应急处理程序和方法，能快速反应处理故障或将事故消除在萌芽状态。

3. 抢险救援

采用预定现场抢险和抢救方式，控制或减少事故造成的损失。

二、应急预案的作用

应急预案基本功能在于未雨绸缪、防范与未然，制定生产经营单位安全生产事故应急预案是贯彻落实"安全第一、预防为主、综合治理"方针，把应急管理工作纳入经常化、制度化、法制化的轨道，从而化应急管理工作为常规管理，化危机为转机，最大限度地减少突发事件给单位、政府和社会的损失。

我国目前对应急预案还没有权威的定义，《生产经营单位安全生产事故应急预案编制导则》定义应急预案是为有效预防和控制可能发生的事故，最大程度减少事故及其造成损害而预先制定的工作方案。在《突发事件应急预案管理办法》里对应急预案的定义是指各级人民政府及其部门、基层组织、企事业单位、社会团体等为依法、迅速、科学、有序应对突发事件，最大程度减少突发事件及其造成的损害而预先制定的工作方案。因此，应急工作的开展在不同行业、企业及地区之间存在一定的不平衡，也导致应急预案没有统一的规范。

目前，涉及应急管理的文件很多，从应急目的和作用的称呼，如救援预案、响应预案、处置预案（或方案）；而从应急管理级别上称呼，如集团公司级应急预案、企业级应急预案及基层现场应急预案；有的就比较具体，可以做到一种情况一个预案、一个事件一个预案、一个作业一个应急方案，如岗位处置程序（钻井井控的"四七动作"等）。但是，不管怎么称呼，总的来说，其功能和作用应放在第一位考虑。在应急预案的编写和实际工作中，还应当特别注意应急预案与已有作业程序文件之间的关系，要处理好衔接和保持一致，把应急预案纳入企业风险改进。例如，在一定程度上说，一些岗位应急作业规定、操作规程就是应急预案的处置程序。HSE作业计划书、作业许可证业可以看作是应急预案的一种特例，因为HSE作业计划书、作业许可证的基本出发点也是来源于作业应急工作要求。

应急预案在应急系统中起着关键作用，它明确了在突发事故发生之前、发生过程中以及刚刚结束后，谁负责做什么，何时做，相应的策略和资源准备等。它是针对可能发生的重大事故及其影响和后果严重程度，为应急准备和响应的各个方面所预先做出的详细安排，是开展及时、有序和有效事故应急救援工作的行动指南。

（1）应急预案明确了应急救援的范围和体系，使应急准备和应急管理不再是无据可依、无章可循，尤其是培训和演习工作的开展，它们依赖于应急预案：培训可以让应急响应人员熟悉自己的任务，具备完成指定任务所需的相应技能；演习可以检验预案和行动程序，并评估应急人员技能和整体协调性。

(2)制定应急预案有利于做出及时的应急响应,降低事故的危害程度。应急行动对时间要求十分敏感,不允许有任何拖延。应急预案预先明确了应急各方的职责和响应程序,在应急力量应急资源等方面做了准备,可以指导应急救援迅速、高校、有序地开展,将事故的人员伤亡、财产损失和环境破坏降到最低限度。此外,如果预先制定了应急预案,对重大事故发生后必须快速解决的一些应急恢复问题,也就很容易解决。

(3)事故应急预案成为各类突发重大事故的应急基础。通过编制基本应急预案,可保证应急预案足够灵活,对那些事先无法预料到的突发事件或事故,也可以起到基本的应急指导作用,成为开展应急救援的"底线"。在此基础上,可以针对特定危害编制专项应急预案,有针对性地制定应急措施、进行专项应急准备和演习。

(4)当发生超过应急能力的重大事故时,便于与上级应急部门的协调。

(5)有利于提高风险防范意识。预案的编制、评审以及发布和宣传,有利于各方了解可能面临的重大风险及其相应的应急措施,有利于促进各方提高风险防范意识和能力。

三、应急预案的编制

1.应急预案编制的基本要求

无论哪种应急预案,都应满足以下几点:

1)针对性

应急预案应当结合危险分析的结果,针对重大危险源可能发生的各类事故关键的岗位和地点、薄弱环节以及重要的工程进行编制,确保其有效性。

2)科学性

事故应急预案工作是一项科学性很强的工作。编制应急预必须在全面调查研究的基础上,实行领导和专家相结合的方式,开展科学分析和论证,制定出决策程序和处置方案、科学应急手段、先进的应急反应方案,使应急预案真正具有科学性。

3)可操作性

应急预案具有实用性或可操作性,即发生重大事故灾害时,有关应急组织人员可以按照应急预案的规定,迅速有序、有效的开展应急与救援行动,降低事故损失。为确保应急预案实用、可操作,重大事故应急预案编制机构应充分分析、评估本企业可能存在的重大危险及其后果,并结合自身应急预案资源能力的实际,对应急过程的一些关键信息,如潜在重大危险及后果分析、支持保障条件、决策指挥与协调机制等,进行系统的描述。同时各责任方应确保重大事故应急所需的人力、设施和设备、财政支持以及其他必要资源。

4)完整性

内容的完整包括实施应急响应行动需要的所有基本信息。应急预案的完整性主要体现在功能、职责完整,应急过程完整,适用范围完整。

5)符合性

应急预案的内容必须符合国家相关法律法规、国家标准的要求,如《安全生产法》《危险化学品安全管理条例》《职业病防治法》。

6)可读性

如果应急预案中的所有基本信息因组织不善,可能会影响预案的执行的有效性。为便于获取预案的信息,应具备必要的可读性,同时,应易于查询,语言简洁,通俗易懂,层次及结构清晰。

2.应急预案编制的基本程序

应急预案是一个企业有效应对各类突发事件,确保安全形势的稳定,应予以高度重视这基础工作。按照《安全生产法》《突发事件应对法》等法律法规的要求,企业的应急预案编制和制度建设是企业主要负责人的责任。因此,应急预案的编制工作应纳入企业管理者的重要议事日程。在单位领导小组的领导下,成立以主要领导或主管领导为组长的编制领导小组对应急预案的编制及管理进行整体策划,制定工作方案,确定预案编制机构和人员,明确牵头部门、工作分工、职责、应急预案体系构成、编制过程控制和时间进度安排等。

应急预案的编制的基本程序(图10-5)包括:成立应急预案编制工作组;进行现状评估;开展编写人员和审核员业务培训;开展制修订工作;进行内部审核;进行管理评审并以公文发布;培训和演练;变更管理;备案等。

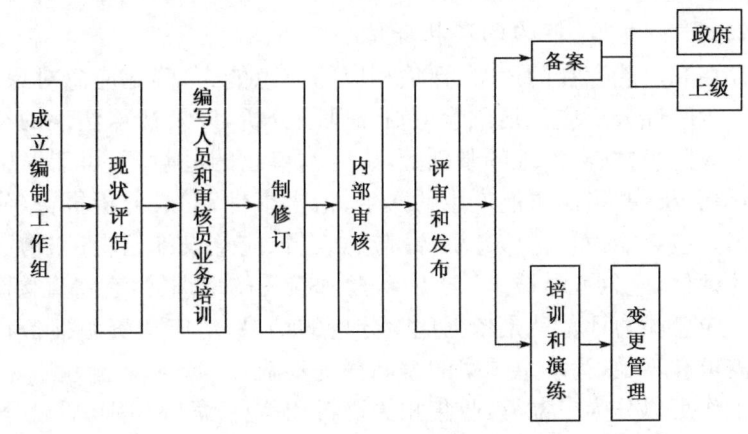

图10-5 应急预案编制流程图

1)成立编制工作组

应急预案编制(或修订)一般由领导小组、编制小组或工作组组成。领导小组负责编制的总协调和把关,协调工作人员、机构的落实,负责编制计划和工作方案的审批,对涉及有关部门、单位的工作职责、流程变化等工作进行协调,落实经费及应急物资等事项。

在编制领导小组直接领导下,成立应急预案编制小组或工作组,具体负责工作方案的起草、应急预案的编制、应急预案的审核等工作,落实和督察编制计划和工作方案中的相关事项,控制好编制进度和工作质量。编制小组人员由管理人员、专业人员及专家组成。预案编制小组的组建取决于组织规模、风险和对应急工作所要达到的目的等情况。编制工作需要大量的时间和精力的投入,更多的人参与投入会促进工作的开展,同时还能促进大家对应急管理更深入地理解。编制小组或工作组的成员最好是在预案制定和实施中有重要作用或可能是应急状态下受影响的人。

此外,小组成员也可以包括来自地方政府、社区和相关部门(如安全、消防、公安、环保、气象、公共服务等)的代表,这样可以消除企业应急预案与政府预案中的不一致。同时,对发生紧急事件时所涉及的单位和职责等有一个明确的归属。

制定应急预案编制的工作方案,确定编制步骤和任务分工,制定应急预案编制准备、编制、验证、评审和发布的工作计划和时间安排。

预案编制小组根据已确定的应急职责,结合已确定的应急对象和范围,制定详细的工作方案,包括各预案的编制分工、初稿起草、检查修改、验证(演练)、评审、发布等各项工作计划和时间安排。

应急预案编制(修订)工作计划和工作方案是编制应急预案的行动计划和工作指南,也是应急预案编制小组或工作组的一项重要基础工作。应急预案能否有效实施,关键在于各应急机构和相关部门人员的职责是否明确以及落实情况。因此,在编制预案前必须在工作方案中把应急机构和人员的应急职责联系起来,并在将要编写的应急预案中体现。实际上,在日常的工作和应对一些突发事件的基础上,各关管部门的工作流程、人员的工作职责应该比较明确。但是要落实到应急预案中并且作好有关部门的响应及联动,就必须进行沟通,对工作程序和职责进行梳理,进一步明确应急任务和分工,并保障应急程序清楚和有效执行。再者,应急工作需要必要的组织、经费作保障,同时涉及专家的认定、职责的划分、物资的准备甚至是工作流程的改变等,需要协商解决。因此,应急预案编制方案应该得到领导小组的批准,并以会议纪要的形式印发,以便保证应急预案工作的顺利开展。

2)进行危险性分析和应急能力的现状评估

分析企业已存在和可能存在的危险,评估相应的应急能力,确定应急对象和范围,构建应急预案体系框架。危险性分析应包括危险识别和风险分析,以及法律法规的符合性分析。在危险因素分析及事故隐患排查、治理的基础上,确定本单位的危险源、可能发生突发事件的类型和后果,进行风险分析,并指出可能产生的次生、衍生事件,形成分析报告,分析结果作为应急预案的编制依据。应急能力包括应急资源(应急人员、应急设施、装备和物资等)、外部可用力量和保障措施的评估,应急人员技术、素质、经验和接受的培训等,它将直接影响应急行动的快速性和有效性。应急能力评估就是依据危险分析的结果,对应急资源准备状况的充分性和从事应急救援的需求和不足,为应急预案的编制奠定基础。

初始阶段的工作可以分为三部分:收集相关资料和信息;危险识别、后果分析和风险评价;应急资源和能力的评估并确定需要的应急资源。编制小组组建并授权职责后,小组的首要任务就是收集制定预案的必要资料和信息,并进行评估。这些资料和信息应包括:适用的法律、法规和标准;集团公司和地方政府的有关规定;企业安全记录、突发事件发生情况;目前 HSE 管理及发展计划;企业现有的应急资源和能力状况;预案范围内的地区的地理、环境和气象资料;同类企业的事故资料及应急预案等。

编制小组应提出如下问题,并组织讨论、回答这些问题,开展企业危险分析和应急能力评估,确定应急对象和范围。

(1)企业会发生什么样的突发事件?
(2)这种突发事件的后果如何?对现场和企业外部会受到什么影响?
(3)这类突发事件是否可监控、预防和预警?如何预防?
(4)如果不能,会产生怎样的紧急情况?
(5)如何报警?
(6)谁来评价这种紧急情况?依据什么?
(7)应急通信能否保障?如何建立有效的应急通信?
(8)目前具备什么资源?分布及状态如何?
(9)应该具备什么资源?如何取得?
(10)外部可以用的有效救援力量如何?怎样得到?
(11)有哪些应急工作相关的制度和措施保障?

(12)人员培训及素质(特别是现场操作人员和救援人员)状况如何?
(13)其他相关问题等。

上述问题是进行危险性分析和能力评估以及编制应急预案过程中必须分析和考虑的部分。在初始阶段,编制小组应辨识所有可能发生的突发事件场景并评价现有资源,包括人力、物资、设备、资金以及应急专项技术、技能等。

3)制定应急预案编制方案和开展业务培训

制定应急预案编制的工作方案,确定编制步骤和任务分工,制定应急预案编制准备、编制、验证、评审和发布的工作计划和时间安排。

预案编制小组根据已确定的应急职责,结合已确定的应急对象和范围,制订详细的工作方案,包括各预案的编制分工、初稿起草、检查修改、验证(演练)、评审、发布等各工作计划和时间安排。

应急预案能否得到有效的实施,关键在于各应急机构和相关部门人员的职责是否明确以及落实情况。因此,在编制预案前必须在工作方案中把应急机构和人员的应急职责联系起来,并在将要编制的应急预案中体现。实际上,在日常的工作和应对一些突发事件的基础上,各相关部门的工作流程、人员的工作职责应该比较明确。但是要落实到应急预案中并且作好部门的响应及联动,就必须进行沟通,对工作程序和职责进行梳理,进一步明确应急任务和分工,并保障应急程序清楚和有效执行。再者应急工作需要必要的组织、经费作保障,同时涉及专家的认定、职责划分、物资准备甚至是工作流程的改变等,需要协商解决。因此,以便保证应急预案编制工作的顺利开展。

在明确了企业风险和突发事件的可能性后,如何按照法律、法规的要求编写符合自己单位实际的应急预案,就成为一个迫切需要解决的实际问题。最简单快捷的办法就是开展业务培训。

培训内容包括:国家有关法律、法规;风险管理理论及应用;应急预案的编制规范、制度及要求;应急预案的审核、备案;应急预案的演练;事故模型、仿真模拟技术;功能性可视化数字应急技术应用;应急信息管理、物资储备等制度;应急救护知识及防护装备使用;应急管理与HSE管理体系、安全环保管理等相关知识及要求。

4)编制应急预案

针对可能发生的事故,结合本单位的危险源状况、危险性分析和应急能力评估结果等信息,编制相应的应急预案,应急预案的编制通过自上而下逐级编制完成,形成应急预案体系。编制应急预案的目的在于有效的应对可能的突发事件。其重点在基层、要害在岗位、预防在前提。预防工作室日常性的工作,可以通过作业文件、操作规程解决。但应对突发事件,就应该从现场、岗位的应急工作开始,即先解决第一步、第一时间的应急问题。编制应急预案不可盲目求大、应结合企业实际情况。

5)内部审核

应急预案初稿完成后,应由牵头部门对应急预案进行审核,审核的内容和要求按照编制指南及有关规定的要求进行,重点对应急职责、程序、资源保障措施进行验证和评审。审核时可采用桌面演练的方式进行,重点根据情景模拟和事故推演,分析可能的后果及采取的措施,既要程序清楚,还要职责明确,把工作流程打通,应急准备做足,应急目的和效果做实。应急预案的审核应形成记录。

专项应急预案特别是现场的处置预案制定完成后,应对预案进行测试和演练,确保预案的充分性和适宜性,以确保预案能有效地实施。一般应至少进行桌面演练,有条件的可以进行现场演练。

6) 评审和发布

在对应急预案审核提出的不符合进行整改完成后,由组织进行管理评审。总体应急预案或综合应急预案评审后报安全生产(HSE)委员会审定,审定通过后由组织主要负责人签批,并以公文的形式发布(注意:涉密内容应严格按照保密规定执行,确保公开发布的预案不涉及组织保密内容)。

企业及所属单位级总体应急预案或综合应急预案一般由本级组织的主要负责人签署发布;专项预案可由主要负责人授权的主管领导签署发布。现场应急处置方案由于特殊性,一般由现场相关单位负责人或企业授权的负责人签署后即可组织实施。

7) 预案的实施及后期管理

预案签署或发布后,即表明应急预案进入实施阶段。对应急预案中涉及的部门、单位,均应发放受控版本的应急预案,每一个收到应急预案的部门或单位都要求签字确认。

应急预案发布后及时组织培训学习、宣传。培训、演练是应急预案的一项重要功能,通过培训演练可以及时发现预案存在的问题,进行不断完善。普及生产安全事故预防、避险、自救和互救知识,应急预案的要点和程序应当张贴在应急地点和应急指挥场所,并设有明显标志。同时,应急预案的程序被大家理解、接受并熟悉掌握,从而使事态越发向小的方向控制,直至控制和杜绝各类事故,使应急预案真正起到事故预防的作用。

应当制定本单位的应急预案演练计划,根据本单位突发事件预防重点,每年至少组织一次综合应急预案或者专项应急预案演练,每半年至少组织一次现场处置方案演练。演练结束后,应当对演练效果进行评估,撰写评估报告,分析存在的问题,并提出修改意见。

应急预案发布后,发生一些变化或通过演练发现问题,就要及时对应急预案进行变更。小的变更可以用局部修改的方式进行,并告知收到受控文本的部门和人员进行变更。法律、法规及有关标准中对变更的条件作出了明确要求,各级组织应严格按照执行,做好应急预案的日常管理。制定的应急预案至少每三年修订一次,预案修改情况应有记录并归档,应当及时向有关部门或单位报告应急预案的修订情况,应当按照预案要求配备相应的应急物资及装备,建立使用状况档案,定期检测和维护。

应急预案最后一个重要的环节就是按照规定向上级和当地政府进行备案。一般对应急预案的备案管理按照职责权限逐级进行。为了做好应急预案的备案和加强管理,提高应急预案的可操作性,好的做法就是委托第三方进行应急预案的审核工作。

3. 应急预案编制的核心要素

应急预案针对各类可能发生的突发事件和所有危险源制定应急方案,必须考虑事前、事发、事中、事后的各个过程中有关部门和有关人员的职责,物资、装备的储存、配置等需求。由于各类应急预案事发机理、管理机制体制的不同,则预案文本的编制好内容也不统一。但国家安全生产监督总局及有关科研结构、企业做了大量工作,进行不断的完善和探索。

根据《生产经营单位安全生产事故应急预案编制导则》(AQ/T 9002—2006),企业应急预案一般包括:方针与原则、危险性分析、应急准备、应急响应、应急恢复以及预案管理与评审改进等六个核心要素,见表10-1。

表 10-1　应急预案的要素

方针与原则	危险性分析	应急准备	应急响应	应急恢复	预案管理与评审改进
	危险分析； 资源分析； 法律法规要求	机构与职责； 应急资源； 教育、培训和演习； 互助协议	接警与通知； 指挥与控制； 警报和紧急公告； 通信； 事态监测与评估； 警戒与治安； 人群疏散与安置； 医疗与卫生； 公共关系； 应急人员安全； 消防与抢救（包括泄漏物的控制）		

1) 方针与原则

应急预案说明作为指导本企业应急工作纲领的方针和原则。方针与原则应反映应急工作的优先方向、政策和总体目标，同时应体现损失控制、高效协调和持续改进的思想。应急的策划和准备、应急策略的制定和现场应急救援及恢复都应围绕方针与原则开展。

2) 危险性分析

危险性分析包括危险分析和环境评价及能力评估等内容，是应急预案编制的依据和基础。危险性分析的内容和结论，既可作为应急预案的内容和构成部分，也可单独以专题分析报告的形式作为应急预案的支持性文件。但危险和影响以及应急能力都是不断变化的，所以危险性分析也是一个动态过程，应急预案的内容也必须随危险性分析作出相应的调整。

3) 应急准备

应急准备主要针对可能发生的突发事件，应做好各项准备工作。能否成功地在应急救援中发挥作用取决于应急准备的充分与否。应急准备基于应急策划的结果，明确所需的应急组织及其职责权限、应急队伍的建设和人员培育、应急物资的准备、预案的演练、公众的应急知识培训和签订必要的互助协议等。

应急准备的主要内容如下：

(1) 应急机构、职责和权限：应明确以本企业最高管理者为代表的应急机构组成人员以及与应急工作有关的从事管理、执行和验证工作机构和人员的应急职责和权限。

(2) 应急资源提供和保障措施：应说明本企业为实施和改进应急预案提供必要的可用资源和保障措施，这些资源和措施可包括且不限于：

① 人力资源和专项技能的储备与提供；
② 物资、装备和基础设施的储备和提供；
③ 通信的畅通和保密；
④ 财力的投入和使用；
⑤ 专业技术的研究和应用；
⑥ 人员防护、医疗卫生和后勤服务。

应急资源和保障措施应当包含与邻近企业和专业机构签订的形成文件的应急互助协议所包括的应急资源和保障措施。应急清单可以附录的形式列出。

(3)培训和验证：应急预案应对与企业应急工作相关或受其影响的人员进行应急培训以及对应急预案的有效性验证提出要求，以提高企业的应急能力。

(4)应急监测：应急预案应阐述企业与政府部门、上下级企业和专业机构相连接的突发事件监测系统及有关要求，以及时汇集、储存、分析、传输有关突发事件的信息。

4)应急响应

应急预案依据应急策划的结果和应急准备的状况，对应急状态下企业的活动和程序进行说明，如图10-6所示。

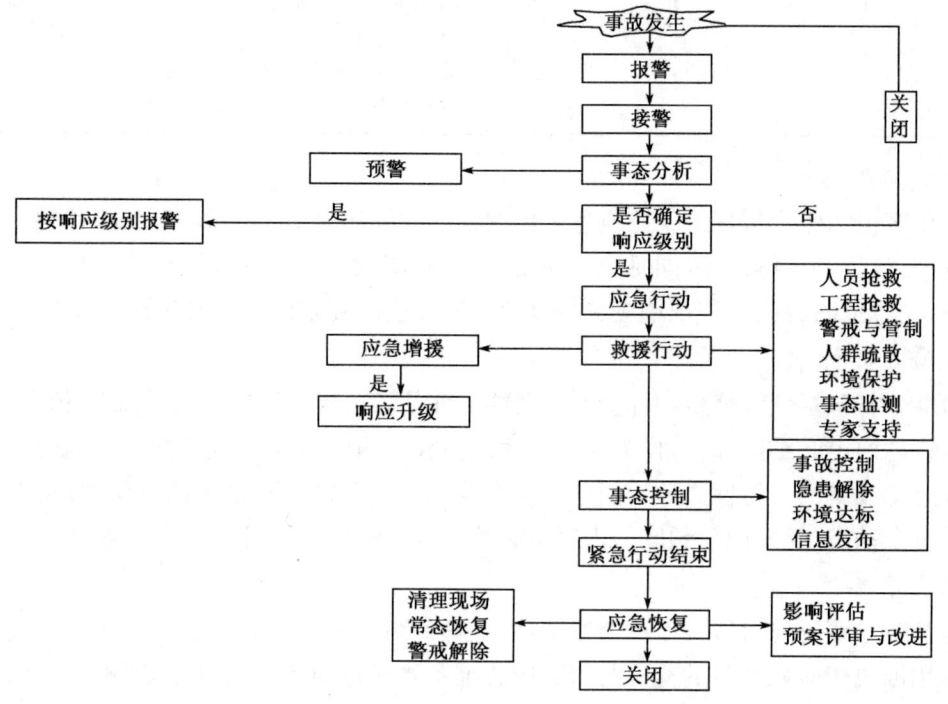

图 10-6 应急响应标准程序图

(1)应急预警：对于可以预警的突发事件，应急预案应确定他预警级别，制定企业的预警行动和预警解除程序。

(2)应急信息传递：应急预案应确定在应急状态下应急机构实施应急救援的指挥程序；多个应急机构联合参与应急救援时，应明确任务分工。

(3)应急预案应确定在应急状态下与应急相关机构和人员对突发事件的控制程序，或取得这些程序的有效途径和方法。这些程序可包括但不限于以下内容：专项应急预案和现场处置方案；操作规程；经验证的经验和技术方案。

(4)人员防护：应急预案确定在应急状态和应急救援中可能受到伤害或影响的人员的防护措施，或取得这些措施的有效途径和方法。这些措施可包括但不限于：告知；转移；隔离；医疗和卫生服务提供。

(5)公共关系：应急预案应确定应急状态下企业处理公共关系的程序，或取得这些程序的有效途径和方法。这些程序包括但不限于：对外信息发布程序；对内信息告知程序。

5) 应急恢复

应急恢复是指事故发生后期的处理,如泄漏物的污染问处理、伤员的救助、后期的保险索赔、生产秩序的恢复等一系列问题,应急预案应确定应急救援结束的条件和应急恢复的程序。这些程序可包括但不限于:监测、检验和现场恢复;应急资源和保障措施的恢复;应急工作总结及改进计划。

6) 预案管理与评审改进

强调在事故后(或演练后)的对于预案不符合和不适宜的部分进行不断的修改完善,应急预案应确定对应急预案内容的评审要求,以及对应急预案评审过程中发现不符合、不适宜、不充分内容的改进要求。

4. 应急预案的分类及分级

1) 应急预案的分类

按功能与目标划分为:总体应急预案、专项应急预案、现场预案和应急救援方案(单项预案)4 种类型。

按照制定主体划分为:政府及其部门应急预案、单位和基层组织应急预案。

按应用对象范围可分为:综合应急预案、专项应急预案和现场应急预案。

按预案的文件层次可分为:综合预案、专项预案和现场预案。

2) 应急预案的分级

从行政层面上,预案可划分为国家、地区、省、市、县和企业(包括社区)6 级。

四、应急预案的内容

根据《生产经营单位生产安全事故应急预案编制导则》(GB/T 29639—2013)的要求,生产经营单位的应急预案体系主要由综合应急预案、专项应急预案和现场处置方案构成。生产经营单位应根据本单位组织管理体系、生产规模、危险源的性质以及可能发生的事故类型确定应急预案体系,并可根据本单位的实际情况,确定是否编制专项应急预案。

1. 综合应急预案的主要内容

综合应急预案是生产经营单位应急预案体系的总纲,主要从总体上阐述事故的应急工作原则,包括生产经营单位的应急组织机构及职责、应急预案体系、事故风险描述、预警及信息报告、应急响应、保障措施、应急预案管理等内容。

1) 总则

阐述编制目的、编制依据、适用范围、应急预案体系、应急工作原则等。

2) 事故风险描述

阐述生产经营单位存在或可能存在的事故风险种类、发生的可能性以及严重程度及影响范围等。

3) 应急组织机构及职责

明确生产经营单位的应急组织形式及组成单位或人员,一般用结构图形式表述,明确各构成部门的职责。应急组织机构根据事故类型和应急工作需要,可设置相应的应急工作小组,并明确各小组的工作任务及职责。

4) 预警及信息报告

根据生产经营单位监测监控系统数据变化状况、事故险情紧急程度和发展势态或有关部门提供的预警信息进行预警,明确预警条件、方式、方法和信息发布的程序。

信息报告的程序主要包括信息的接收与通报、信息上报和信息传递。

5) 应急响应

应急响应包括响应分级、响应程序、处置措施和应急结束。

6) 信息公开

明确向有关新闻媒体、社会公众通报事故信息的部门、负责人和程序以及通报原则。

7) 后期处置

主要明确污染物处理、生产秩序恢复、医疗救治、人员安置、善后赔偿、应急救援评估等内容。

8) 保障措施

保障措施包括通信与信息保障、应急队伍保障、物资装备保障和其他保障(如经费保障、交通运输保障、治安保障、技术保障、医疗保障、后勤保障等)。

9) 应急预案管理

应急预案管理包括应急预案培训、应急预案演练、应急预案修订、要应急预案备案、应急预案实施等内容。

2. 专项应急预案的主要内容

专项应急预案是生产经营单位为应对某一类型或某几种类型事故,或者针对重要生产设施、重大危险源、重大活动等内容而制定的应急预案。专项应急预案主要包括事故风险分析、应急指挥机构及职责、处置程序和措施等内容。

1) 事故风险分析

针对可能发生的事故风险,分析事故发生的可能性以及严重程度、影响范围等。

2) 应急指挥机构及职责

根据事故类型,明确应急指挥机构总指挥、副总指挥以及各成员单位或人员的具体职责。

3) 处置程序

明确事故及事故险情信息报告程序和内容、报告方式和责任人等内容。根据事故响应级别,具体描述事故接警报告和记录、应急指挥机构启动、应急指挥、资源调配、扩大应急等应急响应程序。

4) 处置措施

针对可能发生的事故风险、事故危害程度和影响范围,制定相应的应急处置措施,明确处置原则和具体要求。

3. 现场处置方案的主要内容

现场处置方案是生产经营单位根据不同事故类别,针对具体的场所、装置或设施所制定的应急处置措施,主要包括事故风险分析、应急工作职责、应急处置和注意事项等内容。生产经营单位应根据风险评估、岗位操作规程以及危险性控制措施,组织本单位现场作业人员及安全管理等专业人员共同编制现场处置方案。

1) 事故风险分析

主要包括:事故类型;事故发生的区域、地点或装置的名称;事故发生的可能时间、事故的危害严重程度及其影响范围;事故前可能出现的征兆;事故可能引发的次生、衍生事故。

2）应急工作职责

根据现场工作岗位、组织形式及人员构成,明确岗位人员的应急工作分工和职责。

3）应急处置

应急处置包括事故应急处置程序、现场应急处置措施、报警相关要求等。

4）注意事项

主要包括佩戴个人防护器具、使用抢险救援器材、采取救援对策或措施、现场自救和互救、现场应急处置能力确认和人员安全防护、应急救援结束后等方面的注意事项。

4. 附件

附件包括有关应急部门、机构或人员的联系方式,应急物资装备的目录或清单,规范化格式文本,关键的路线、标识和图纸,有关的协议或备忘录等。

5. 编制格式

1）封面

应急预案封面主要包括应急预案编号、应急预案版本号、生产经营单位名称、应急预案名称、编制单位名称、颁布日期等内容。

2）批准页

应急预案应经生产经营单位主要负责人(或分管负责人)批准方可发布。

3）目次

应急预案应设置目次,目次中所列内容及次序如下:

(1)批准页;

(2)章的编号、标题;

(3)带有标题的条的编号、标题(需要时列出);

(4)附件,用序号表明其顺序。

4）印刷与装订

应急预案推荐采用 A4 版面印刷,活页装订。

五、应急演练

应急演练是指各级人民政府及其部门、企事业单位、社会团体(简称演练组织单位)组织相关单位及人员,针对事故情景,依据应急预案而模拟开展的预警行动、事故报告、指挥协调、现场处置等活动。

1. 应急演练的目的

(1)检验预案。发现应急预案中存在的问题,提高应急预案的科学性、实用性和可操作性。

(2)锻炼队伍。熟悉应急预案,提高应急人员在紧急情况下妥善处置事故的能力。

(3)磨合机制。完善应急管理相关部门、单位和人员的工作职责,提高协调配合能力。

(4)宣传教育。普及应急管理知识,提高参演和观摩人员风险防范意识和自救互救能力。

(5)完善准备。完善应急管理和应急处置技术,补充应急装备和物资,提高其适用性和可靠性。

2. 应急演练应符合的原则

(1)符合相关规定。按照国家相关法律、法规、标准及有关规定组织开展演练。
(2)切合企业实际。结合企业生产安全事故特点和可能发生的事故类型组织开展演练。
(3)注重能力提高。以提高指挥协调能力、应急处置能力为主要出发点组织开展演练。
(4)确保安全有序。在保证参演人员及设备设施安全的条件下组织开展演练。

3. 应急演练的分类

根据国务院应急办公室印发的《突发事件应急演练指南》整理出应急演练的分类方法,可包括按组织形式划分、按内容划分、按照目的划分,见表10-2。

表10-2 应急演练的分类

标准划分	分类	特点
按组织形式划分	桌面演练	(1)内容:利用地图、沙盘、流程图、计算机模拟、视频会议等辅助手段,对突发事件应急处置的决策、指挥、协调程序进行推演; (2)作用:检验和提高指挥人员的相互协作能力,明确各部门的职责划分; (3)优点:花费少,筹备时间短,调用资源少; (4)缺点:现场感不强
按组织形式划分	实战演练	(1)内容:利用搭设的场景、真实的设备物资,完成真实响应的过程; (2)作用:检验和提高指挥人员、执行人员、模拟人员的临场指挥、队伍调动、现场处置、后勤保障等能力; (3)优点:操作性和现场感强,宣传影响力大; (4)缺点:花费大,筹备时间长,调用资源多
按演练内容划分	单项演练	(1)内容:演练只涉及预案中的一项行动; (2)作用:有针对性地检验和提高特定行动和人员的响应能力; (3)优点:针对性强,易发现薄弱环节; (4)缺点:预案中各项行动的协同性未得到检验。
按演练内容划分	综合演练	(1)内容:演练涉及预案中的多项或全部行动; (2)作用:全面检验和提高各项行动和各类人员的响应能力; (3)优点:各项行动和人员的协同性得到检验; (4)缺点:花费多,筹备时间长,调用资源多。
按演练目的划分	检验性演练	重在检验预案的可行性、准备的充分性、应急机制的协调性及相关人员的应急处置能力
按演练目的划分	示范性演练	重在向社会公众展示应急能力或提供示范教学
按演练目的划分	研究性演练	重点研究和解决突发事件应急处置的重点、难点问题,试验新方案、新技术和新装备

不同类型的演练可以相互组合,形成单项桌面演练、综合桌面演练、单项实战演练、综合实战演练、示范性单项演练、示范性综合演练。

4. 应急演练的组织机构

应急演练应在相关预案确定的应急领导机构或指挥机构领导下组织开展。演练组织单位要成立由相关单位领导组成的演练领导小组,通常下设策划部、保障部和评估部;对不同类型和规模的演练活动,其组织机构和职能可以适当调整。根据需要,可成立现场指挥部。

1)演练领导小组

演练领导小组负责应急演练活动全过程的组织领导,审批决定演练的重大事项。演练领导小组组长一般由演练组织单位或其上线单位的负责人担任;副组长一般由演练组织单位或主要协办单位负责人担任;小组其他成员一般由各演练参与单位相关负责人担任。在演练实施阶段,演练领导小组组长、副组长通常分别担任演练总指挥、副总指挥。

2)策划部

策划部负责应急演练策划、演练方案设计、演练实施的组织协调、演练评估总结等工作。策划部设总策划、副总策划,下设文案组、协调组、控制组、宣传组。

(1)总策划:总策划是演练准备、演练实施、演练总结等阶段各项工作的主要组织者,一般由演练组织单位具有应急演练组织经验和突发事件应急处置经验的人员担任;副总策划协助总策划开展工作一般由演练组织单位或参与单位的有关人员担任。

(2)文案组:在总策划的直接领导下,负责制定演练计划、设计演练方案、编写演练总结报告以及演练文档与备案等;其他成员应具有一定的演练组织经验和突发事件应急处置经验。

(3)协调组:负责与演练设计的相关单位以及本单位有关部门之间的沟通协调,其成员一般为演练组织单位及参与单位的行政、外事等部门人员。

(4)控制组:在演练实施过程中,在总策划的直接指挥下,负责向演练人员传送各类控制消息,引导应急演练进程按计划进行。其成员最好有一定的演练经验,也可以从文案组合协调组成,常称为演练控制人员。

(5)宣传组:负责编制演练宣传方案,整理演练信息、组织新闻媒体和开展新闻发布等。其成员一般是演练组织单位及参与单位宣传部门人员。

3)保障部

保障部负责调集演练所需物资装备,购置和制作演练模型、道具、场景、准备演练场地,维持演练现场秩序,保障运动车辆,保障人员生活和安全保卫等。其成员一般是演练组织单位及参与单位后勤、财务、办公等部门人员,常称为后勤保障人员。

4)评估组

评估组负责设计演练评估方案和演练评估报告,对演练准备、组织、实施及其安全事项进行全过程、全方位评估,及时向演练小组、策划部和保障部提出意见、建议。其成员一般是应急管理专家,具有一定演练评估经验和突发事件应急处置静安专业人员,常称为演练评估人员。评估组可由上级部门组织,也可演练组织单位自行组织。

5)参演队伍和人员

参演队伍包括应急预案规定的有关应急管理部门(单位)工作人员、各类专兼职应急救援队伍及志愿者队伍等。

参演人员承担具体演练任务,针对模拟事件场景作出应急响应行动,有时也可使用模拟人员替代未现场参加演练的人员,或模拟事故的发生过程。

5. 应急演练的过程

应急演练过程分为应急准备、应急演练实施和应急演练评估与总结三阶段,如图 10-7 所示。

1)应急演练准备阶段

(1)制定演练计划。

演练计划由文案组编制,由策划部审查后报演练领导小组批准。主要内容包括:

①演练目的:明确举办应急演练的原因、演练要解决的问题和期望达到的效果等。

②分析演练需求:在对事先设定事件的风险及应急预案进行认真分析的基础上,确定需调整

的演练人员、需锻炼的技能、需检验的设备、需完善的应急处置流程和需进一步明确的职责等。

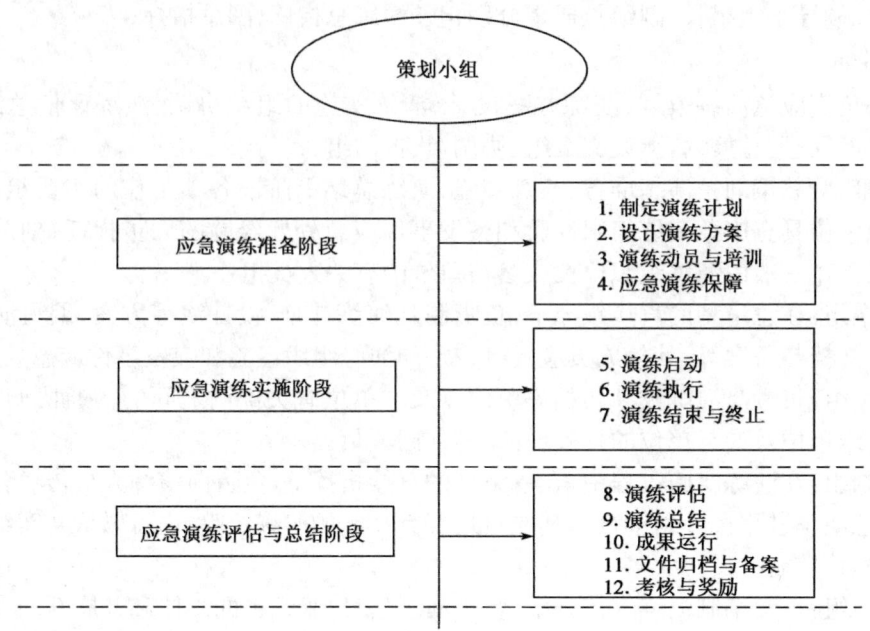

图 10-7 应急演练准备

③确定演练的范围:根据演练需求、经费、资源和时间等条件的限制,确定演练事件类型、等级、地域、参演机构及人数、演练方式等。演练需求和演练范围往往互为影响。

④安排演练准备与实施的日程计划:包括各种演练文件编写与审定的期限、物资器材准备的期限、演练实施的日期等。

⑤编制演练经费预算:明确演练经费筹措渠道。

(2)设计演练方案。

演练方案由文案编写,通过评审后由演练领导小组批准,必要时还需报有关主管单位同意并备案。主要内容包括:

①确定演练目标:需完成的主要演练任务及其达到的效果,一般说明"由谁在什么条件下完成什么任务,依据什么标准,取得什么效果"。演练目标应简单、具体、可量化、可实现。一次演练一般由若干项演练目标,每项演练目标都要在演练方案中有相应的事件和演练活动予以实现,并在演练评估中有相应的评估项目判断该目标的实现情况。

②设计演练情景与实施步骤:演练情景要为演练活动提供初始条件,还要通过一系列的情景事件引导演练活动继续,直至演练完成。演练情景概述和演练场景清单。

③演练场景概述:要对每一处演练场景的概述说明,主要说明事件类别、发生的时间地点、发展速度、强度与危险性、受影响的范围、人员和物资分布、已造成的损失、后续发展预测、气象及其他环境条件。

④演练场景清单:要明确演练过程中各场景的时间顺序列表和空间分布情况。演练场景之间的逻辑关系依赖于事件发展规律、控制消息和演练人员收到控制消息后应采取的行动。

⑤设计评估标准与方案:演练评估是通过观察、体验和记录演练活动,比较演练实际效果与目标之间的差异,总结演练成效和不足的过程。评估应对演练目标的不同,可以用选择项(如:是/否判断,多项选择)、主观评分(如:1—差,3—合格,5—优秀)、定量测量(如:响应时间、

被困人数、获救人数)等方法进行评估。

⑥编写演练方案文件:演练方案文件是指导演练实施的详细工作文件。根据演练类别和规模的不同,演练方案可以编写为一个或多个文件。编为多个文件时可包括演练人员手册、演练控制指南、演练评估指南、演练宣传方案、演练脚本等,分别发给相关人员。对涉密应急预案的演练或不宜公开的演练内容,还要制定保密措施。

⑦演练方案评审:对综合性较强、风险较大的应急演练,评估组要对文案制订的演练方案进行评审,确保演练方案科学可行,以确保应急演练工作的顺利进行。

(3)演练动员与培训。

在演练开始前要进行演练动员和培训,确保所有演练参与人员掌握演练规则,演练情景和各自在演练中任务。

所有演练参与人员都要经过应急基本知识、演练基本概念、演练现场规则等方面的培训。对控制人员要进行岗位职责、演练过程控制和管理等方面的培训;对评估人员要进行岗位职责、演练评估方法、工具使用等方面的培训;对参演人员要进行应急预案、应急技能及个体防护装备使用等方面的培训。

(4)应急演练保障。

应急演练保障包括人员保障、经费保障、场地保障、物资和器材保障、通信保障及安全保障等。

2)应急演练实施阶段

(1)演练启动。

演练正式启动前一般要举行简短仪式,由演练总指挥宣布演练开始并启动演练活动。

(2)演练执行。

①演练指挥与行动:演练总指挥负责实施全过程的指挥控制,应急指挥机构指挥各参演队伍与人员开展对模拟演练事件的应急处置行动;演练控制人员熟练发布控制信息,协调参演人员完成各项演练任务;参演人员根据控制消息和指令,按照演练方案规定的程序开展应急处置行动;模拟人员模拟未参加演练的单位或人员的行动,并作出信息反馈。

②演练过程控制:总策划负责按演练方案控制演练过程。

③演练解说:在演练过程中,演练组织单位可以安排专人对演练过程解说。解说内容一般包括演练背景描述、过程讲解、案例介绍、环境渲染等。对于有演练脚本的大型综合性示范演练,可按照脚本中的解说词进行讲解。

④演练记录:演练实施过程中,一般要安排专门人员,采用文字、照片和音像等手段记录演练过程。

⑤演练宣传报道:演练宣传组按照演练宣传方案作好演练宣传报道工作。认真作好信息采集、媒体组织、广播电视节目现场采编和播报等工作,扩大演练的宣传教育效果。对涉密应急演练要做好相关保密工作。

⑥演练结束与终止:演练完毕,由总策划发出结束信号,演练总指挥宣布演练结束。演练结束后所有人员停止演练活动,按预定方案集合进行现场总结讲评或者组织疏散。保障部负责组织人员对演练场地进行清理和恢复。

演练实施过程中出现下列情况,经演练小组决定,由演练总指挥按照事先规定的程序和指令终止演练:出现真实突发事件,需要参演人员参与应急处置时,要终止演练,使参演人员迅速回归其工作岗位,履行应急处置职责;出现特殊或意外情况,短时间内不能妥善处置或解决时,可提前终止演练。

3）应急演练评估与总结阶段

（1）演练评估。

对演练的效果进行评估，提交评估报告，并详细说明演练中发现的问题。演练结束后可通过组织评估会议、填写演练评价表和对参演人员进行访谈等方式，也可要求参演单位提供自我评估总结材料，进一步收集演练组织实施情况。

演练评估报告的主要内容一般包括演练执行情况、预案的合理性与可操作性、应急指挥人员的指挥协调能力、参演人员的处置能力、演练所用设备装置的适用性、演练目标的实现情况、演练的成本效益分析、对完善预案的建议等。

（2）总结。

演练的总结可分为现场总结和事后总结。

①现场总结：在演练的一个或所有阶段结束后，由演练总指挥、总策划、专家评估组长等在演练现场有针对性地进行讲评和总结。内容主要包括本阶段的演练目标、参演队伍及人员的表现、演练中暴露的问题、解决问题的办法等。

②事后总结：在演练结束后，由文案组根据演练记录、演练评估报告、应急预案、现场总结等材料，对演练进行系统和全面的总结，并形成演练总结报告。演练参与单位也可以对本单位的演练情况进行总结。

（3）成果运用。

对演练中暴露出来的问题，演练单位应当及时采取措施予以改进，包括修改完善应急预案、有针对性地加强应急人员的教育和培训、对应急物资装备有计划地更新等，并建立改进任务表，按规定时间对改进其概况进行监督检查。

（4）文件档案与备案。

演练组织单位在演结束后应将演练计划、演练方案、演练评估报告、演练总结报告等资料归档保存。

（5）考核与奖惩。

演练组织单位要注意对演练参与人员进行考核。对在演练中突出的单位和个人，可给予表彰和奖励；对不按要求参加演练或影响演练正常开展的，可给予相应批评。

六、应急资源

根据国家突发公共事件总体应急预案提到应急资源保障的划分，各有关部门要按照职责分工和相关预案做好突发公共事件的应对工作，同时根据总体预案切实做好应对突发公共事件的人力、物力、财力、交通运输、医疗卫生及通信保障等工作，保证应急救援工作的需要和灾区群众的基本生活，以及恢复重建工作的顺利进行。结合石油行业的特点，主要选取应急物资、应急队伍和应急通信三个方面进行阐述。

1.应急物资

要建立健全应急物资监测网络、预警体系和应急物资生产、储备、调拨及紧急配送体系，完善应急工作程序，确保应急所需物资和生活用品的及时供应，并加强对物资储备的监督管理，及时予以补充和更新。

地方各级人民政府应根据有关法律、法规和应急预案的规定，做好物资储备工作。

1)应急物资分类

应急物资从使用范围和对象上可划分为三大类:一是保障人民生活的物资,主要指粮食、食油和水、电等;二是工作物资,主要指处理危机过程中专业人员所使用的专业性物资,工作物资一般对某一专业队伍具有通用性;三是特殊物资,主要指针对少数特殊事故处置所需特定的物资,这类物资储备量少,针对性强,如一些特殊物品。

目前,规范性的应急物资分类标准是《应急保障重点物资分类目录(2015年)》(发改办运行〔2015〕825号)(简称目录),构建了以"目标—任务—作业分工—保障物资"为主线分层次的物资分类方法,将应急保障重点物资分为四个层级。第一层级主要体现应急保障工作的重点,分为现场管理与保障、生命救援与生活救助、工程抢险与专业处置3个大类;第二层级将保障重点按照不同的应急任务进一步分解为16个中类;第三层级将为完成特定任务涉及的主要作业方式或物资功能细分为65个小类;第四层级针对每一个小类提出了若干种重点应急物资名称,体现了各类作业所需的工具、材料、装备、用品等支撑条件。

《目录》突出第一时间应急响应的物资需求,主要包括突发事件应急处置与救援、现场紧急恢复所需的物资,其他涉及预防与应急准备、监测与预警、恢复重建等所需的物资暂不作为重点。同时,《目录》侧重于通用性强的应急物资,主要包括应对重大突发事件所需的通用产品、常用装备和大宗消耗物资,专业队伍携行的特定物资不作为重点。其中,现场管理与保障类主要涵盖突发事件发生后为维持应急处置现场正常运行所需的物资;生命救援与生活救助类,以"人"为核心,主要涵盖突发事件处置中各类人员安全、搜救、救助、医疗等有关的物资;工程抢险与专业处置类,紧紧围绕"物",主要涵盖突发事件处置中交通、电力、通信等基础设施恢复,以及污染清理、防汛抗旱和其他专业处置等所需的各类物资。

(1)现场管理与保障。

①现场监测:包括气象监测、地震监测、地质灾害监测、水文监测、环境监测、疫病监测、观察测量。

②现场安全:

a.现场照明:手电筒、防风灯、防水灯、探照灯、应急灯、移动式升降照明灯组、抢险照明车、帐篷灯、蜡烛、荧光棒、头灯等。

b.现场警戒:移动式交通信号装置、警戒标志杆(柱、牌)、安全警戒带、警示灯、紧急疏散标志灯、警报器(电动和手动)、照明弹、信号弹、烟雾弹、发(反)光标记等。

③应急通信和指挥:包括有线通信、无线通信、网络通信和广播电视。

④紧急运输保障:包括陆地运输、铁路运输、水上运输和空中运输。

⑤能源动力保障:包括应急动力、燃料供应、气液压动力等。

(2)生命救援与生活救助。

①人员安全防护。

a.卫生防疫:防护服、防护口罩、防护眼镜、防护鞋帽、乳胶手套或橡胶手套等。

b.消防防护:消防头盔、消防手套、消防靴、避火服(防火服)、隔热服等。

c.化学与放射:防毒面具、防化服、防化手套、防化靴、防化护目镜、防辐射服、碘片等。

d.防高空坠落:保护气垫、防护网、安全带、安全钩、救生绳等。

e.通用防护:安全帽(头盔)、手套、安全鞋、工作服、安全警示背心、垫肩、护膝、护肘、防护镜、雨衣、水靴、呼吸面具、氧气(空气)呼吸器、呼吸器充填泵等。

②生命搜索与营救。

a.生命搜索：生命探测仪(声学、电磁、化学、红外线、视频)、搜索机器人、生物传感器、搜救犬、搜救雷达、求救信号发送机、接收机等。

b.攀登营救：上升(下降)器、救生滑轮组、高层缓降器、高空液压车、救生软梯、救生滑道、充气滑梯、抛绳器、救生吊篮等。

c.破拆起重：切割工具、扩张工具、破碎工具、牵拉、液压和气动顶撑、吊车、叉车、葫芦、绞盘、千斤顶等。

d.水下营救：潜水服、水下照明灯、水下通信设备、水下呼吸设备、救生圈、救生衣、漂浮绳、水下探测设备、水下切割工具、水下工程设备等。

e.通用工具：普通五金工具、铁锹(铲)、铁(钢)钎、斧子、十字镐、大锤、挠钩、撬棍、滚杠、绳索、电钻、电锯、无齿锯、链锯等。

③紧急医疗救护：包括伤员固定与转运、院前急救、药品疫苗等。

④人员庇护：包括临时住宿、保暖衣物、卫生保障等。

⑤饮食保障：包括食品加工、饮用水净化、粮油食品供应、其他食品供应、生活用水供应等。

(3)工程抢险与专业处置。

①交通与岩土工程抢修：包括岩土工程施工、抗雪除冻作业、公路桥梁抢修、应急桥梁搭建等。

②电力工程抢修：包括电网抢修作业电、配电设备抢修、融冰抢险作业等。

③通信工程抢险：包括通信抢修恢复、通信设施抢修等。

④污染清理：包括堵漏作业装备与材料、污染物收集、污染物处理、防疫消杀作业等。

⑤防汛抗旱：包括防水防雨作业、防洪排涝作业、抗旱打井浇灌、水工工程作业等。

⑥其他专业处置。

a.火灾处置：消防车(船、飞机)、大功率水泵车、泡沫供应车、灭火器、风力灭火机、移动式排烟机、灭火拖把、油锯、割灌机、森林草原灭火器材等。

b.溢油应急处置：应急溢油清污船、溢油回收装备(收油机)、消油剂喷洒装置、油污土壤清洗车、含油废弃物焚烧装备、含油泥砂油分离装备、阻燃型围油栏、吸油毡、吸油索、隔油浮漂、凝油剂、消油剂、收油网、储油罐等。

c.核应急响应：辐射监测仪、辐射剂量计(仪)、能谱仪、移动式辐射检测车、放射性污染处置装置、放射性去污洗消装置、核设施应急补水装置等。

d.生物灾害应对：动植物样本采集装置、有害生物诱捕器、杀虫灯、有害生物消杀药械(剂)等。

e.矿山救援：矿用风机、矿用风筒、井下轻型救灾钻机、大口径救生钻机、井下快速抢险掘进机、井下快速成套支护装备、钻机随钻测斜仪、井下快速密闭设备、井下灭火装置、灾区有毒有害气体排放系统、矿井排水救灾装备、矿用排沙潜水泵等。

f.危险化学品处置：强酸、碱洗消器(剂)、洗消喷淋器、洗消液均混罐、移动式高压洗消泵、高压清洗机、洗消帐篷、生化细菌洗消器(剂)等。

g.水(海)上救捞：救助船、抢险打捞起重船、潜水工作母船、半潜驳船、打捞装备、救生艇(筏)、减压舱等。

2)应急物资配备要求

(1)政府法规方面要求。

①国家法律要求。

2007年,国家发布的《突发事件应对法》第三十二条规定:"国家建立健全应急物资储备保障制度,完善重要应急物资的监管、生产、储备、调拨和紧急配送体系。"设区的市级以上人民政府和突发事件易发、多发地区的县级人民政府应当建立应急救援物资、生活必需品和应急处置装备的储备制度。"县级以上地方各级人民政府应当根据本地区的实际情况,与有关企业签订协议,保障应急救援物资、生活必需品和应急处置装备的生产、供给。"

②政府相关部门要求。

2002年12月,国家民政部和财务部共同发布了《中央级救灾储备物资管理办法》,从购置和储备管理、调拨管理、使用和回收及罚则等方面提出要求。对于应急物资的布局,按照国务院颁布实施的《国家突发公共事件总体应急预案》和5个自然灾害类专项预案,我国在沈阳、天津、武汉、南宁、成都、西安等和10个城市设立了中央级救灾物资储备库。

《国家安全生产事故灾难应急预案》要求各专业应急救援队伍和企业根据实际情况和需要配备必要的应急救援装备。专业应急救援指挥机构应当掌握本专业的特种救援装备情况,各专业队伍按规程配备救援装备。

2008年,民政部《关于进一步加强救灾应急物资储备工作的通知》民函〔2008〕118号文中提出:"高度重视救灾应急物资储备工作;建立健全救灾应急物资储备管理制度;进一步增加救灾应急物资储备品种和数量;积极推进救灾应急物资储备库建设;加强部门配合与协作。"

2015年4月7日国家发展改革委办公厅发布了.《应急保障重点物资分类目录(2015年)》(发改办运行〔2015〕825号)。

(2)中国石油基本要求。

中国石油2006年分布了"关于加强应急管理工作的意见",规定"各企业要开展应急物资、器材和装备等资源情况普查,建立应急资源储备动态数据库。要设立专项应急资金,解决应急必需的物资、器材和装备。健全应急物资的储备、调拨和紧急配送体系,确保应急物资及时供应。"

3)储备工作原则

目前,国内一些省市地区启动了应急物资储备工作,进行储备点的规划与选择、储备库的建设、储备管理办法制定等,逐步形成应急物资储备机制,提出以下物资储备工作原则:

(1)健全制度,科学预警。完善应急物资储备应急预案体系,为突发公共事件物资储备应急处理工作提供系统科学的制度保障;提高防范突发事件的意识,对突发事件及时进行分析预警,切实做好应急物资应急响应工作。

(2)统一管理,分级负责。根据省市地方政府授权对应急储备物资实行统一管理、分级负责,落实各级应急责任制,明确责任人及指挥权限。

(3)常备不懈,确保供给。应急物资储备系统加强应急突发事件的思想准备、预案准备、机制准备和工作准备,做到品种适宜、质量可靠、数量充足、常备不懈,确保储备物资应对突发事件之需。

(4)协调配合,快速反应。应急物资储备系统应对突发公共事件时,要与相关部门密切协调配合,做到信息及时准确传递,应急处置工作反应灵敏、快速有效,保证储备物资能调、能用。

2. 应急队伍

应急队伍是保障体系的重要组成部分,是防范和应对突发事件的重要力量。应急队伍按照职能和分工的不同分为以下三类:

(1)专业或专责队伍。主要是指消防、公安、急救、医疗等专业队伍和单位,是突发事件处置行动的重要参与者。专业队伍以提高现场工作效率为中心,熟练掌握和运用专业技术、专业装备,依托医院、消防等专业机构进行基地化建设。

(2)临时或兼职队伍。为有效应对大规模突发事件,特别是面对自然灾害等需要动用大量人力资源应对的突发事件时,需要众多的非专业队伍进行突发事件的处置工作。所以在建设专业应急队伍的同时,还要做好非专业应急人力资源的储备。企业的应急人力储备主要来源于企业员工,机动人力资源可以考虑民兵、高等院校以及社会志愿者组织等,必要时可申请动用人民武装力量(现役、预备役)。

(3)专家及技术支持。专家主要是指事故灾害、自然灾害、公共卫生、社会安全等相关领域的专业研究人士。这些专家对于特定领域的突发事件有发言权在突发事件处置过程中可为应急决策部门提供科学的事件处置建议。应急管理中应该吸收社会各方面专家、实验室、监测及检测机构等作为技术支持,为应急工作提供相应的支持、咨询等服务。

地方各级人民政府和有关部门、单位要加强应急救援队伍的业务培训和应急演练,建立联动协调机制,提高装备水平;动员社会团体、企事业单位以及志愿者等各种社会力量参与应急救援工作;增进国家间的交流与合作。要加强以乡镇和社区为单位的公众应急能力建设,发挥其在应对突发公共事件中的重要作用。

3. 应急通信

建立健全应急通信、应急广播电视保障工作体系,完善公用通信网,建立有线和无线相结合、基础电信网络与机动通信系统相配套的应急通信系统,确保通信畅通。

应急通信是应急保障支撑体系的重要内容,在遭到突发自然灾害或重大事故时,应急通信承担着及时、准确、畅通地传递第一手信息的"急先锋"角色,是决策者正确指挥抢险救灾的中枢神经。一个快速响应、全面高效的应急通信系统已经成为紧急情况下降低事件损失的决定性因素。

思 考 题

1. 什么是突发公共事件?突发公共事件预警分为几级?每级相对应的预警颜色是什么?
2. 什么是应急管理?应急管理分哪几个阶段?应急管理的作用主要有哪些?应急管理工作的主要内容是什么?
3. 什么是应急预案?综合应急预案、专项应急预案、现场处置预案的主要内容是什么?

参 考 文 献

[1] 陈海群,王凯全,等.危险化学品事故处理与应急预案.北京:中国石化出版社,2005.
[2] 国家安全生产应急指挥中心.安全生产应急管理.北京:煤炭工业出版社,2007.
[3] 樊运晓.应急救援预案编制实务.北京:化学工业出版社,2008.
[4] 刘景凯.企业突发事件应急管理.北京:石油工业出版社,2010.
[5] GB/T 29639—2013 生产经营单位安全生产事故应急预案编制导则.
[6] 国务院办公厅以国办发〔2013〕101号《突发事件应急预案管理办法》.

第十一章 石油企业 HSE 文化

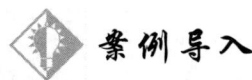

油罐爆炸事故

1. 事故发生经过

某年 10 月 28 日,某采油厂运输班执行将 X 井一个 40m³ 原油罐搬至 Y 井的任务。该罐于 10 月 4 日起停用,罐中原油已放至底阀口(底阀口距罐底 10cm),罐内留有残液。在编制搬运方案前,发现排气管太长(图 11-1),需要将其切割成两段才能搬运,于是按程序办理了动火作业许可。

2. 工作方案(步骤)

第一步:切割,卸法兰。两名焊工用一字梯爬上油罐,一人切割,一人监护,将排气管割成两段,然后再把排气管法兰卸掉;

第二步:搬运。将两个油罐及排气管搬运到 K14 井,并卸下油罐;

第三步:连接法兰。爬上油罐连接排气管法兰;

第四步:焊接。焊接排气管割开的延伸部分。

油罐在焊接过程中发生爆炸。

3. 事故原因分析

(1)直接原因:焊接过程中火花溅入油罐,引发油罐内残余油及蒸发气体燃烧爆炸。

(2)间接原因:直接动火,没有防护隔离措施,导致火花溅入油罐内。

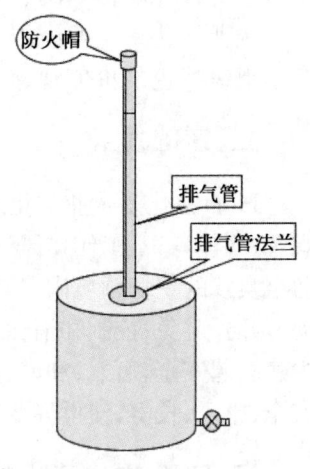

图 11-1 油罐外部结构图

(3)根本原因:管理失误,没有严格实施作业许可管理要求。

4. 教训与启示

(1)在许多事故发生之前,我们已多次面临风险,没有发生事故,不等于安全。本次事故中,在第一次切割动火时,已有火花溅入油罐,由于气温、挥发气体浓度等未达到燃烧爆炸条件,侥幸逃过一劫难。

(2)能不实施作业许可的,尽量不实施作业许可(选择风险较小的方式作业或转移至安全区域作业)。

(3)作业许可证是风险得到控制、措施得到落实的"确认书",而不是"开工证";

(4)安全,不全是钱的问题。有时仅是需要科学合理工作流程和规范严格管理。

(5)建立良好的 HSE 执行文化十分重要。再好的制度措施,如果没有人去坚决贯彻执行,也是一纸空文。

第一节　　石油企业 HSE 文化概述

当代世界已进入文化竞争时代。企业的生存、发展和强大繁荣已由经济力、技术力的竞争转向文化力的竞争。因此,企业文化建设已成为企业的首要和根本的任务。文化竞争力已成为企业的第一竞争力。中国石油企业在实施"走出去"的国际战略中,正是在借鉴欧美发达国家及其国际公司企业文化的基础上,形成了自己独特的 HSE 文化。

一、文化的定义

文化是一个群体(可以是国家、也可以是民族、企业、家庭)在一定时期内形成的思想、理念、行为、风俗、习惯、代表人物,及由这个群体整体意识所辐射出来的一切活动。

文化,是天地万物(包括人)的信息产生融汇渗透的过程。笼统地说,文化是一种社会现象,是人们长期创造形成的产物,同时又是一种历史现象,是社会历史的积淀物。确切地说,文化是凝结在物质之中又游离于物质之外的,能够被传承的国家或民族的历史、地理、风土人情、传统习俗、生活方式、文学艺术、行为规范、思维方式、价值观念等,是人类之间进行交流的普遍认可的一种能够传承的意识形态。

企业文化是企业组织在长期的实践活动中所形成的并且为组织成员普遍认可和遵循的具有本组织特色的价值观念、团体意识、工作作风、行为规范和思维方式的总和。

二、HSE 文化

HSE 文化是企业文化的重要组成部分,是企业关于员工健康、生产安全与环境保护的价值观念、团体意识、工作作风、行为规范和思维方式的总和。HSE 文化是企业在其从事生产、生活乃至实践的一切领域内,为保障人类身心安全(含健康)并使其能安全、舒适、高效地从事一切活动,预防、避免、控制和消除意外事故、灾害(自然的、人为的或天灾人祸的)、环境风险、职业伤害;为建立起安全、可靠、和谐、协调的环境和匹配运行的健康、安全与环境体系;为使人类变得更加安全、康乐、长寿,使世界变得友善、和平、繁荣而创造的物质财富和精神财富的总和。

三、HSE 文化建设的目标

HSE 文化建设的目标就是建设本质安全型企业。本质安全型企业应该具有四大基本特征:一是人的安全可靠性;二是物(机器设备等)的安全可靠性;三是系统的安全可靠性;四是制度规范、管理科学。因此,要想创建本质安全型企业,必须抓住其中的四个本质。

1. 以人为本质

人是生产力诸要素中最活跃的因素,也是为企业创造价值和财富的重要力量。因此,必须注重提高职工的安全素质、安全意识、安全执行力以及事故风险识别和防范能力,从引导、培植职工对安全与健康的自愿、自需、自求意识入手,教育其从要我安全向我要安全转变,由他律向自律转变,形成自我安全意识,掌握各种应急救援技能,提高处理各类突发事件的能力和保护自己及他人的能力。

2. 以设备为本质

没有可靠的设备作基础,就不可能实现安全生产的良好局面。在实际工作中,应从设备选型、安装等源头工作抓起,注重设备的日常维护及技术改造,认真开展安全性评价和设备评估工作,随时掌握设备运行状况。同时,应注重技术创新,推广新技术,应用新产品,实现生产设备的本质安全。

3. 以制度为本质

完善的制度是做好安全工作的有效保证。所属各企业应根据集团公司安全管理办法,结合实际,针对安全生产工作中存在的问题,制定贯彻落实的具体措施和实施细则,建立起安全生产工作的长效机制。

4. 以管理为本质

安全工作容不得半点马虎。因此,职能部门要认真履行安全生产主体责任,强化安全管理,加大考核力度,始终保持安全生产工作的高压态势。要关口前移,源头治理,注重对安全生产的正向激励和正确引导,从薪酬、待遇、培训、使用等方面向一线倾斜,真正从根本上调动职工安全生产的积极性。

第二节　HSE 理念介绍

一、杜邦公司 HSE 理念

杜邦公司是一家以科研为基础的全球性企业,提供能提高人类在食物与营养、保健、服装、家居、建筑、电子和交通等生活领域的品质的科学解决之道。杜邦公司成立于 1802 年,在全球 70 个国家经营业务,共有员工 79000 多人。在两百年多年的发展中,形成了三大核心价值和十条基本理念。

1. 杜邦公司的核心价值

第一是善待员工,这是从事故中总结出来的;

第二是要求员工遵守职业道德;

第三是把安全和环境作为核心价值。

2. 杜邦公司的十大理念

(1)所有的安全事故是可以防止的。从高层到基层,都要有这样的信念,采取一切可能的办法防止、控制事故的发生。树立了这样的理念,面对事故就会主动思考查找管理的不足,而不是找借口、推责任。

(2)各级管理层对各自的安全直接负责。杜邦认为,安全部门不管有多强,人员都是有限的,不可能深入到每个角落、每个地方 24 小时监督,所以安全必须是从高层到各级管理层到每位员工自身的责任,安全部门从技术上提供强有力的支持。只有公司高层管理层对所管辖的范围安全负责,下属对各自范围安全负责,直到小组长对员工的安全负责,涉及的每个层面、每个角落安全都有人负责,这个公司的安全才能真正有人负责。这就是直接负责制,是员工对各自领域安全负责,是相当重要的一个理念。

(3)所有安全操作隐患是可以控制的。在安全生产过程中所有的隐患都要有计划,有投入,有计划地治理,有计划地控制。

(4)安全是被雇用的员工条件。在员工与杜邦的合同中明确写着,只要违反安全操作规程,随时可以被解雇,每位员工参加工作的第一天就意识到这家公司是讲安全的,从法律上讲只要违反公司安全规程就可能被解雇,这是把安全与人事管理结合起来。

(5)员工必须接受严格的安全培训。让员工安全操作,就要进行严格的安全培训,要想尽可能的办法,对所有操作进行安全培训,要求安全部门与生产部门合作,知道这个部门要进行那些安全培训。

(6)各级主管必须进行安全检查。这个检查是正面的、鼓励性的,以收集数据、了解信息,然后发现问题、解决问题为主的。如果现一个员工的不安全行为,不是批评,先分析好的方面在哪里,然后通过交谈,了解这个员工为什么这么做,还要分析领导有什么责任。这样做的目的是拉近距离,让员工谈出内心的想法,为什么会有这么不安全的动作,知道真正的原因在哪里,是这个员工不按操作规程做、安全意识不强,还是上级管理不够、重视不够。

安全检查的目的,是要安全地制止员工不安全的行为,而不是为了抓正在违章的人。

(7)发现安全隐患必须及时更正。在安全检查中会发现许多隐患,要分析隐患发生的原因是什么,哪些是可以当场解决的,哪些是需要不同层次管理人员解决,哪些是需要投入力量来解决的。重要的是必须把发现的隐患加以整理、分类,知道这个部门主要的安全隐患是哪些,解决需要多少时间,不解决会造成多大风险,哪些需要立即加以解决的,哪些是需要加以投入的,安全管理真正落到了实处,就有了目标。这是发现的安全隐患必须以及更正的真正含义。

(8)工作外的安全和工作安全同样重要。随着安全管理的不断深入,公司感觉到在八个小时内对员工进行安全教育,不足以满足对员工安全意识的需要,所以推出工作外安全方案。公司认识到员工在八个小时以外受伤对安全和生产的影响,与在八个小时内受伤对安全和生产的影响实质上没有区别。

(9)良好的安全创造良好的业绩。这是一种战略思想,如何看待安全投入,如果把安全投入放到对业务发展投入同样重要的位置考虑,就不会说这是成本,而是生意。这在理论是一个概念,在实际上也是很重要的。抓好安全是帮助企业发展,有个良好环境、条件,实施企业发展目标。否则,企业每时每刻企业都在高风险下运作。

(10)员工的直接参与是关键。没有员工的参与,安全是空想,因为安全是每一位员工的事,没有每位员工的参与,公司的安全就不能落到实处。

二、壳牌公司 HSE 理念

壳牌公司是世界上最大的能源企业之一,成立于1907年,一直由皇家荷兰石油公司占60%股份。目前,壳牌公司的业务已遍布全球130多个国家,雇员总数近10万人。经过一百多年的积累,形成了独具特色的 HSE 政策。

壳牌认为 HSE 的政策是 HSE 规划中心不可少的组成部分。要求其政策做到简明易懂;同时适用于每个人;分发到每个人并要张贴;下属承包商都应根据自己的具体情况制定自己的 HSE 政策。强调必须有下列的政策:预防发生各种人身伤害;HSE 是业务经理的责任;HSE 目标同其他经营目标一样,具有同样的重要意义;建立一个安全和健康的工作营地(基地);保证有效的安全、健康训练;培养 HSE 的兴趣和热情;对 HSE 要承担个人责任;对环境要给予应有的重视。

三、BP 公司的 HSE 理念

BP 公司是一家由英国石油、阿莫科、阿科等多家"老牌"石油公司组合而成的大型跨国石油公司,集团总资产市值约2000亿美元,员工达11万人,生产经营活动遍布全球100多个国家,在世界财富 500 强中排名第二,在全球石油工业上举足轻重,并有着显著的安全业绩。

BP 公司安全管理的最大特点之一,就是牢固树立 HSE 管理体系为主线的管理方针,并全力推行落实。虽然在当今世界石油石化企业中,建立和推行 HSE 管理体系已经十分普遍。但在这"十分普遍"的管理方式之中,BP 公司有着与众不同做法,这就是他们得以取得"与众不同"管理业绩的根本所在。主要特点如下:

(1)坚定信念,始终如一。BP 公司把 HSE 体系的建立和推行,始终作为公司开展各项生产经营各项工作头等大事,贯穿于生产经营各项活动全过程,以各项基础工作的整体进步,推动安全管理的持续改进。上至公司决策高端,中到企业管理部门,下至各个操作岗位员工,不仅人人拥有超强的 HSE 观念,而且个个倾力推行 HSE 管理体系,使得 HSE 管理体系观念在公司上下蔚然成风。

(2)体系科学,切合实际。在 BP 公司建立的 HSE 管理体系中,BP 公司本着人类社会总体需求,结合生产经营各个环节,并针对企业经营管理的具体实际,制定了 13 个管理要素,分别为领导重视并负责,风险评估和管理,人员、培训和行为,与承包商和其他方合作,装置设计和安装,运行和维修,变更的管理,信息和资料,用户和产品,社区和相关各方的意识,危机和应急管理,事故分析和预防,评估、保障和改进。BP 公司各项业绩考核标准的设立,都由各业务单元控制,并且严格按照"PDCA"循环原理进行工作,确保 13 个要素的落实到位。

(3)政策有力,要求严格。为了确保 HSE 体系的全面运行和实行,BP 公司制定了特殊的 HSE 政策和方针,承诺以实际行动来体现对自然环境的重视,并努力实现其 HSE 工作目标,即不发生事故、不损害人员健康、不破坏环境。

(4)运行规范,整齐划一。具有了先进的理念、科学的体系和有力的政策,还必须辅之以规范的运行方法,才能取得良好的工作业绩。在体系运行上,BP 公司有一套规范的运行机制和工作方法,不仅明确了各个业务单元在 HSE 体系中的角色,而且规定了具体任务,如体系框架建立、HSE 政策、领导的责任、风险评估与管理、人员培训和行为、医疗管理、承包商合作与管理、信息和文件管理、操作和维护、客户和产品、社区和利益相关方的意识、危机和紧急情况的处理、装置设计和建设、事故分析和预防、体系评估保障和改进等,可谓包罗万象、无所不至。大至体系建立,小到人体排遗;上至决策高层,下到操作岗位;远至设计源头,近到当下操作,无不一一明确,从而保证了体系的健康运行。

四、国内石油企业的 HSE 理念

1. 中国石油天然气集团公司的 HSE 管理原则

(1)任何决策必须优先考虑健康安全环境;
(2)安全是聘用的必要条件;
(3)企业必须对员工进行健康安全环境培训;
(4)各级管理者对业务范围内的健康安全环境工作负责;
(5)各级管理者必须亲自参加健康安全环境审核;
(6)员工必须参与岗位危害识别及风险控制;
(7)事故隐患必须及时整改;
(8)所有事故事件必须及时报告、分析和处理;
(9)承包商管理执行统一的健康安全环境标准。

2. 中国石油化工集团公司的 HSE 理念

(1) 安全文化理念：为生命安全和家庭幸福而工作；
(2) 安全价值观：安全高于一切，生命最为宝贵；
(3) 安全愿景：创造世界一流安全业绩；
(4) 安全使命：保障人的生命财产安全，提供安全健康的工作环境；
(5) 安全目标：零违章、零伤害、零事故；
(6) 事故预防理念：一切风险可以控制，一切违章可以杜绝，一切隐患可以消除，一切事故可以避免；
(7) 应急管理理念：预案完备，演练到位，各方联动，科学处置；
(8) 生产安全事故责任追究理念：零容忍和一票否决。
(9) 社会责任理念：实现安全生产是企业履行社会责任的重要内容。
(10) 安全生产危机理念：安全生产始终是中国石化的薄弱环节。

3. 中国海洋石油总公司以"五想五不干"为核心的安全文化理念

"安全风险不清楚，不干；安全措施不完善，不干；安全工具未配备，不干；安全环境不合格，不干；安全技能不具备，不干"。在 2010 年 4 月召开的健康安全环保年会上，中国海油创造性地提出了班前"五想五不干"的安全作业要求。

海洋石油的勘探开发较之陆上具有更大的风险性，同时中国海油近年来又向石化等中下游领域扩展，安全管理面临诸多挑战。总公司非常注重一线员工在生产过程中的安全管理。在过去的几年中已经通过完善管理体系、健全操作规程、强调执行文化、加强人员培训等多种形式来追求安全业绩，但安全管理的理论和实践都告诉我们，预防重大事故，必须从小事做起、从基层一线做起，最根本的是必须把安全生产的理念落实到一线员工身上：只有员工自身的安全意识、风险防范意识得到提高，每一个一线工作的参与者都重视安全，整个安全生产工作才能取得实效——这就要求员工在工作之前要对施工环境、工具、技能等存在的所有可能风险统筹考虑，如果确实存在风险，想好之后则可以"不干"。

我国《安全生产法》规定："从业人员发现直接危及人身安全的紧急情况时，有权停止作业或者在采取可能的应急措施后撤离作业场所。""五想五不干"的重点是"五不干"，这就意味着给工人授权，当施工现场有潜在风险时，工人们可以提出"不干"或"停止作业"。

第三节　石油企业 HSE 文化建设内容

HSE 文化包括物质文化、行为文化、制度文化和观念文化。

一、HSE 观念文化

HSE 观念文化是人对健康、安全与环境管理的知识、理念和对客观环境、社会、自然，以及对现实的 HSE 管理的认识态度等观点的完整体系，是人对于 HSE 所持的基本态度和观点。态度和观点是人行为的基础和准则。HSE 观是对 HSE 活动、HSE 行为、HSE 事物、HSE 标准、HSE 原则、HSE 现实条件的基本态度和观点的总和。

通过多种形式的宣传教育，提高员工的安全生产意识，包括应急安全保护知识、间接安全保护意识和超前安全保护意识，并进行安全知识教育培训。

进行安全伦理道德教育,提高员工的责任意识,使其自觉约束自己的行为,承担起应尽的责任和义务。

二、HSE 行为文化

HSE 行为文化是指企业职工,受意识、观念、态度等认识影响,以及在社会规范、风气和习俗作用下,生活和生产中表现出的安全行为方式和形式,具体表现为安全思维、安全学习、安全指挥、遵守规章、应急行动、安全操作、安全组织性及纪律性等安全活动。

人们为了保护自己身心的安全与健康,为了减轻来自于自然和人为事故给人类带来的危害及造成的损失,而进行的认识和探索的活动,是 HSE 行为的目的。

三、HSE 物质文化

HSE 物质文化是指企业在整个生产经营活动中所使用的保护员工身心安全与健康的工具、原料、设施、工艺、仪器仪表、护具护品等安全器物。HSE 物质文化需要依靠技术进步和技术改造来不断提高本质安全文化的程度。主要包括:

(1)作业环境安全。将生产场所中的噪声、高温、尘毒、辐射等有害物质控制在规定的标准范围内,创造舒适、安全的作业环境。

(2)工艺过程安全。操作者应了解物料、原料的性质,正确控制好温度、压力和质量等参数。

(3)设备控制过程安全。通过对生产设备和安全防护设施的管理来实现设备控制过程安全。

(4)安全生产设备及装置:各类超限自动保护装置,自动引爆装置。超速、超压、超湿、超负荷的自动保护装置等;

(5)护具护品:防毒器具、护头帽盔、防刺切割手套、防化学腐蚀毒害用具;防寒保温的衣裤,耐湿耐酸的防护服装;防静电、防核辐射的特制套装;

(6)安全防护器材、器件及仪表:阻燃、隔声、隔热、防毒、防辐射、电磁吸收材料及其检测仪器仪表等;本质安全型防爆器件、光电报警器件、热敏控温器件、毒物敏感显示;

(7)监测、测量、预警、预报装置:水位仪、泄压阀、气压表、消防器材、烟火监测仪、有害气体报警仪、瓦斯监测器、雷达测速、传感遥测、自动报警仪、红外控测监测器、音像监测系统等;武器的保险装置、自动控制设备、电力安全输送系统;

(8)其他安全防护用途的物品:微波通信站工作人员的防护,激光器件及设备的防护,乃至保护人们的衣食住行、娱乐休闲安全需用的一切防护物件及用品;防化纤织物危害的保护剂,消除静电和漏电的设备,防食物中毒的药品,防增压爆炸、防煤气浓度超标自动保护装置;机床上转动轴的安全罩、皮带轮的安全套、保护交警和环卫工人安全的反光背心。保护战士和警察安全的防弹服等。还有其他一些研制或开发的新型护品、护具、设备、器具、材料、物品等。

四、HSE 制度文化

HSE 制度文化是指企业为了实现健康、安全与环境目标而形成的各种 HSE 规章制度、操作规程、防范措施、安全教育培训制度、安全管理责任制以及遵章守纪的自律安全的厂规、厂纪等,也包括安全生产法律、法规、条例及有关的安全卫生技术标准,均属于 HSE 制度文化范围。

HSE 制度文化的建设表现于对企业安全生产责任制的落实,对国家劳动安全与卫生法规的认识、理解和贯彻执行的程度,企业安全生产制度和技术标准体系的建设等方面。

五、建立非惩罚性 HSE 文化

在杜邦公司的《行为安全观察与沟通管理规范》中,强调安全检查的目的是要:安全地制止不安全行为;并非要抓正在违章的人。其核心理念是要建立非惩罚性 HSE 文化。

(1)与非惩罚性文化相对的惩罚性 HSE 文化中的安全改进措施面临的问题如下:

①员工在报告事故后会面临严重后果。发生事故会受到严厉处罚,没有发生事故会受到巨大奖励。这在一定程度上鼓励员工不如实报告微小事故和伤害事件。奖励计划降低了微小事故的报告次数,但并不能鼓励员工更加安全地工作,因此,导致安全奖励和工作中的行为关系不大。如果某一个环境条件导致一名员工需要创可贴,没有人纠正,那么很可能导致员工手指被压断。组织必须建立一个流程来记录这些微小的事故,并从中学到知识和改进。

②管理层或职能层制定了所有的安全计划,并作出决定。公司依靠管理者来确保安全,取代了员工之间的监督观察;员工没有实现安全改进方面的任务目标,也没有在工作区域内获取安全改进的成就感。

③组织依赖惩罚措施来减少不安全行为。惩罚措施通常针对后果,并非针对行为,只能导致不安全行为的统计数据下降,无助于不安全行为的实质性下降。一个不安全行为在没有发生事故前,是不会被纠正的。而且,每个不安全行为都会将员工置于日益增加的发生伤害事故的风险中,这是常常被管理者和员工忽视的。

(2)依赖惩罚措施带来的问题如下:

①简单地阻止员工报告微小的事故和错误;

②阻碍人们对造成一起伤害事故的要素进行开诚布公的讨论以及员工之间的合作和问题的解决;

③员工很快就学会,只有在某些管理者在场或在附近的时候,才遵守流程规定。

(3)惩罚措施是有用的,而且能很快见到效果。怎样恰当地实施惩罚措施:只有当符合以下条件,员工出现不安全行为进行惩罚才是恰当的,也是必需的:

①作业环境是安全的,任务分工合理;

②安全规程科学合理,且已经过培训;

③类似不安全行为已被制止和纠正;

④员工的不安全行为已不是普遍行为。

思 考 题

1. 什么是企业的 HSE 文化?
2. HSE 文化与 HSE 管理体系以及企业安全管理是什么关系?
3. 请分析《石油天然气工业 健康、安全与环境管理体系(SY/T 6276—2014)》标准中蕴含的 HSE 文化。

参 考 文 献

[1] 特里·E 麦克斯温. 安全管理:流程与实施. 2 版. 北京:电子工业出版社,2008.
[2] 池喜生,等. 中外企业文化特点比较. 商业经济研究,2015(19).
[3] 邓娟红. 浅谈企业文化与企业竞争力的关系. 现代企业文化,2014(22).
[4] 李斌. 关于对企业文化和企业竞争力的关系问题的思考. 前沿,2013(15).